# Der Kaffee

## Gemeinfaßliche Darstellung der Gewinnung, Verwertung und Beurteilung des Kaffees * * * * und seiner Ersatzstoffe * * * *

Herausgegeben vom

Kaiserlichen Gesundheitsamt

Mit 7 Textabbildungen und 1 lithographierten Karte.

Berlin
Verlag von Julius Springer
1903.

ISBN 978-3-642-90148-5 ISBN 978-3-642-92005-9 (eBook)
DOI 10.1007/978-3-642-92005-9

Softcover reprint of the hardcover 1st edition 1903

# Vorwort.

Im Verkehr mit Kaffee und seinen Ersatzstoffen haben sich in neuerer Zeit verschiedene Mißstände fühlbar gemacht. Sie sind teils durch die ungleiche Beurteilung der jetzt in gesteigertem Umfange verwendeten Ersatzstoffe hervorgerufen worden, teils liegen sie in der Schwierigkeit, zu entscheiden, welche Bearbeitungsverfahren des Kaffees während und nach dem Rösten als zulässig anzusehen sind. In diesen Fragen gehen nicht nur die Meinungen der Kaffeehändler und -Röster, sondern infolgedessen auch die der gerichtlichen Sachverständigen auseinander. Fernerhin wird durch die jetzt an vielen Orten bestehende Gewohnheit, den gerösteten Kaffee nicht mehr im Hause zu mahlen, sondern ihn fertig gemahlen zu beziehen, der Verwendung von minderwertigen Zusätzen Vorschub geleistet.

Es galt daher, durch Festsetzung von Grundlagen für die Bewertung der Ersatzstoffe und der verschiedenen Bearbeitungen, denen der Kaffee hier zu Lande unterzogen wird, sowohl die Konsumenten vor Überhandnahme von Verfälschungen zu schützen, als auch die Vertreter des gewissenhaften Kaffeehandels vor unlauterem Wettbewerb zu bewahren und endlich sichere Anhaltspunkte für gerichtliche Entscheidungen zu liefern. Diesen Bestrebungen verdankt die vorliegende Schrift ihre Entstehung.

Da ein volles Verständnis für die Beschaffenheit der Handelsware ohne Kenntnis der „Erntebereitung“, d. h. der Bearbeitung des frisch geernteten Kaffees im Ursprungslande, kaum erzielt werden kann, wurde im „Botanischen Teil“ eine Darstellung der einzelnen Verfahren der Erntebereitung gegeben. Diesem Abschnitte wurde ein Überblick über die Verbreitung der Kaffeekultur auf der Erde vorangesetzt, dessen Inhalt im Hinblick auf die stetig zunehmenden kolonialen und überseeischen Interessen in Deutschland auch weiteren Kreisen willkommen sein dürfte.

Der Abfassung des „Chemischen Teiles“ gingen umfassende Versuche, die im Laboratorium und in technischen Betrieben ausgeführt wurden, ferner Besichtigungen von Kaffee-Röstanstalten und Surrogatfabriken und endlich mündliche Besprechungen, an denen außer angesehenen Fachmännern aus dem Kreise der Nahrungsmittelchemiker auch Vertreter des Kaffeehandels teilnahmen, voraus. Bei der Festlegung des Textes wurde die Sonderliteratur absichtlich nur in beschränktem Maße erwähnt, da vor etwa Jahresfrist das III. Heft der „Vereinbarungen zur einheitlichen Untersuchung und Beurteilung von Nahrungs- und Genußmitteln sowie Gebrauchsgegenständen für das Deutsche Reich“ (Berlin 1902, Verlag von J. Springer) erschienen ist, deren Abschnitte „Kaffee“ und „Kaffeeersatzstoffe“ diese Denkschrift in dem fraglichen Punkte ergänzen.

Vorliegende Denkschrift ist das Ergebnis gemeinsamer Arbeit mehrerer Beamten des Kaiserlichen Gesundheitsamtes; an der Ausarbeitung der technischen Abschnitte waren die Herren Dr. W. Busse, Dr. A. Günther, Reg.-Rat Dr. Rost und Dr. K. Windisch beteiligt. Die zu den Abbildungen verwendeten Photographien wurden von den Herren Reg.-Rat Dr. Stuhlmann in Dar-es-Salâm und Geh. Reg.-Rat Prof. Dr. Wohltmann in Bonn-Poppelsdorf bereitwilligst zur Verfügung gestellt.

Berlin, im Februar 1903.

# Inhaltsverzeichnis.

## A. Botanischer Teil.



## B. Chemischer Teil.

# A. Botanischer Teil.

## I. Die Kaffeepflanze.[1])

Abstammung. Der Kaffee, das über die ganze Erde verbreitete Coffein-haltige Genußmittel, wird von einigen Arten der Gattung *Coffea* aus der Pflanzenfamilie der *Rubiaceen* geliefert, welche auch andere wichtige Heil- und Nutzpflanzen, wie z. B. die *Chinarindenbäume*, die *Brechwurzel (Ipecacuanha)* und den *Krapp* zu ihren Vertretern zählt. Bis jetzt sind den Botanikern etwa 30 Arten der Gattung *Coffea* bekannt geworden, deren natürliches Verbreitungsgebiet sich auf die Tropen der alten Welt beschränkt. Dieses liegt in Afrika zwischen 15 Grad nördlicher und 12 Grad südlicher Breite, während in Asien für eine Art die Grenze nach Norden bis zum 30. Grade hinausgeschoben ist. In der Kultur haben die angegebenen Grenzen eine erhebliche Erweiterung erfahren.

Am reichsten an Coffea-Arten ist Westafrika, wo nicht weniger als 18 von ihnen heimisch sind; die übrigen verteilen sich auf die östliche Hälfte des afrikanischen Kontinents, auf die ostafrikanischen Inseln und Südasien, von Ceylon und dem Himalaya bis Neu-Guinea.

Nutzbare Coffea Arten. Nur verhältnismäßig wenige Coffea-Arten sind bisher für den Menschen nutzbar gemacht worden; für die Kultur im großen werden sogar nur zwei Arten verwendet: *Coffea arabica L.*, der arabische Kaffee, und *C. liberica Bull.*, der Liberia-Kaffee, welche später ausführlicher behandelt werden sollen.

[1]) Als Grundlage für diesen Abschnitt diente — soweit nicht anders bemerkt, — die Studie von A. Froehner, die Gattung Coffea und ihre Arten. (Englers Botan. Jahrb. Bd. XXV. 1898.)

Der „wilde Kongo-Kaffee“ stammt von *Coffea canephora Pierre;* er zeichnet sich durch einen hohen Coffeïngehalt aus. Zur Zeit werden mit dieser Art, von welcher wahrscheinlich auch der sogenannte „Cazengo-Kaffee“ herstammt, auf Java und in Surinam Anbauversuche angestellt.

Neuerdings sind von dem botanischen Garten in Kew bei London Kulturversuche mit *C. stenophylla G. Don,* dem sehr aromatischen, mokkaähnlichen „Highland-Coffee“ von Sierra Leone eingeleitet worden, deren Ergebnisse noch abzuwarten sind. Eine andere, von der Sansibar-Küste stammende und von den Portugiesen nach Moçambique verpflanzte Art, *C. Zanguebariae Lour.* hat auf der kleinen ostafrikanischen Insel Nossi Bé einen Kaffee von vorzüglicher Beschaffenheit ergeben.

Wenig befriedigende Erfolge hat man mit *C. bengalensis Roxb.*, einer im südlichen Himalaya, in Hinterindien und auf Java heimischen Art, erzielt und ebenso mit *C. mauritiana Lam.* von Réunion und Mauritius, dem „Café marron“ der Eingeborenen Réunions, dessen Produkt übrigens nach neueren Untersuchungen kein Coffeïn enthält. Endlich ist noch der „Ibo-Kaffee“ aus Portugiesisch-Ostafrika von *C. Ibo Froehner* zu nennen, über dessen Verwendbarkeit jedoch noch keine ausreichenden Erfahrungen gesammelt worden sind. In den Samen dieser Art fand Froehner 0,79 % Coffeïn.[1])

## 1. Der arabische Kaffeebaum *(Coffea arabica L.).*

Heimat und Verbreitung. Der arabische Kaffeebaum ist heimisch im inneren Afrika, von Süd-Abessinien bis zum Victoria-Nyansa; außerdem wurde die Pflanze — vielleicht verwildert — in Moçambique und Angola gefunden. Kultiviert wird der arabische Kaffee in den Tropen beider Hemisphären; doch ist die Südgrenze des Kaffeebaus in Amerika und Afrika jenseits des Wendekreises gelegen. (Provinz Sta. Catharina in Brasilien 28 Grad; Natal 30 Grad s. Br.)

Jahrhunderte hindurch ist ausschließlich *C. arabica* kultiviert worden, bis vor etwa 30 Jahren infolge des ver-

---

[1]) Für diese, wie für sämtliche anderen Angaben der Denkschrift über den Coffeïn-Gehalt des Kaffees ist zu berücksichtigen, daß die bisher angewendeten Methoden der Coffeïn-Bestimmung sehr abweichende Ergebnisse liefern.

Abb. 1. Der arabische Kaffeebaum.

heerenden Auftretens der *Hemileïa vastatrix*, des Pilzes der Kaffeeblattkrankheit, auch die liberische Art herangezogen wurde, welche sich seitdem eine feste Stellung im Kaffeebau erobert hat.

Äußere Gestalt. Blatt. *Coffea arabica* ist ein Bäumchen von anmutigem Aussehen[1]) mit schlankem Stamme und schlanken Zweigen, welche niemals eine beträchtliche Stärke erreichen und wagerecht oder leicht abwärts geneigt wachsen. Wird die Krone gekappt, so nimmt die Pflanze bald strauchartiges Aussehen an. (Abb. 1.) Der Kaffeebaum erreicht eine Höhe von 5—6, selten 8—9 m. Seine immergrünen, dünn-lederartigen Blätter, die mit denjenigen des Lorbeerbaums Ähnlichkeit haben, sind dunkelgrün, auf der Oberfläche glatt und glänzend, von elliptischer Form, zugespitzt und gewöhnlich 7—10 cm lang; unter sehr günstigen Wachstumsbedingungen erreichen sie jedoch eine Länge von 15, ja auch 20 cm. Sie sind kurzgestielt, paarweise gegenständig und lassen zwischen den Paaren Abstände von 5—10 cm frei.

Blüte. Die kleinen weißen und wohlriechenden 5gliedrigen Blüten, welche denen des Jasmin in Form und Duft gleichen, treten in Gruppen von 4—16 in den Achseln der Blätter auf. Der Kaffee blüht in vielen Gegenden zwei- bis dreimal im Jahre; die Blütezeit währt jedesmal nur wenige Tage.

Frucht. Die länglich-eiförmige Frucht ist anfangs dunkelgrün, sobald sie sich aber dem Zustand der Reife nähert, geht ihre Farbe in Gelb, dann in Hellrot und endlich in ein dunkles Carmoisinrot über, das die Vollreife anzeigt. Bei der brasilianischen Varietät *amarella* sind die reifen Früchte gelb, bei der Varietät *leucocarpa* von Sierra Leone weiß.

Nach botanischen Begriffen ist die Frucht des Kaffeebaumes (Abb. 2 Fig. 1) nicht eine Beere — wie sie gewöhnlich bezeichnet wird — sondern eine Steinfrucht. Unter ihrer ledrigen Oberhaut liegt das sogenannte „Fleisch", (botanisch „Mesokarp", englisch „pulp") (Fig. 2 f.), eine saftige, stark zucker- und schleimhaltige, schlüpfrige Masse. Haut und Fleisch zusammen, oftmals auch schon die Haut allein, werden in der Handelssprache meist als „Hülse" bezeichnet.

---

[1]) Vgl. die Schilderung Warburgs in Semlers Tropischer Agrikultur II. Aufl. Bd. I, S. 218.

Samen. In das Fleisch eingebettet liegen bei normaler Entwickelung zwei plankonvexe, mit den beiden Flachseiten einander zugekehrte Samen, die „Kaffeebohnen“ des Handels, deren jede von einer gelblichen, hornartigen, glatten Hülle (botanisch „Endokarp“) umschlossen wird, die man im Handel als „Pergamentschicht“ oder „Hornschale“ (holländisch „hoornschil“, englisch „parchment“) bezeichnet.

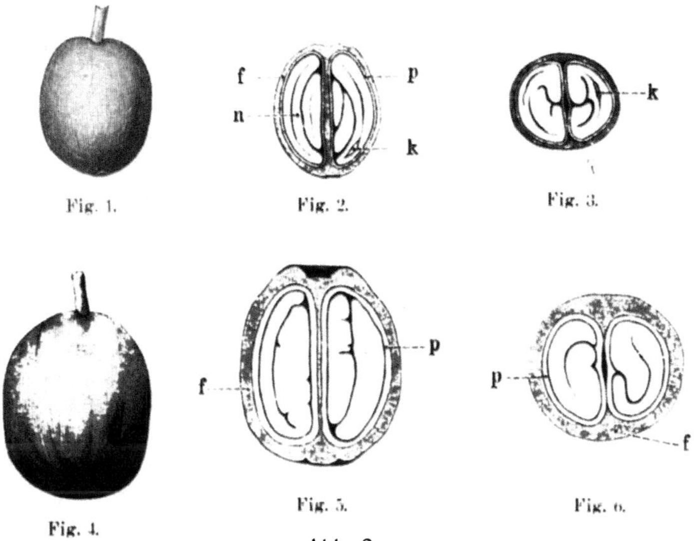


Fig. 1. Fig. 2. Fig. 3.

Fig. 4. Fig. 5. Fig. 6.

Abb. 2.

Fig. 1—3. Äußere Ansicht, Längsschnitt und Querschnitt der Frucht des arabischen Kaffeebaumes.
Fig. 4—6. Äußere Ansicht, Längsschnitt und Querschnitt der Frucht des Liberia-Kaffeebaumes.
f Kaffeefruchtfleisch (Mesokarp).
p Pergamentschale oder Hornschale des Samens (Endokarp).
n Nährgewebe des Samens (Endosperm).
k Keim des Samens (Embryo).
(Nach einer Zeichnung von W. Busse).

(Fig. 2 p.) Unter der Pergamentschicht liegt die Samenschale (botanisch „Testa“), ein feines, leicht abzustreifendes, frisch grünliches, getrocknet blaßgelbliches, durchscheinendes Häutchen, die sogenannte „Silberhaut“ (französisch „pellicule argentée“, englisch „silverskin“, holländisch „zilvervlies“), welche den Samen fest umhüllt.

Gewöhnlich sind die Früchte zweisamig und stets sind wenigstens die Anlagen für zwei Samen vorhanden. Doch schlägt bei sämtlichen Spielarten des arabischen Kaffees, namentlich an den Enden der Zweige und bei der Kultur auf trockenem Boden, häufig die eine Anlage fehl und es wird nur ein Same ausgebildet, der dann infolge freierer Entwickelung nicht einseitig flach, sondern beiderseits gerundet und häufig auch etwas größer ist.

Solche Samen nennt man „Perlbohnen" oder „Erbsenbohnen", (englisch „peaberries", spanisch „café caracolillo"). Sie werden bei der Erntebereitung meist von den anderen getrennt und dann gesondert als „Perlkaffee" verkauft, da sie bessere Preise erzielen, als die flachen Bohnen gleicher Qualität.

Bisweilen werden 4—6 Samen ausgebildet, wie bei der in Brasilien als „Café hybrico" bekannten, aber seltenen Spielart.

Die Länge der Kaffeebohnen schwankt zwischen 0,5 und 2,3 cm. Die gewölbte Rückenseite ist glatt; auf der flachen Seite ist eine, von der Silberhaut ausgekleidete Längsfurche, gewöhnlich „Naht" genannt, erkennbar, welche sich, wie der Querschnitt des Samens zeigt, nach innen zu in tief gewundenen Spalten fortsetzt. Erweicht man den Samen in heißem Wasser, so kann man ihn an der Furche auseinanderbiegen und sieht dann, daß er einer aufgerollten Platte gleicht.

Die Hauptmasse der Kaffeebohne besteht aus dem Nährgewebe (botanisch „Endosperm") (Abb. 2 Fig. 2 n), einer harten, hornigen Masse, welche den sehr kleinen Keim (botanisch „Embryo") (Fig. 2, 3 k) einschließt. Die hornige, durch starke Verdickung der Zellwände entstandene Beschaffenheit des Nährgewebes schützt den Keim vor Beschädigung von außen, während ihn die in den verdickten Zellwänden aufgespeicherten Reservestoffe bei der Keimung so lange ernähren, bis er sich weit genug entwickelt hat, um selbst aus dem Boden und der Luft Nahrung aufnehmen zu können.

Coffeïn in der Kaffeepflanze. Der wichtigste chemische Bestandteil des Kaffees, das Coffeïn, welches in den rohen Samen zu 0,7—2,2 %[1]) enthalten ist, findet sich nicht nur in den Samen, sondern auch in anderen Teilen der Kaffeepflanze. So sind in (getrockneten) Blättern bis

---

[1]) Die im Vorwort erwähnten „Vereinbarungen" führen 1,00 bis 1,75 % an.

zu 2,80 % jenes Stoffes gefunden worden (Peckolt);[1] junge Blätter sind reicher an Coffeïn, als alte (v. Romburgh und Lohmann).[2] In jungen Zweigen fanden die Letztgenannten 0,6, in alten, jedoch noch grünen Zweigen 0,2 %. Den Coffeïngehalt der Blüten ermittelte Peckolt zu 0,05—0,21 %, denjenigen des (frischen) Fruchtfleisches zu 0,027 %; die trockenen Pergamenthüllen enthalten bis zu 0,052 %. In Rinde, Holz und Wurzel ist das Coffeïn nicht vertreten.

Spielarten von *Coffea arabica.* Wie andere Kulturpflanzen, so hat auch der arabische Kaffee während der Jahrhunderte hindurch in den verschiedensten Ländern betriebenen Zucht zahlreiche Spielarten gebildet, deren geringfügige Unterscheidungsmerkmale jedoch nur wenig Beständigkeit zeigen.

Als botanisch gut charakterisierte Varietäten, welche zum Teil auch praktische Bedeutung besitzen, sind zu nennen:

a) Var. *amarella*, eine gelbfrüchtige Form mit hohem Coffeïngehalt, welche 1871 in Botucatú (Prov. São Paulo, Brasilien) entdeckt wurde. Sie liefert den „café botucatú" der Brasilianer und ist in Indien als „Golden drop Coffee" bekannt. Diese Varietät wird nur wenig angebaut.

b) Die ebenfalls aus Brasilien stammende Var. *Maragogipe*; sie bildet durch die Größe der Blätter und Früchte einen Übergang zu *C. liberica.* Diese Form wurde 1870 im Bezirk Maragogipe der Provinz Bahia entdeckt und hat sich wegen des Wohlgeschmackes ihrer Samen sowohl in Brasilien, wie auch in den englischen Kolonien gut eingeführt, wenn sie auch eine besondere Rolle im Kaffeebau nicht spielt.

c) Var. *leucocarpa Hiern* von Sierra Leone, mit weißen erbsengroßen Früchten.

d) Var. *intermedia Froehner* aus dem afrikanischen Seengebiet und

e) Var. *Stuhlmannii Warbg.*, welche Stuhlmann während der Emin-Pascha-Expedition in großer Menge bei Bukoba halbkultiviert und verwildert in Bananenpflanzungen sammelte. Sie liefert den vorzüglichen Bukoba-Kaffee.

Von der Insel Grand Comore stammen: f) Var. *Humboltiana (Baill.) Froehner*, mit gestielten, schwarzen, ver-

[1]) Der Kaffeebaum Brasiliens. II. Theil. Zeitschrift des Allgemeinen Österreichischen Apotheker-Vereins. 1883.

[2]) Bericht des Botanischen Gartens zu Buitenzorg für das Jahr 1896. Beil. I. Batavia 1897.

kehrteiförmigen, etwa 1,5 cm langen Früchten und mehr als 1 cm langen Samen, und

g) Var. *rhachiformis (Baill.) Froehner* mit fast sitzenden, oft einsamigen Früchten und etwa 0,6 cm langen Samen, die einen vorzüglichen Mokka liefern sollen.

Endlich bleiben noch zwei, nach Fröhner durch Verwilderung von Kulturpflanzen entstandene Spielarten von den Sunda-Inseln zu nennen:

h) Var. *angustifolia Miq.* aus Celebes (Provinz Menado) und

i) Var. *straminea Miq.* aus Sumatra und Java (Preanger Regentschaften).

Die Namen der für den Handel wichtigen Zuchtformen, wie zum Beispiel Mokka, Padang, Menado, Caravellas u. s. w., werden uns in späteren Abschnitten wieder begegnen; hier sei nur der interessanten Tatsache gedacht, daß sich, wie beim Wein, so auch beim Kaffee bisweilen ein eigenes „Lokalaroma" ausbildet, welches dem Produkte gewisser Lagen einen besonderen Wert verleiht[1]), (z. B. „café aromatico" von den Bergen bei Rio Claro in Brasilien).

## 2. Der Liberia- oder Monrovia-Kaffeebaum[2]) *(Coffea liberica Bull.)*.

Heimat und Verbreitung. Die Heimat des Liberia-Kaffees ist nicht — wie sein Name andeutet — auf die Republik Liberia allein beschränkt; sondern die Pflanze ist höchst wahrscheinlich in wildem Zustande von Sierra Leone über ganz Oberguinea und Gabun bis Angola verbreitet. Ihr natürliches Verbreitungsgebiet liegt also zwischen 10 Grad nördlicher und 10 Grad südlicher Breite. Gewöhnlich findet man diese Art zwischen 4 Grad und 8 Grad nördlicher Breite; von der Küste an bis dort, wo die hohen Tafelländer Liberias an die reichen Grasflächen von Abandingo grenzen.

Wie bereits im vorigen Abschnitte angedeutet wurde, ist *Coffea liberica* erst vor verhältnismäßig kurzer Zeit in die Reihe unserer tropischen Kulturpflanzen eingetreten. Die ersten Proben von Liberia-Kaffee kamen gegen Mitte der 60er Jahre auf den europäischen Markt, ohne daß man ihre Abstammung kannte. Ihre Bedeutung erlangte die Pflanze erst, als der Hemileïa-Pilz auf Ceylon und Java die

---

[1]) Vgl. Dafert, Über die gegenwärtige Lage des Kaffeebaues in Brasilien. Amsterdam 1898.

[2]) Vgl. F. W. Morren, Kultur, Bereitung und Handel des Liberia-Kaffees. Beilage zum „Tropenpflanzer" 1898.

Abb. 3. Der Liberia-Kaffeebaum.

suchsgarten der Regierungsstation Misahöhe, Togo. Nach einer photogr. Aufnahme von F. Wohltmann.)

Kaffeeplantagen zu verwüsten begann; 1873 wurden Pflanzen nach Ceylon und 1875 nach Buitenzorg auf Java gebracht. Man glaubte damals, in *C. liberica* eine gegen den Pilz immune Art gefunden zu haben. Zwar hat sich diese Erwartung nicht erfüllt, denn auch der Liberia-Kaffee wird von der Hemileïa befallen; doch vermag er der Krankheit infolge seines kräftigeren Wachstums und seiner größeren

**Abb. 4. Blatt, Blüte und Frucht des Liberia-Kaffeebaumes.**

Zähigkeit in der Regel erfolgreich zu widerstehen. Auch anderen Parasiten gegenüber hat sich die Pflanze als wenig empfindlich erwiesen. Diese wertvolle Eigenschaft hat zur Verbreitung der Liberia-Art, namentlich in der alten Welt, wesentlich beigetragen.

Wir finden die Pflanze, wie in einem späteren Abschnitte gezeigt werden wird, in zahlreichen Tropengegenden und zwar stets innerhalb der geographischen Breiten angepflanzt, unter denen auch die Kultur von *Coffea arabica* betrieben wird.

Äußere Gestalt. Blatt. In ihrem Aussehen ist *Coffea liberica* der arabischen Verwandten sehr ähnlich: ein immergrüner Strauch oder ein 6—12 m hoher Baum (Abb. 3) mit ausgebreiteten Zweigen und elliptischen, verkehrteiförmigen, kurz zugespitzten Blättern von dünnledriger Beschaffenheit. Diese sind oberseits dunkelglänzendgrün, unterseits heller und matt. *Coffea liberica* besitzt unter sämtlichen Coffea-Arten die größten Blätter; sie werden 3,5 bis 11 cm breit und 10 bis 30 cm lang. Der Blattstiel mißt in der Länge 0,9 bis 1,5 cm.

Blüte. Die weißen, 6—8 gliedrigen Blüten (Abb. 4) sitzen in den Blattachseln sehr zahlreich beisammen; sie werden bedeutend größer, als diejenigen von *C. arabica* und messen im Durchmesser etwa 2,5 cm.

Der Liberia-Kaffee blüht fast das ganze Jahr hindurch; die einzelnen Blüten welken aber schon innerhalb weniger Stunden.

Frucht. Die Früchte (Abb. 2 und Abb. 4) sind ebenfalls durch ihre Größe ausgezeichnet; sie werden 2—2,7 cm lang und sind entweder kugelig oder oval und reif von dunkelroter Farbe. Die Früchte fallen bei der Reife nicht ab, sondern bleiben noch etwa 2 Monate hängen. Das Fruchtfleisch (Abb. 2 Fig. 5 u. 6 f.) ist mehr oder weniger fleischig, aber fester, faseriger und weniger saftig und süß, als dasjenige von *C. arabica;* außerdem zeichnet es sich dadurch aus, daß es ungemein zähe an der Samenschale hängt und sich daher schwieriger entfernen läßt, als beim arabischen Kaffee. Die Pergamentschicht (Abb. 2 Fig. 5 u. 6 p.) ist dicker, als bei der anderen Art, und die Samen sind größer. Sie enthalten durchschnittlich etwa 1,3 % Coffeïn.

Coffeïn-Gehalt. Auch *C. liberica* enthält in Blättern und Blüten Coffeïn; v. Romburgh und Lohmann fanden in jungen Blättern 0,6 %, in Blüten (ohne Kelch) 0,3 %, in Blättern junger Wasserreiser 0,9 % und in Stielen davon 1,1 %.

Beurteilung des Liberia-Kaffees. Den oben erwähnten Vorzügen, welche der Liberia-Kaffee als Kulturpflanze vor der arabischen Art besitzt, steht der Nachteil gegenüber, daß sein Produkt dem Geschmacke der europäischen Konsumenten bis jetzt wenig zusagt. Doch ist man heute noch nicht im stande, ein endgültiges Urteil über die Güte und den Wert dieses Kaffees zu fällen, da die in verschiedenen Weltgegenden eingeleiteten Versuche, ein edleres Produkt aus *Coffea liberica* zu erzielen, noch längst nicht abgeschlossen sind. Die Verfahren der Kultur und der Erntebereitung des Liberia-Kaffees werden sichtlich vervollkommnet, und damit ist auch der Weg zur Verbesserung des Produktes beschritten worden.

Bastarde von *Coffea arabica* und *C. liberica*. Erwähnung verdienen hier auch die Versuche, welche darauf ausgehen, die guten Eigenschaften von *Coffea arabica* und *liberica* in einer Pflanze zu vereinigen. Zunächst war man auf den Gedanken gekommen, Kreuzungen beider Arten zu erzeugen, und diese Frage, die namentlich auf Java und in Britisch-Indien praktisch verfolgt wurde, ist eine Zeitlang im Vordergrunde des Interesses der beteiligten Kreise geblieben. Die hochgespannten Hoffnungen, welche man anfänglich auf den Erfolg solcher Bastardierungen gesetzt hatte, haben sich jedoch nicht erfüllt. Die guten Eigenschaften der Stammpflanzen vererbten sich nicht in dem erhofften Maße und vor allem trat bei den Bastarden gänzliche oder wenigstens empfindlich bemerkbare Unfruchtbarkeit ein.

Okulierung und Pfropfung. Nachdem ferner Versuche, Liberia-Pflanzen mit arabischem Kaffee zu okulieren, durchaus mißlungen waren, wählte man das Verfahren des Pfropfens und scheint auf diesem Wege bereits zu befriedigenden Resultaten gelangt zu sein. Während die Pfropfung von Liberia-Kaffee auf die arabische Art keine Bedeutung erlangen konnte und sich auch Bastarde als Unterlage wenig eigneten, hat man auf Java in großem Maßstabe *Coffea arabica* auf *C. liberica* gepfropft.[1]) Das hiermit erzeugte Gewächs soll in der Tat manche Vorzüge vor den natürlichen Arten aufweisen, insbesondere sich gegen verschiedene Krankheiten (z. B. tierische Wurzelparasiten) als widerstandsfähiger erwiesen haben, als die arabische Art.

Immerhin werden noch weitere, Jahre hindurch fortgesetzte Beobachtungen notwendig sein, um ein sicheres Urteil über die praktische Bedeutung des Pfropfens zu gewinnen.

---

[1]) Vgl. I. G. Kramers, Mededeelingen uits Lands Plantentuin XXIV und XXXII, Batavia 1898 und 1899.

# II. Verbreitung der Kaffeekultur.[1]

*(Hierzu die Karte am Schlusse des Buches.)*

## 1. Afrika.

Eine eigentümliche Tatsache ist es, daß der afrikanische Kontinent, welcher uns die beiden Coffea-Arten lieferte, deren Kultur sich heute über den Erdball erstreckt, zur Zeit nicht einmal seinen eigenen Bedarf vollständig erzeugt. Die Kapkolonie importiert z. B. allein jährlich 3 000 000 kg, größtenteils aus Brasilien; ebenso hoch stellt sich die Einfuhr in Algier. Diesen Zahlen gegenüber sind die afrikanischen Ausfuhren geringfügig. Jedoch steht allem Ermessen nach ein Wandel dieser Verhältnisse für die Zukunft bevor, nachdem die Erschließung Afrikas für europäische Kulturarbeit in den letzten Jahren einen ungeheuren Aufschwung genommen hat.

**Abessinien.** Unter den Kaffee bauenden Gebieten in Afrika ist aus geschichtlichen Gründen an erster Stelle Abessinien zu nennen, das allgemein als die Heimat oder besser als das „Fundland" der Kaffeepflanze[2]) angesehen wird. Diese gedeiht dort gut nur in verhältnismäßig hoch gelegenen warmen Gebieten des Südens, vornehmlich bei der Handelsstadt Korata am Tanasee. Ferner wird im Königreich Godjam in den Provinzen Agomeder und Damot Kaffee gepflanzt, und große Plantagen liegen in Liben und Adda Galla im südlichen Schoa.

Wieviel Kaffee zur Zeit in Abessinien gewonnen wird, entzieht sich der Schätzung; die sehr geringe Ausfuhr wird über Obok geleitet.

**Gallaländer.** In den Gallaländern wird der beste Kaffee in den Gebieten südlich vom blauen Nil (Guma, Enarea, Kaffa u. s. w.) gezogen; die beliebteste Ware kommt aus Saka in Enarea. Von geringerer Bedeutung sind die Pflanzungen in den südöstlichen und östlichen Gallaländern.

[1]) Für die Bearbeitung dieses Teiles wurden in erster Linie benutzt: M. Fuchs, die geographische Verbreitung des Kaffeebaumes. Leipzig (Veit & Co.) 1886, und Semlers Tropische Agrikultur. II. Aufl. Bd. I. Wismar 1897. S. 222 ff.

[2]) Soweit in Folgendem nicht ausdrücklich die Liberia-Art genannt wird, ist stets *Coffea arabica* gemeint.

**Somaliland.** Von der britischen Somaliküste wurde nach Busemann[1]) 1893/94 für 3700 £ (= 75 480 M.) Kaffee ausgeführt, gegen 6500 £ (= 132 600 M.) im Vorjahre.

**Deutsch-Ostafrika.** Vorläufig spielt der Kaffee unter allen Erzeugnissen der europäischen Landeskultur in Deutsch-Ostafrika die größte Rolle. Er wird zur Zeit nicht allein im hochgelegenen Usambaragebirge, sondern auch im Vorland Usambaras und sogar unmittelbar an der Küste, südlich von Pangani angebaut, d. h. in den höheren Lagen arabischer, in den tieferen lediglich Liberia-Kaffee.

Im Usambara-Gebirge ist fast das ganze dazu geeignete Gelände für den Kaffeebau bereits in Anspruch genommen worden; die weiter im Innern gelegenen Gebiete werden jedoch erst dann in Bearbeitung kommen können, wenn die erforderlichen Verkehrsmittel geschaffen sein werden.

Die meisten Kaffeeplantagen liegen in Ostusambara, dessen Klima und physikalische Bodenbeschaffenheit dem Kaffeebau im allgemeinen sehr günstig sind.[2]) Die ältesten Pflanzungen im Usambara-Gebirge sind Derema (1891), Nguelo, Herue und Lungusa (1894). Nördlich von Nguelo liegt die 1893 gegründete Pflanzung Bulwa und an diese angrenzend Ngambo; beide verfügen über umfangreiche Bestände an jungen Pflanzen. Weiter sind zu erwähnen: Kwamkoro, eine jüngere Anlage, südwestlich von Herue gelegen, Magrotto und Schoeller. Magrotto, welche als eine der zukunftsreichsten Kaffeeplantagen Deutsch-Ostafrikas gilt, liegt, vom Grundstock des Ostusambara-Gebirges durch das Sigi-Tal getrennt, inmitten des Mlinga-Gebirgsstockes; die Pflanzung Schoeller liegt östlich vom Mlinga-Gebirge im Bondei-Lande.

Schließlich sind noch Sakarre in Westusambara, jenseits des Luengera-Tales, die Friedrich Hofmann-Pflanzung bei Hale in der Landschaft Useguha, auf dem rechten Ufer des Pangani und die Plantage „Emin" im Uluguru-Gebirge zu nennen.

Liberia-Kaffee wird vornehmlich auf den Plantagen: Lewa (am Südabhange des Bondei-Landes), Mwera und Kikogwe (am Südrande der Pangani-Bucht) und Schoeller gebaut.

[1]) In Semlers Tropischer Agrikultur S. 235.

[2]) Vgl. Wohltmann, Deutsch-Ostafrika. Schöneberg-Berlin (Telge) 1898.

Der deutsch-ostafrikanische Kaffee hat in den beteiligten Kreisen der Handelswelt eine sehr günstige Beurteilung gefunden und erzielt leidliche Preise. Die Produktion hatte — wie aus den nachstehend wiedergegebenen Ausfuhrwerten zu ersehen ist — in den ersten Jahren einen ungeahnten Aufschwung genommen; während im Jahre 1894 noch nicht für 1000 M. Kaffee von Deutsch-Ostafrika ausgeführt wurde, betrug 1895 der Wert des Exportes bereits 47 000 M. und 1896 etwa 200 000 M.! Später traten bisweilen Mißernten und dadurch bedingte erhebliche Schwankungen in der Höhe der Ausfuhren ein; nach der amtlichen Statistik wurde 1897 für 115 780 M., 1898 für 244 000 M., 1899 für 96 350 M. und 1900 für 274 750 M. Kaffee ausgeführt. Die letztgenannte Ziffer stellt zugleich den höchsten bisher erreichten Wert dar.

In Britisch-Centralafrika kommt das allerdings eng begrenzte Gebiet von Blantyre im Shire-Hochland in Betracht.

---

**Moçambique.** Über den Kaffeebau in Moçambique fehlen nähere Angaben; jedenfalls ist die Ausfuhr von dort sehr gering. Dagegen werden seit einigen Jahren von den Franzosen auf

**Madagaskar** Versuche in größerem Maßstabe angestellt, die namentlich an der Ostküste recht günstige Ergebnisse liefern sollen.

**Réunion.** Auf Réunion, welches ehemals sehr bedeutende Kaffeeernten aufwies, ging die Produktion in den siebziger Jahren stark zurück. Die größtenteils nach Frankreich gehende Ausfuhr betrug im Jahre 1881 immerhin noch 600 000 kg und 1887 488 000 kg, während Frankreich im Jahre 1894 nur noch 122 000 kg von dort erhielt (Busemann).

**Mauritius.** Auch Mauritius zeigt einen erheblichen Rückgang, nachdem man sich dort immer mehr dem Zuckerrohrbau zugewandt hat; heute muß sogar Kaffee aus Indien importiert werden.

**Natal.** In Natal, wo sich nur der Küstenstrich zwischen den Flüssen Tugela und Umkomanzi, in unmittelbarer Nähe von Durban, zur Kaffeekultur eignet, sollen jährlich etwa 100 000 kg gewonnen werden, von denen etwa 20 000 kg ausgeführt werden.

**Westafrika.** Obwohl auch die klimatischen Verhältnisse im tropischen Westafrika dem Kaffeebau außerordentlich günstig sind, steht bis jetzt die westafrikanische Produktion noch hinter der ostafrikanischen zurück.

**Kongostaat.** Im Kongostaat dürfte die Kaffeekultur sich noch nicht über das Stadium der Vorversuche hinaus entwickelt haben.

**Kamerun.** Ob Kamerun als Kaffeegebiet einige Bedeutung gewinnen wird, läßt sich heute noch nicht übersehen. Vorläufig steht dort die Kakaokultur im Vordergrunde des Interesses; das wird voraussichtlich auch so bleiben. In Victoria hat der Kaffee viel unter einem Käfer zu leiden; außerdem ist die dortige tiefe Lage dem arabischen Kaffee nicht günstig, die Bohnen sind nämlich ungleich in Größe, Form und Farbe und werden daher trotz ausgezeichneten Aromas niedrig bewertet. Ob und wieweit höher gelegene Pflanzungen Kameruns ergiebig sein werden, muß der Zukunft überlassen bleiben.

**Togo.** In Togo wird fast ausschließlich Liberia-Kaffee gezogen, welcher dort vorzüglich gedeiht. Die Ausfuhr betrug um 1897/98 allerdings erst 3000 kg; doch sind die bestehenden Pflanzungen inzwischen erweitert worden, so daß wohl eine Erhöhung des Exportes zu erwarten steht.

**Liberia.** In der Negerrepublik Liberia, welcher die Art *Coffea liberica* ihren Namen verdankt, werden die von der Natur gegebenen sehr günstigen Bedingungen keineswegs ausgenutzt. Die Indolenz der Einwohner steht der Pflege und Ausdehnung der Plantagen hindernd im Wege. Ein Aufschwung ist auch für die Zukunft nicht zu erwarten, da es Weißen nicht gestattet ist, Grund und Boden in Liberia eigentümlich zu erwerben, sondern sie ihn nur für 40 Jahre in Pacht nehmen dürfen. Hauptabnehmer des dortigen Produkts sind die Vereinigten Staaten von Amerika, welche im Jahre 1894/95 beinahe 30 000 kg Kaffee aus Liberia bezogen (Busemann).

## 2. Asien.

**Arabien.** Als edelste aller Kaffeesorten pflegt man allgemein den arabischen Kaffee zu betrachten, welcher nach seinem früheren Verschiffungshafen kurzweg „Mokka“ genannt wird. Doch nicht aus diesem Grunde allein verdient Arabien als Kaffeeproduktionsland besonderes Interesse: Arabien gebührt auch der Ruhm, den übrigen Ländern der Erde den Kaffeegenuß und die Kaffeekultur vermittelt zu haben. Denn die Araber haben den Kaffee aus Abessinien zu sich eingeführt und ihn zuerst systematisch kultiviert; von Arabien aus ist die Pflanze über Vorderindien nach Java gelangt, von dort in europäische Gewächshäuser (Amsterdam) und aus diesen wiederum nach Südamerika.

In Arabien kennt man nicht den Kaffeebau im Stile großartiger Plantagen, wie er auf Java, Ceylon oder in Brasilien sich eingebürgert hat. Die Pflanzungen gleichen hier mehr bescheidenen, terrassenartig angelegten Weinbergen.

Das Produktionsgebiet der Halbinsel ist nur auf einen verhältnismäßig kleinen Teil von Yemen beschränkt. Als die Nordgrenze des Gebietes ist Meschnie (etwa 20 Grad nördlicher Breite), als Südgrenze sind Yafia und Kataba (etwa 14 Grad nördlicher Breite) anzusehen.

Seine frühere große Bedeutung für den Weltmarkt hat der Mokka-Kaffee längst verloren. Soweit das Produkt nicht im Lande selbst verbraucht wird, geht es nach Aden, von wo dann ungefähr die Hälfte nach Egypten, der Rest nach Marseille, Triest, London und New-York verschifft wird.

In Aden wird vorher eine Sortierung nach den Wünschen der Abnehmer vorgenommen; in Europa bevorzugt man nämlich die großen Mokkabohnen, während man in Nordamerika nur die kleinen Bohnen wünscht.

Es ist hinlänglich bekannt, daß nur die geringste Menge des im europäischen Handel als „Mokka" laufenden Kaffees wirklich aus Arabien stammt; der größte Teil kommt aus Brasilien, wo man die kleinen, in den Spitzen der Baumkronen wachsenden Bohnen aussondert, um sie als „Mokka" zu verschiffen.

Man hat wiederholt versucht, durch direkt aus Arabien bezogenes Saatgut die echte Mokkabohne nach anderen Ländern, z. B. nach Brasilien, zu verpflanzen und dort weiter zu züchten. Zwar gediehen die Pflanzen gut, doch zeigte stets nur die erste Ernte noch eine erkennbare Ähnlichkeit mit dem Mokkakaffee, während die Erzeugnisse späterer Jahre alle Eigenschaften des betreffenden einheimischen Produkts, z. B. in Brasilien des brasilianischen Kaffees u. s. w., angenommen hatten. Wie bei den meisten Kulturpflanzen, so werden auch beim Kaffee die ererbten Rasseeigentümlichkeiten des Zuchtmaterials in neuem Klima, neuem Boden und unter anderen Zuchtmethoden vielfach verändert oder auch völlig verwischt.

**Vorderindien.** Das geeignetste Land für den Kaffeebau in Vorderindien liefern die bewaldeten Höhen des Westens, welche von Goa bis Kap Komorin eine beinahe ununterbrochene Kette bilden. Der Anbau beschränkt sich jedoch auf Mysore, Coorg, die Weinad und Nilghiris, Cochin und Travancore.

Den höchsten Stand erreichte die Produktion im Jahre 1871 mit 507 000 cwts[1]) (= 25 755 600 kg); darauf haben dürre Jahre, niedrige Preise und die Blattkrankheit vielfach zu einer Bevorzugung der Theekultur geführt. Immerhin betrug der Export im Jahre 1894/95 noch 292 000 cwts (= 14 833 600 kg).

Ausfuhrhäfen sind: Mangalore, Tellicherry, Calicut, Beypore und Madras. Das Produkt geht nach den Ländern des persischen Golfes, nach Mauritius, Réunion und selbst nach Ceylon (v. Delden-Laërne). Auch in Europa wird Kaffee aus Vorderindien konsumiert; in Deutschland besonders geschätzte Sorten sind Mysore und Tellichery.

**Ceylon.** Die Einführung der Kaffeekultur nach Ceylon wurde zu Anfang des XVIII. Jahrhunderts durch die Holländer bewirkt, welche damals Herren der Insel waren. Jedoch wurde der neue Erwerbszweig bald den Eingeborenen überlassen, welche ihn bis zur Einnahme Ceylons durch die Engländer (1796) allein betrieben. Einen neuen Aufschwung nahm die Kultur um 1825, als Sir Edward Barnes das Oberland Ceylons für den Plantagenbau erschloß[2]). Auf die unvergleichliche Entwickelung, welche dem Kaffeebau von nun an auf der Insel beschieden war, folgte ein allmählicher aber beständig zunehmender Rückgang, als vor nunmehr drei Jahrzehnten der Blattpilz *(Hemileïa vastatrix)* der Kultur das erste Hindernis entgegensetzte. Die Pflanzer, verwöhnt durch die außerordentlich reichen Ernten vor 1870 und eingeschüchtert durch die schleunige Ausdehnung der Krankheit, wandten sich nach einiger Zeit mehr der Theekultur zu, welche unter den obwaltenden Verhältnissen sicherere Erträge versprach. So wurde die mit Kaffee bestellte Fläche allmählich auf weniger als ein Zehntel der Ausdehnung beschränkt, die sie zur Blütezeit des ceylanischen Kaffeebaues besessen hatte.[3])

[1]) 1 cwt., Engl. Zentner, = 50,8 kg.

[2]) Vgl. v. Gorkom, De Oostindische Cultuures (Amsterdam 1884) Bd. I, S. 233 und Watt, Dictionary of the Econom. Products of India (Calcutta 1889) Vol. II, S. 464.

[3]) Über den eigenartigen Wechsel zwischen Kaffee- und Theekultur auf Ceylon vgl. Semlers Tropische Agricultur. II. Aufl. Bd. I, S. 232.

Im Jahre 1896 wurden nur noch etwa 20 000 cwts = 1 016 000 kg Kaffee ausgeführt.

Ein beträchtlicher Bruchteil des Produktes besteht aus Liberia-Kaffee, welcher bereits zu Anfang der siebziger Jahre wegen seiner größeren Widerstandsfähigkeit gegen die Blattkrankheit nach Ceylon verpflanzt wurde.

Der Kaffeebau wird — wie auf dem vorderindischen Festlande — teils von Europäern in geordneter Plantagenwirtschaft, teils in Kleinkultur von den Eingeborenen betrieben. Die von beiden Seiten hervorgebrachten Produkte sind jedoch keineswegs gleichwertig, sondern werden im Handel als „Plantation-Coffee" und „Native-Coffee" streng unterschieden. Der Native-Coffee ist in Folge der primitiven Erntebereitung ungleichmäßig in Farbe und inneren Eigenschaften und steht daher erheblich niedriger im Preise. Nach Europa wird nur Plantation-Coffee ausgeführt, während das andere Produkt nach dem indischen Festlande, Mauritius und Réunion geht (v. Delden-Laërne).

**Java.**[1]) Obwohl Java unter den Kaffeeproduktionsländern der Erde erst die zweite Stelle einnimmt — soweit die Höhe der Ernten und Ausfuhren in Betracht kommt, wird es von Brasilien übertroffen — so kann doch die Insel in anderer Beziehung als tonangebendes Kaffeegebiet gelten. Denn der Java-Kaffee wird unbestritten als die beste unter den allgemein verbreiteten Handelssorten angesehen.

Die ersten Anfänge des javanischen Kaffeebaus fallen in das Jahr 1696. Damals wurden von der Malabarküste einige Pflanzen eingeführt, welche allerdings bald darauf zu Grunde gingen. Doch schon im Jahre 1700 wurde, ebenfalls von Malabar, Ersatz beschafft, und mit diesem zweiten Versuche wurde der Grund für den heute so hervorragenden Zweig der Landeskultur gelegt, welcher auch für das Mutterland der Kolonie eine Quelle des Wohlstandes geworden ist.

Der Kaffeebau nahm in Batavia und Umgegend seinen Anfang und breitete sich verhältnismäßig schnell über die Insel aus. Heute liegt sein Schwerpunkt in Ostjava, wo die Residenzen Passuruan, Surabaja und Probolingo als die fruchtbarsten Gebiete zu gelten haben. Auch in Kediri und Besuki hat die Kultur neuerdings große Ausdehnung gewonnen.

---

[1]) Vgl. hierzu das obengenannte Werk von van Gorkom nebst Supplement; ferner: van Delden-Laërne, Verslag over de Koffiecultur in America, Aziё en Afrika. 's Gravenhage 1884.

In West- und Mitteljava ist der Boden für den Kaffeebau weniger geeignet, und die Produktion ist im Westen der Insel, namentlich in den Preanger Regentschaften, seit Jahren erheblich zurückgegangen. Im Jahre 1876 wurde auch auf Java der Liberia-Kaffee eingeführt, und die Kultur dieser Art hat seitdem eine immerhin beachtenswerte Ausdehnung erfahren. Ein Urteil über die Bedeutung der Liberia-Kultur für die Zukunft, insbesondere über ihren Einfluß auf die Gesamtproduktion Javas läßt sich zur Zeit noch nicht abgeben, da sich dieser Zweig des Kaffeebaus, wie schon angedeutet, vorläufig noch immer im Versuchsstadium befindet.

Die Kaffeeproduktion auf Java ist bekanntlich zum weitaus größten Teile an ein eigenartiges Monopolsystem gebunden. Die Eingeborenen werden gezwungen, unter Aufsicht von Regierungsbeamten eine bestimmte Anzahl Kaffeebäume, und zwar jede Familie 650 Stück, zu kultivieren. Die Ernten müssen für einen festgesetzten Preis an die Magazine der Regierung abgeliefert werden, welche den Verkauf durch die „Nederlandsche Handelsmaatschappij" auf öffentlichen Auktionen in Batavia und Amsterdam besorgen läßt. Neben dieser erzwungenen Kultur findet ein freiwilliger Anbau auf solchen Ländereien statt, die von der Regierung oder von einzelnen einheimischen Fürsten, denen das Verfügungsrecht über ihren Boden gelassen wurde, auf Zeit oder in Erbpacht abgegeben werden, oder welche dauernd in freien Besitz übergegangen sind. Den Pächtern oder Eigentümern dieser Pflanzungen bleibt es überlassen, ihre Ernten nach Belieben zu verwerten (Busemann).

Die Gesamtproduktion Javas weist sehr starke Schwankungen auf; seit 1886 ist ein erheblicher Rückgang der Erträge zu verzeichnen.

Je nachdem der javanische Kaffee dem Monopol unterworfen ist oder der freien Produktion entstammt, wird er im Handel als „Gouvernementskoffie" und „Particulierekoffie" unterschieden.

Von denjenigen Produkten, die als „Javakaffee" auf den Markt gebracht werden, sind beträchtliche Mengen nicht auf Java gewachsen, sondern stammen von anderen Inseln des malayischen Archipels, z. B. Sumatra, oder auch aus entfernteren Gebieten.

**Sumatra.**[1]) Der Kaffeebau auf Sumatra ist jüngeren Datums. Allerdings wurde bereits zu Ende des XVIII. Jahrhunderts ein Anfang gemacht, ohne jedoch mehr damit zu

---

[1]) Vgl. v. Gorkom S. 264 ff. und Supplementband S. 19.

erzielen, als jährlich einige tausend Picols[1]) eines noch dazu minderwertigen Produktes. Erst nach Zurückgabe der Insel an die Holländer (1819) nahm die Kultur einen erfreulichen Aufschwung.

Die Pflanzungen liegen vornehmlich an der Westseite der Insel, bis zu deren südlichstem Teile, den Lampong'schen Distrikten; am ergiebigsten soll die Padanger Hochebene sein. In Benkulen hatte der Kaffeebau einige Zeit brach gelegen, ist aber in neuerer Zeit von der Bevölkerung mit Eifer wieder aufgenommen worden; in den Niederungen von Benkulen ist auch Liberia-Kaffee angebaut worden. In den Lampong'schen Distrikten herrscht die Pfefferkultur vor, und die Eingeborenen widmen dem Kaffee wenig Sorgfalt.

Auf der Ostseite der Insel kommt Palembang in Betracht, wo sich seit etwa 40 Jahren eine regere Neigung der Bevölkerung für den Kaffeebau geltend macht. An der Ostküste hat man in den letzten Jahren auf ehemaligen Tabakplantagen Liberia-Kaffee angebaut, wie es scheint, mit gutem Erfolge.

Im Jahre 1847 wurde auf Sumatra das gleiche Monopolsystem eingeführt, wie auf Java, und in den letzten Jahrzehnten hat sich auch hier Privatbetrieb auf Regierungsland (in Erbpacht vergeben) entwickelt. Die gesamten Erträge werden zu Padang meistbietend verkauft und gehen vornehmlich nach Nordamerika.

Der Sumatra-Kaffee steht, soweit er sorgfältig zubereitet ist, dem Produkte von Java nicht nach, ja, er erzielt sogar bisweilen höhere Preise, als dieser.

**Celebes.** Auf der Halbinsel Minahassa, welche den weltbekannten Menado-Kaffee liefert, wurde 1822 mit dem Kaffeebau begonnen. Etwa 30 Jahre später erfuhr die Kultur auf Celebes eine beträchtliche Ausdehnung, um dann wieder, namentlich seit Mitte des vorigen Jahrzehnts, zurückzugehen.

Im Gegensatz zu Java und Sumatra wird auf Celebes die Gouvernements-Kultur durch den freien Kaffeebau der Eingeborenen erheblich übertroffen.

Im Norden der Insel kommt neben Menado noch Gorontalo als Produktionsgebiet in Betracht, im Süden gedeiht der Kaffee am besten an den Bergabhängen der Bezirke Bulekomba, Bonthain u. a. m. Nach van Gorkom können die Berglande von Süd-, Nord- und Ostcelebes mit den besten Kaffeeböden Javas auf gleiche Stufe gestellt werden. Und in der Tat liefert die Insel ein hoch-

---

[1]) 1 Picol = 61,76 kg.

geschätztes Produkt, welches auf dem niederländischen Markte teurer bezahlt wird, als irgend eine andere Kaffeesorte des malayischen Archipels.

Der Mittelpunkt des Kaffeehandels von Celebes ist Makassar, wohin die Produkte von Südcelebes sowohl, wie der Inseln aus dem östlichen Teile des Archipels auf den Markt gebracht werden; ein Teil der Ernten geht auch direkt nach Singapore.

Auf den kleinen Sunda-Inseln (Bali, Banka, Battam, Lombok, Timor u. s. w.) ist die Produktion unbedeutend, ebenso auf den Philippinen. In den Straits Settlements hat man neuerdings mit gutem Erfolg Liberia-Kaffee angebaut.

---

Die gesamte Kaffeeproduktion von Niederländisch-Indien belief sich nach einer Durchschnittsberechnung von Professor van den Berg in Batavia für die Jahre 1875 bis 1880 und nach der amtlichen Statistik für 1889 und 1894[1]) wie folgt:

| | 1875 - 1880<br>kg | 1889<br>kg | 1894<br>kg |
|---|---|---|---|
| Java, für Regierungsrechnung | 61 698 240 | 35 697 280 | 22 480 640 |
| Java, für Privatrechnung . . . | 10 375 680 | 22 048 320 | 29 150 720 |
| Sumatra, für Regierungsrechn. | 7 843 520 | 2 964 480 | 1 605 760 |
| Sumatra, für Privatrechnung . | 1 235 200 | 864 640 | 2 161 600 |
| Celebes, für Regierungsrechn. | 1 235 200 | 1 296 960 | 61 760 |
| Celebes, für Privatrechnung . . | 5 867 200 | 2 593 920 | 3 520 320 |
| Bali und andere kleine Inseln | 3 088 000 | 2 779 200 | 2 099 840 |
| Total . . . | 91 343 040 | 68 244 800 | 61 080 640 |

Die Gesamt-Ausfuhr von Niederländisch - Indien betrug 1894: 59 289 600 kg. Der größte Teil des Produktes wandert nach Holland, beträchtliche Mengen gehen nach Nordamerika, wo namentlich der Padangkaffee sehr gesucht ist, nur verhältnismäßig wenig (i. J. 1894: 185 280 kg) direkt nach Deutschland.

## 3. Südsee-Inseln.

In Deutsch-Neu-Guinea und im Bismarck-Archipel ist die Kaffeekultur noch nicht aus dem Versuchsstadium herausgetreten; doch sollen die bisher erzielten Erfolge ermutigend sein.

In Neu-Kaledonien dagegen ist der Kaffee zum Hauptprodukt des Landes geworden; im Jahre 1894 impor-

[1]) Entnommen aus Semlers Tropischer Agrikultur, II. Aufl. Bd. I, S. 227.

tierte Frankreich von dort 92 535 kg. Die Qualität gilt als gut.

Auf den Hawaii-Inseln hat die Produktion, welche seit Anfang der 70er Jahre infolge vermehrter Zuckergewinnung beträchtlich abgenommen hatte, neuerdings wieder an Bedeutung gewonnen; im Jahre 1894 wurden sogar 94 600 kg Kaffee von dort ausgeführt. Fast die gesamte Ausfuhr richtet sich nach San Francisco.

## 4. Amerika.

**Mexiko.**[1]) In den letzten beiden Jahrzehnten hat die Kaffeekultur in Mexiko einen so bedeutenden Aufschwung genommen, daß heute der Kaffee das wichtigste landwirtschaftliche Ausfuhrprodukt des Landes darstellt. In erster Linie sind an der Produktion beteiligt die am Isthmus von Tehuantepec gelegenen Staaten Veracruz, Oaxaca und Chiapas; ihnen folgen Puebla, San Luis Potosi, Michoacan, Hidalgo, Colima, Tabasco, Tepic, Jalisco, Morelos und Guerrero. Auch in Nieder-Kalifornien scheint der Kaffeebau Fuß gefaßt zu haben. Die Deutschen sollen an den Kaffeeunternehmungen in Mexiko in hervorragendem Maße beteiligt sein.

Ein nicht unbeträchtlicher Teil der Ernte — angeblich etwa 500 000 kg jährlich — wird im Lande selbst verbraucht. Die Ausfuhr betrug im Jahre 1897: 14 817 662 kg im Werte von 9 900 000 Dollars (= 42 075 000 M.) Der größte Teil der Ausfuhr, welche vorwiegend über Veracruz geleitet wird, geht nach Nordamerika, der Rest nach Deutschland, Frankreich, Spanien u. s. w.

Als der beste mexikanische Kaffee gilt der „Tepic-Kaffee", welcher größtenteils von der Westküste aus dem Staate Colima kommt.

**Guatemala.** In Guatemala wächst der Kaffee sowohl an den die pacifische Küste begleitenden Gebirgszügen, als auch in den Binnenlandschaften von Coban und Peten.

Die erst seit ungefähr einem halben Jahrhundert dort betriebene Kultur ist mit Energie und Verständnis derart gefördert worden, daß die mexikanische Produktion von Guatemala weit übertroffen wird. Verschifft wird der Kaffee u. a. in Champerico, San José und Puerto Barrios. Nach Busemann wurden im Jahre 1890: 32 200 000 kg Kaffee

---

[1]) Vgl. „Tropenpflanzer" 1898, S. 318 und 1899, S. 225 und van Delden-Laërne S. 581 ff.

ausgeführt (gegen 14 656 800 kg aus Mexiko). Der Hauptabnehmer ist Deutschland.

**El Salvador.** Besonders günstige Bedingungen für den Kaffeebau bietet El Salvador, wo die Pflanze am südlichen, wie am nördlichen Abhange der Cordillera gezogen wird. Die fruchtbarsten Gebiete des Landes sind die Bezirke von Santa Ana und Ahuachapam. Verschiffungshäfen sind Acajutla, La Libertad und La Union. Die Ausfuhr betrug 1895 ungefähr 15 240 000 kg.

**Honduras.** Die Produktion in Honduras geht nur wenig über den einheimischen Bedarf hinaus; im Jahre 1891/92 wurden 81 880 kg ausgeführt. Der in den Marktberichten als „Honduras" geführte Kaffee soll meist aus Guatemala stammen (Busemann).

**Nicaragua.** In Nicaragua sind als Kaffee bauende Bezirke die Umgegend von Matagalpa im Departement Segovia, die Gebiete zwischen dem Nicaragua-See und dem stillen Ozean, und endlich die Hochebene der Mosquito-Küste zu nennen. Durch den Bau von Eisenbahnen ist der frühere vernachlässigte Zustand der Kulturen verbessert worden, wenn auch andererseits die unglücklichen politischen Verhältnisse in den letzten Jahren das wirtschaftliche Gedeihen des Landes schwer geschädigt haben.

Immerhin betrug die Ausfuhr im Jahre 1895 etwa 9 200 000 kg (gegen etwa 1 150 000 kg im Jahre 1880). Abnehmer sind vorzüglich Deutschland, die Vereinigten Staaten und England. Das Produkt von Nicaragua wird entweder als „Costarica-Kaffee" oder als „Guatemala-Kaffee" auf den Markt gebracht. Verschiffungshafen ist San Juan del Sur.

**Costarica.** Während in Costarica bisher nur die mittlere große Hochebene, welche sich von Alajuela bis nach Carthago erstreckt, für den Kaffeebau verwendet wurde, hat man dieser Kultur in letzter Zeit auch große fruchtbare Ländereien auf dem atlantischen Abhange des Hochlandes erschlossen. Somit steht bei Verbesserung der Marktlage des Kaffees überhaupt in Costarica eine Zunahme der Produktion zu erwarten. Verschiffungshäfen sind Punta Arenas und Puerto Simon.

Die Ausfuhr hatte zu Anfang der 80er Jahre mit 300 000 bis 360 000 spanischen Zentnern (= 13 800 000 kg bis 16 560 000 kg) ihre Höhe erreicht, um dann 1888 bis auf 190 000 spanische Zentner (= 8 740 000 kg) zu sinken. Seitdem ist eine erhebliche Steigerung nicht eingetreten; 1895 wurden 9 855 000 kg exportiert. (Busemann).

**Westindien. Cuba.** Wie auch auf anderen westindischen Inseln, gedeiht der Kaffeebaum auf Cuba vorzüglich. Cuba besitzt namentlich in seinen östlichen Bezirken ausgedehnte Länderstrecken, die für diesen Zweig der Kultur gut geeignet sind, und welche früher auch für den Kaffeebau verwendet wurden. So wurden zu Ende der 40er Jahre jährlich etwa 12 500 000 kg von Cuba ausgeführt. Dann aber, als die Pflanzer dem Anbau von Tabak den Vorzug gaben, und namentlich, als in Westindien die Zuckerrohrkultur alle anderen Interessen plötzlich in den Hintergrund drängte, sank die Produktion von Kaffee so schnell, daß die Insel schon 1875 nicht einmal ihren eigenen Bedarf mehr decken konnte.

Seit einigen Jahren machte sich dann ein neuer Aufschwung bemerkbar, bis durch den spanisch-amerikanischen Krieg ein völliger Stillstand hervorgerufen wurde.

**Jamaika.** Auf dieser Insel, wo der Kaffeebau durch geologische und teilweise auch durch klimatische Verhältnisse besonders begünstigt wird, hat er von jeher eine hervorragende Stelle eingenommen. Wie die Ausfuhrstatistik beweist, hat Jamaika lange Zeit zu den ersten Kaffeeländern der Welt gezählt. Die Blütezeit der dortigen Produktion beginnt mit dem Jahre 1799, in welchem 117 454 cwts (= 5 966 663 kg) ausgeführt wurden; die höchste Ausfuhr fällt in das Jahr 1814 mit 340 456 cwts (= 17 295 164 kg). Mit der endgültigen Aufhebung der Sklaverei (1838) sank die Produktion schnell, und Jahrzehnte hindurch wurden nur 40—70 000 cwts (= 2 032 000 kg bis 3 556 000 kg) im Jahre ausgeführt.[1]) Erst in den 80er Jahren machte sich wieder ein Aufschwung bemerkbar (Ausfuhr im Jahre 1886 etwa 100 000 cwts = 5 080 000 kg), welcher seitdem nicht wieder nachgelassen hat.

Etwa die Hälfte der Ausfuhr geht nach Nord-Amerika, ein Viertel nach London.

**Haiti.** Die Kaffeeproduktion im Westen der Insel überwiegt bei weitem diejenige im Osten. Nach Fuchs wird in sämtlichen Provinzen der Republik Haiti mit alleiniger Ausnahme des im Nordwesten gelegenen Arrondissements Le Mole Kaffee gebaut. In der Dominika-

---

[1]) Vgl. v. Delden-Laërne S. 370.

nischen Republik wird die Kaffeekultur hauptsächlich in San Cristobal, Maniel, Bani Moca und La Vega betrieben.

In beiden Staaten sind die Erträge in den letzten Jahren wieder gewachsen; Haiti führte 1894 über 10 875 000 kg, S. Domingo 938 500 kg aus. Das Produkt ist den geringeren Sorten Jamaika-Kaffee ähnlich.

**Puertorico** hatte sich in den letzten Jahrzehnten einer beträchtlichen Zunahme des Kaffeebaus zu erfreuen.

Im Jahre 1895 wurden über 23 000 000 kg (gegen etwa halb soviel im Jahre 1873) ausgeführt; die Insel nahm also 1895 unter den großen Antillen hinsichtlich der Höhe des Kaffee-Exportes den ersten Platz ein.

Zur Zeit dürften allerdings die Folgen des Krieges auch diesen Produktionszweig empfindlich beeinflussen. Puertorico liefert einen Kaffee von guter Beschaffenheit, welcher namentlich auf dem New-Yorker Markte verhältnismäßig hohe Preise erzielt.

**Guadeloupe.** Unter den kleinen Antillen ist als Kaffeegebiet von Bedeutung eigentlich nur Guadeloupe zu nennen. Die bedeutendsten und zahlreichsten Pflanzungen befinden sich dort auf den Abhängen von Grand-Terre. Die Ernten bewegen sich zwischen 500 000 und 600 000 kg.

**Martinique.** Auf Martinique, wohin die Pflanze bereits 1720 gebracht worden war, und welches früher einen sehr ausgedehnten Kaffeebau getrieben hatte, ist dieser infolge einer verheerenden Krankheit fast ganz eingegangen. Heute kann die Insel kaum noch den eigenen Bedarf decken.

Der Kaffee, welcher in Europa als „Martinique" geht, ist in der Regel auf Guadeloupe oder auch in Brasilien gewachsen. (Busemann.)

**Süd-Amerika. Guyana.** In den drei Ländern von Guyana hat die Kaffeekultur ähnliche Wechsel aufzuweisen, wie in Westindien. Surinam war das erste Land der neuen Welt, in welchem der Kaffeebaum angepflanzt wurde (Einführung 1718); von hier kam er einige Jahre später nach Cayenne und von dort 1741 nach Brasilien.[1]) So war also Guyana eigentlich der Ausgangspunkt für die gewaltigste Kaffeeproduktion der Welt.

Aber auch in Guyana selbst entwickelte sich bald eine blühende Kultur, welche dann nach hundertjährigen ansehn-

---

[1]) Vgl. dazu Peckolt, Zeitschrift des Allgemeinen Österreichischen Apotheker-Vereins, 1883, No. 13.

lichen Erfolgen unter dem Einflusse der Sklavenbefreiung schnell in Verfall geriet. Beispielsweise wurden von Surinam im Jahre 1740 2 285 123 kg Kaffee ausgeführt, 1790 erreichte die Ausfuhr den höchsten Wert mit 7 428 137 kg; 1840 wurden noch 1 730 901 kg exportiert, 5 Jahre später nur 854 239 kg und 1890 war die Ausfuhr auf 218 kg gesunken! Seitdem hat aber infolge glücklicher Regelung der Arbeiterverhältnisse der Kaffeebau in Surinam einen nennenswerten Aufschwung erfahren, sodaß im Jahre 1898 bereits wieder 255 871 kg[1]) ausgeführt werden konnten.

In den beiden anderen Kolonien: Französisch- und Britisch-Guyana hat die Kaffeekultur eine derartige Neubelebung bisher nicht erfahren.

In Surinam wird jetzt fast ausschließlich Liberia-Kaffee angebaut.

**Venezuela** ist nächst Brasilien und Java das bedeutendste Kaffeeland der Erde. Der Kaffee wurde dort etwa im Jahre 1785 eingeführt und ist seitdem zu der wichtigsten Kulturpflanze des Landes geworden. Der Wert des jährlich exportierten Kaffees ist etwa dreimal so groß, wie derjenige sämtlicher anderen Ausfuhrwaren zusammen. Die meisten Kaffeepflanzungen befinden sich zwischen Barquisimeto und Caracas im Hochlande der Provinz Valencia; auch im Süden des Maracaibo-Sees, namentlich in den gebirgigen Teilen der Bezirke Mérida und Truxillo ist die Kaffeekultur sehr verbreitet. Ein minderwertiges Produkt kommt aus dem Bezirk Coro.

Die Kaffeeausfuhr von Venezuela belief sich im Jahre 1894 auf 55 bis 60 000 000 kg (Busemann).

Die Ernten der Provinz Valencia gehen über La Guayra und Puerto Cabello größtenteils nach Europa. Ein sehr wichtiger Hafen für den Kaffeeexport ist auch Maracaibo, von wo aus namentlich Nordamerika versorgt wird. Doch darf nicht übersehen werden, daß ein ansehnlicher Teil des über Maracaibo ausgeführten Kaffees (nach Ernst 3 bis 3,5 Mill. kg) nicht aus Venezuela stammt, sondern aus dem Nachbarlande

**Columbien.** Unter den spanischen Besitzungen im tropischen Südamerika war Columbien die letzte, in welcher der Kaffeebau eingeführt wurde. Auf dem Weltmarkte spielt der columbische Kaffee erst seit dem Jahre 1857 eine Rolle.

---

[1]) Diese Zahlen sind dem Katalog der Westindischen Ausstellung zu Haarlem 1899 (Herausgegeben vom Kolonial-Museum daselbst) entnommen.

Die ersten Anpflanzungen wurden in der Provinz Santander und zwar in der Gegend von Cucuta gemacht, wo eine noch heute besonders geschätzte Sorte gewonnen wird, welche über San José nach Maracaibo geht (s. o.) und von dort als „Maracaibo-Kaffee“ seinen Weg nimmt. Die beständige Nachfrage nach dem berühmten Maracaibo-Kaffee führte zu weiteren Anpflanzungen in den verschiedensten Teilen des Landes. Der Baum wird jetzt, abgesehen von Santander, kultiviert in den Staaten Magdalena, Cauca, welcher das vorzüglichste Produkt aus Popayán im oberen Cauca-Tale liefert, ferner in Cundinamarca (Bogotà) und Tolima im Gebiete des oberen Magdalenenstromes.

Ein großer Teil des Ertrages kommt — wie gesagt — als venezolanischer Kaffee in den Handel; so z. B. auch die Ware aus der Gegend des oberen Metaflusses, welche auf diesem in den Orinoco und nach Ciudad Bolivar geführt wird und vermutlich von hier aus als „Angostura-Kaffee“ weiter geht. Unter diesen Umständen ist es begreiflicherweise schwer, ein zuverlässiges Bild von der Gesamtproduktion Columbiens zu gewinnen. Columbische Ausfuhrhäfen für Kaffee sind namentlich Sabanilla und Baranquilla; über letzteren Hafen geht z. B. der Bucamaranga-Kaffee. Die Ausfuhr richtet sich größtenteils nach Nordamerika; geringere Mengen gehen nach Frankreich, Deutschland und England.

**Ecuador.** Die Produktion in Ecuador hat zwar seit 1870 zugenommen, steht aber hinter der der letztgenannten Länder an Bedeutung erheblich zurück. Die Ausfuhr betrug nach der (unzuverlässigen) Statistik des Landes für die Jahre 1895—98 2 573 654 kg, 2 071 725 kg, 1 557 604 kg und 2 571 622 kg (Kaerger).

**Peru.** In Peru[1]) bieten namentlich die inneren Täler der östlichen Andenseite dem Kaffeebau sehr günstige Bedingungen dar, Gebiete, die man in jüngster Zeit energisch nutzbar zu machen begonnen hat, wobei in hohem Maße deutsche Kolonisten beteiligt sind.

Die Produktionsgebiete liegen in den Departements Cajamarca, La Libertad, Huanuco und Junin. Im letztgenannten ist besonders das Chanchamayo-Tal (Provinz Tarma) hervorzuheben, auf welches fast die Hälfte der gesamten Ausfuhr entfällt.

Die Hauptmenge der Erträge wird im Lande selbst

---

[1]) Vgl. hierzu auch: „Tropenpflanzer“ 1897, S. 104 und 257.

verbraucht; doch wurden 1895 bereits 1066000 kg, 1896: 713000, 1897: 1239000 und 1898: 1245000 kg exportiert. Exporthafen für die Chanchamayodistrikte ist Callao. Die peruanische Ware soll sich durch ein sehr feines Aroma auszeichnen. Hauptabnehmer sind Deutschland, Chile, England und Frankreich.

**Bolivien.** Die Produktion Boliviens, an der in erster Linie die Provinz Yungas beteiligt ist, nimmt vorläufig noch einen bescheidenen Platz ein. Sämtlicher bolivianischer Kaffee kommt unter dem Namen „Yungas" in den Handel; die Ware soll sich eines guten Rufes erfreuen (Kaerger).

**Brasilien.**[1]) Unter allen Kaffeeländern der Erde nimmt Brasilien — soweit der Umfang der Produktion in Betracht kommt — zur Zeit unstreitig die erste Stelle ein. Alle anderen Kulturen sind in diesem von der Natur so reich gesegneten Lande durch den Kaffeebau in den Hintergrund gedrängt worden, und die dort herrschenden Verhältnisse besitzen für die Kaffeeproduktion und den Kaffeehandel überhaupt eine weit über die Grenzen Brasiliens hinaus reichende Bedeutung.

Geschichtliches. Die Kaffeepflanze wurde, wie bereits erwähnt, im Jahre 1741 von Cayenne nach Brasilien eingeführt, und zwar wurde sie zunächst in Pará kultiviert; von hier kam die Pflanze 1761 nach Maranhão, und von dort gelangten 9 Jahre später zwei Bäumchen nach Rio de Janeiro. Aus dem Jahre 1770 datiert also erst eigentlich der Kaffeebau in Brasilien, welcher inzwischen in den Staaten Rio de Janeiro, São Paulo, Minas Geraes und Espirito Santo sein Hauptgebiet gefunden hat.

Ausdehnung der Kaffeekultur. Die eigentliche Kaffeezone liegt zwischen 20 und 24 Grad südlicher Breite. Allein die Grenzen der Verbreitung des Baumes in Brasilien und der zur Kaffeekultur geeigneten Landesteile gehen weit über diese Zone hinaus; sie werden im Norden vom Amazonenstrome, im Süden etwa vom 28 Grad südlicher Breite gebildet. Man trifft Pflanzungen an der Mündung des Rio Madeira in den Amazonenstrom, bei Santarem in der Provinz Pará, zwischen 2 und 3 Grad südlicher Breite, in den Provinzen Ceará, Pernambuco und Sergipe. Die im Handel

[1]) Vgl. Th. Peckolt, Der brasilianische Kaffee. Zeitschrift des Allgemeinen Österreichischen Apotheker-Vereins, 1883; v. Delden-Laërne, De Koffie cultuur in Amerika, Azië, Afrika, 1884; Dafert, Über die gegenwärtige Lage des Kaffeebaues in Brasilien. Amsterdam 1898.

bekannte Caravellas-Bohne kommt aus der Colonia Leopoldina in der Provinz Bahia. Im Süden der eigentlichen Kaffeezone ist die Kultur auf vereinzelte Gebiete in den Staaten Paraná und St. Catharina beschränkt, während in Rio Grande do Sul die Pflanze nicht mehr gedeiht. In demjenigen Teile Brasiliens, welcher von den vier Kaffeeprovinzen: Minas Geraes, Espirito Santo, Rio de Janeiro und São Paulo gebildet wird, lassen sich nach den klimatischen Verhältnissen und der Höhenlage der zur Kaffeekultur geeigneten Gebiete zwei von einander sehr verschiedene Zonen unterscheiden: die „Rio-Zone" und die „Santos-Zone". Zur ersteren sind die Provinzen Rio de Janeiro und Espirito Santo und diejenigen Teile von Minas Geraes und São Paulo zu zählen, welche geographisch zu dem Stromgebiet des Parahyba und seiner Nebenflüsse gehören, die zweite Zone wird von den übrigen Kaffeegebieten in São Paulo und Minas Geraes gebildet. Die Rio-Zone wird im Osten vom Atlantischen Ozean begrenzt, und ihr Klima ist durch regelmäßige Abkühlungen durch Südwest- und Meerwinde ausgezeichnet. Man kann daher den Kaffeebau hier vorteilhaft nur in einer Höhenlage zwischen 200 und 550 m über dem Meere betreiben; höher gelegene Pflanzungen geben unregelmäßige und späte Ernten und ein minderwertiges Produkt, wie z. B. den im Handel bekannten „Regenkaffee" („Café das aguas"), während die unter 200 m gelegenen Plantagen den ebenfalls wenig geschätzten „Café capitania" liefern.

Diejenigen Abhänge der Rio-Zone, welche von etwa 11 Uhr Vormittags bis Sonnenuntergang den Sonnenstrahlen ausgesetzt sind, werden „soalheiras", die anderen, welche nur die Morgensonne bis etwa 11 Uhr genießen, werden „norwegas" oder „noruegas" genannt. Die Vorzüge beider Gelände sollen je nach der Höhenlage verschieden sein; doch rühmt man den soalheiras die reichsten Ernten nach.

Die am meisten bevorzugten Strecken der Rio-Zone sind die Bezirke Cantagallo in der Provinz Rio de Janeiro und Juiz de Fora in Minas Geraes, nebst den benachbarten Municipien. Ausfuhrhafen und Stapelplatz ist Rio de Janeiro.

Die Santos-Zone wird im Osten durch hohe Ausläufer der Serra da Mantiqueira begrenzt, während im Norden, Westen und Süden ihre Grenzen mehr oder weniger mit den Flußläufen des oberen Rio Grande und des Rio Tiété zusammenfallen. Ihre Ausdehnung beträgt (nach v. Delden-Laërne) etwa 225 000 qkm, wovon allein 200 000 auf den Staat São Paulo fallen. Im Gegensatz zur Rio-Zone wird diese Zone von einem kontinentalen Klima mit größeren Unterschieden der Sommer- und Wintertemperatur beeinflußt. Da der Sommer hier wärmer ist, als in der Rio-Zone, kann man auch höhere Lagen für den Kaffeebau benutzen; die Pflanzungen liegen in der Santos-Zone meist zwischen 600—800 m hoch, selten steigen sie bis zu 1000 m hinauf.

Die Ertragsfähigkeit des Kaffeebaumes ist nach den Ermittelungen von v. Delden-Laërne in der Santos-Zone erheblich größer, als in der Rio-Zone; während hier die mittlere Jahresernte nur 344 g beträgt, beläuft sie sich dort auf 804 g pro Pflanze. In früheren Zeiten war die Rio-Zone die Haupterzeugerin des Kaffees in Brasilien; heute dagegen hat ihr die Santos-Zone bei weitem den Rang abgelaufen (Dafert).

Die Mittelpunkte des Kaffeebaus und Kaffeehandels in dieser Zone sind die Städte São Paulo und Campinas; Ausfuhrhafen und Stapelplatz ist Santos.

Angebaut wird in erster Linie eine als „Café nacional“ bekannte Varietät von *Coffea arabica*, welche vermutlich arabischen Ursprungs ist; auf sie fallen etwa 75 % sämtlicher Plantagen, während etwa 20 % „Café Bourbon“, eine ertragreichere, aber weniger ausdauernde Spielart, kultivieren. Der Rest fällt auf „Café Botocatú“ und „Café Maragogipe“ (s. o.). Liberia-Kaffee kommt kaum in Betracht.

Der Kaffeebau Brasiliens ist zur Zeit in einer gewaltigen Umgestaltung[1]) begriffen, deren allgemeiner Durchführung allerdings die niedrigen Kaffeepreise hindernd im Wege stehen. Die Umgestaltung wurde zur Notwendigkeit, nachdem die im Jahre 1888, noch unter dem Kaiserreich, erfolgte Aufhebung der Sklaverei und deren Ersatz durch freie, bezahlte Arbeitskräfte eine Verteuerung der Handarbeit bewirkte. Der Landwirt wurde gezwungen, nach Möglichkeit mechanische Mittel zur Arbeitsleistung zu verwenden, die niedrigen Preise nötigten ihn, eine Verbesserung seiner Produkte anzustreben, wenn möglich unter Verminderung der Erzeugungskosten.

Da man in Brasilien heutzutage nicht mehr über die unbegrenzten, günstig gelegenen Flächen jungfräulichen Bodens verfügt, welche gestatteten, bei ausgedehntester Wirtschaft reichlich zu produzieren, ist man — wie auch in anderen Kaffeeländern — gezwungen, „intensiver“ zu arbeiten, d. h. auf die gleiche Fläche ein größeres Kapital zu verwenden, als früher. Aus den genannten Gründen hat

[1]) Vgl. die oben zitierte Schrift von Dafert.

sich ein für Brasilien neues Kulturverfahren entwickelt, welches allerdings erst auf einer verhältnismäßig geringen Zahl (nach Dafert etwa 5 %) von Plantagen Eingang gefunden hat. Das Pflanzen, die Behandlung der Anpflanzungen, vor allem aber die Düngung und die Erntebereitung werden nach verbesserten, rationellen Methoden gehandhabt, wie sie zum Teil bereits seit längerer Zeit in Niederländisch-Indien eingeführt sind. Zur Zeit ist die Lage der Kaffeepflanzer in Brasilien sehr schwierig, da die Preise ungemein niedrig, die Produktionskosten dagegen hoch sind und vielfach auch die Zwischenhändler (Exporteure) einen größeren Nutzen an der Rohware haben, als die Produzenten.

Produktion und Ausfuhr. Brasilien produziert nach neueren Schätzungen[1]) etwa 467 383 000 kg Kaffee, wovon 441 981 750 kg zur Ausfuhr gelangen. Wenn man die Gesamtproduktion der Erde zu 836 000 Tons[2]) = 849 417 800 kg annimmt, so ergiebt sich, daß Brasilien mehr als die Hälfte sämtlichen Kaffees liefert. Der durch die Sklavenbefreiung bewirkte Rückgang der Produktion war dank der Heranziehung italienischer Arbeiter nicht von Dauer, und heute ist die Kaffeeausfuhr Brasiliens ungefähr ebenso groß, wie zu Anfang der 80er Jahre.

Die Hauptmenge wird in der Santos-Zone produziert.

Als Ausfuhrhäfen kommen allein in Betracht: Rio de Janeiro, Santos und Bahia; früher spielte auch Ceará eine gewisse Rolle, doch scheint die Kaffeeproduktion im Norden, wohl infolge des Mangels an Arbeitskräften, in letzter Zeit stark zurückgegangen zu sein. Dagegen hat die Ausfuhr von Bahia in den letzten Jahren zugenommen.

Nach Busemann wurden im Jahre 1895/96 über Rio 2 220 000, über Santos 3 500 000, und über Bahia 300 000 Ballen zu 60 kg exportiert. Im Jahre 1900 betrug die Gesamtausfuhr rund 9 082 000 Ballen, wovon auf Rio 2 894 000, auf Santos 2 861 000 und auf Bahia 327 000 Säcke kommen (Tropenpflanzer 1901. S. 291).

Der brasilianische Kaffee erfreut sich zwar einer weiten Verbreitung, jedoch — mit Ausnahme der geringen Mengen, die am Amazonenstrom gewonnen werden — nicht gerade eines besonderen Rufes.

---

[1]) „Ceylon Handbook and Directory“ 1895/96; Semlers Tropische Agrikultur. S. 253.

[2]) 1 Ton = 1016,05 kg.

Daher ist man vielfach bestrebt, ihn unter falschem Namen zu verkaufen. Gewöhnlich müssen Martinique und Réunion (Bourbon) den Namen dazu leihen, woher es kommt, daß auf den Märkten Europas und Nordamerikas viel größere Mengen angeblich von diesen Inseln stammenden Kaffees angeboten werden, als der Lage der Dinge nach von letzteren überhaupt exportiert werden können.

Zum Schlusse ist noch

**Paraguay** zu erwähnen, wo der Kaffeebaum an vor Frost geschützten Stellen gut gedeihen soll. Die größte Pflanzung des Landes liegt in dem hochgelegenen Teile der Kolonie San Bernardino, dem Gebiete von Altos, und ist erst jüngeren Ursprungs. Ältere benachbarte Plantagen haben gute Ernten und ein zufriedenstellendes Produkt erzielt.[1])

---

# III. Kultur und Erntebereitung.[2])

## 1. Der arabische Kaffee.

### a) Kultur.

*(Hierzu Abbildung 5).*

Klima. Für eine nutzbringende Kultur des arabischen Kaffees eignet sich am besten ein mäßig warmes, gleichmäßiges Klima, wie es in mittleren Höhenlagen der Tropenzone herrscht. Die Temperatur sollte nicht über 32° C. steigen, aber auch in der Regel nicht unter 8° fallen; am besten ist eine Temperatur zwischen 15 und 30°. Durch Rauhfröste, wie sie gelegentlich auf sehr hoch gelegenen Kaffeepflanzungen Ceylons, Indiens oder Mittelamerikas vorkommen, werden das Wachstum der Pflanze und die Ernten ungünstig beeinflußt.

---

1) S. Kaerger, Landwirtschaft und Kolonisation im spanischen Amerika. 1901. Bd I, S. 327 f.

2) Für diesen Abschnitt wurden in erster Linie die betreffenden Kapitel in Semlers Tropischer Agrikultur (bearbeitet von Hindorf) benutzt; ferner die bereits genannten Werke von v. Delden-Laërne, v. Gorkom und Dafert und F. W. Morren, Werkzamheden op eene Koffie-Onderneming (Amsterdam 1896) und Fesca, Über Kaffeekultur (1897).

Abb. 5. Pflanzung des arabischen Kaffeebaumes

Höhenlage. Der Kaffee kann in sehr verschiedenen Höhenlagen mit gutem Erfolge gezogen werden; welche Bodenerhebung für den Anbau am günstigsten ist, muß für jedes Land, ja oft für den einzelnen Fall, durch die Erfahrung festgestellt werden. Höhe der Niederschläge und deren Verteilung über das Jahr, Temperaturen, Winde, Luftfeuchtigkeit, örtliche Lage, vor allem aber die geographische Breite kommen dabei in Betracht.

Im allgemeinen kann man sagen, daß der arabische Kaffee eine ausgesprochene Höhenpflanze ist. In allen Kaffee produzierenden Gebieten hat man die Erfahrung gemacht, daß die in den Gebirgen, namentlich an deren Abhängen gelegenen Plantagen die lohnendsten Erträge abwerfen, während im Tieflande zwar gute Ernten erzielt werden, allein Geschmack und Aussehen des Produktes entschieden minderwertig sind.

Niederschläge. Mit der Höhenlage steht die Menge der Niederschläge, welche für eine gedeihliche Entwickelung des Kaffees nötig ist, insofern in enger Beziehung, als im heißen Tieflande viel größere Regenmengen hierfür nötig sind, als auf größeren Erhebungen. Die Niederschläge sollen nicht unter 1500 und nicht über 4000 mm jährlich betragen. Allerdings kann der Nachteil eines trockenen Klimas, wie z. B. in Arabien, durch künstliche Bewässerung ausgeglichen werden, doch kann diese niemals einen günstigen Regenfall völlig ersetzen. Zu starke Regenfälle verleihen zwar gewöhnlich den Bäumen ein üppiges, kraftstrotzendes Aussehen, aber die Fruchterzeugung leidet auf Kosten der Blattbildung. Außerdem mangelt es dem Kaffee dann leicht an feinem Aroma.

Von weiterer Bedeutung ist eine günstige Verteilung des Regens über das Jahr; für die Befruchtung der Blüten, für die Vollendung der Fruchtreife, besonders aber für die Ernte und deren Bereitung ist trocknes Wetter nötig, während z. B. die Ausbildung der kleinen Früchte durch Regen sehr gefördert wird. Aus diesen und anderen, später zu nennenden Gründen, sind für den Kaffeebau Gebiete mit deutlich geschiedenen Jahreszeiten zu bevorzugen.

Wind. Einer der gefährlichsten Feinde des Kaffeebaus ist der Wind; lang andauernde oder heftige und namentlich trockne Winde machen ein Gelände, mag es auch sonst in jeder Hinsicht geeignet sein, für Kaffeeplantagen wertlos. Reichen die natürlichen Bodenerhebungen oder Wälder nicht aus, um den nötigen Schutz zu gewähren, so muß dieser durch Anpflanzung von Bäumen, die als Windbrecher dienen können, verstärkt werden.

Boden. In Bezug auf den Boden ist die Kaffeepflanze nicht so wählerisch, als man lange Zeit angenommen hat. Als bester Boden gilt gründlich verwitterte Lava, vermischt mit Waldhumus; ferner werden Schwemmboden, mit Humus vermischt, und sandiger, humusreicher Lehm sehr geschätzt. Steifer Ton- und lockerer Sandboden sind ungeeignet. Hauptforderungen sind, daß der Boden große Durchlässigkeit besitze, frei von Grundwasser und tiefgründig sei. Letzteres ist deswegen erforderlich, weil der Kaffeebaum eine Pfahlwurzel von mehreren Fuß Länge in die Tiefe sendet; stößt diese bei ihrem Wachstum auf Stein, so stirbt der Baum oft ab.

Diejenigen Bestandteile des Bodens, welche für die Kaffeepflanze in erster Linie notwendig sind, sind Stickstoff, Kaliumsalze, Phosphorsäure und Kalk; für den Ersatz dieser Stoffe hat eine zweckmäßig betriebene Düngung zu sorgen.

Blühen. Die Blüte der Kaffeepflanze (Abb. 6.) beginnt nach Ablauf von drei Jahren.

Die klimatischen Bedingungen der einzelnen Kaffeegebiete sind für den Eintritt der Blütezeit, die Zahl der Blüten und die Ernteperiode von großer Bedeutung. „Wo es keine scharf geschiedenen Jahreszeiten gibt" — sagt Hindorf — „nimmt die Blüten- und Fruchterzeugung das ganze Jahr hindurch seinen Fortgang und in jedem Monat kann man Knospen, Blüten und Früchte in jedem Entwickelungsstadium an den Bäumen sehen. Die Arbeiten der Aberntung und Bereitung für den Markt schließen daher nie ab; das ist vom geschäftlichen Standpunkte aus nachteilig, denn die Erntebereitung für den Markt kann viel besser und billiger stattfinden, wenn sie auf engbegrenzte Zeitabschnitte zusammengedrängt ist." Auch aus diesem Grunde sind Gebiete mit deutlich geschiedenen Jahreszeiten für den Kaffeebau zu bevorzugen.

Auf Java blüht der Kaffee gewöhnlich dreimal im Jahre: „voorbloei", „grootebloei" und „nabloei"; die entsprechenden Ernten werden „voorpluk", „groote pluk" und „napluk" genannt. Meist erscheinen dort die ersten Blüten nach Ablauf der großen Ernte, jedoch nur vereinzelt und vornehmlich an jungen Pflanzen, die bis dahin noch nicht geblüht hatten. Erst einige Monate später beginnt die Hauptblüte, die mit der großen Regenzeit einsetzt.

Abb. 6. Blüte des arabischen Kaffeebaumes.

Innerhalb der Kaffeegebiete von Brasilien bestehen bedeutende klimatische Unterschiede, welche starke Verschiebungen der Blütezeit und der Ernteperiode bewirken und auch Verschiedenheiten in der Qualität des Produktes bedingen. So ist, um ein von Dafert gegebenes Beispiel anzuführen, der Staat Rio de Janeiro weit wärmer, als São Paulo, und daher dort die Reifeperiode kürzer. Tatsächlich kommt der Rio-Kaffee immer mindestens einen Monat vor dem Santos-Kaffee auf den Markt (im April und Mai). Und umgekehrt reift der Kaffee in den kühleren Lagen von Bragança und Atibaia sehr spät; daselbst verzögert sich die Ernte bis in den Oktober hinein.

Die Lebensdauer der Blüte ist sehr kurz; in den meisten Fällen hat innerhalb 24 Stunden Fruchtansatz stattgefunden, die Blüten beginnen fast unmittelbar darauf zu verwelken und die Blumenblätter fallen ab.

Fruchtreife. Etwa 7—10 Monate später, je nach den klimatischen Bedingungen, tritt die Reife der Früchte ein.

Vor dem vierten Jahre liefert der Kaffeebaum im allgemeinen keine nennenswerte Ernte, und vor dem sechsten Jahre ist keine Vollernte zu erwarten.

Erträge. Die Erträge volltragender Bäume schwanken in erheblichen Grenzen, je nach Varietät, Klima, Boden und Zuchtmethode. So ist z. B. auf Ceylon, wo die Bäume sehr niedrig gehalten und eng gepflanzt werden, 375 g schon als gutes Durchschnittsergebnis anzusehen, während auf Java bei größerer Höhe und Pflanzweite der Bäume 500—625 g als guter Durchschnittsertrag gelten (in Mittel- und Westjava weniger!). Bedeutend höher sind die Erträge in Brasilien und Mittelamerika, wo im allgemeinen die Abstände noch größer gewählt werden. Dafert giebt für bessere Böden der Rio-Zone 8—900 g, für jungfräulichen Boden sogar das Doppelte als durchschnittliche Ernte eines Baumes an, und in Campinas erwartet man von gut gedüngten zwanzigjährigen Pflanzen bis zu 2,5 kg; ja Dafert hat unter diesen Umständen bis zu 7,5 kg und sogar noch von 50jährigen Bäumen lohnende Ernten bis zu 1 kg erhalten.

Die Altersgrenze, welche die Pflanze erreicht, hängt von verschiedenen Bedingungen ab, unter denen z. B. die Tiefe der Erdkrume eine bedeutende Rolle spielt. So sterben die Bäume in gewissen Gebieten Brasiliens, wo die Krume nur 1 m tief ist, im Alter von 20—30 Jahren ab, während sie in dem tiefergründigen Boden von Costarica 40—50 Jahre alt werden.

Erntegeschäft. Sobald die rote Farbe der Früchte deren völlige Reife erkennen läßt, wird mit der Ernte begonnen.

Die erste Pflicht beim Aberntcn des Kaffees ist diejenige, darauf zu achten, daß nur völlig reife Früchte gepflückt werden; ferner dürfen keine vertrockneten oder irgendwie verdorbenen Beeren in das Erntegut aufgenommen werden. Die Früchte dürfen auch nicht einfach abgerissen, sondern müssen sorgfältig, eine nach der anderen, gepflückt werden.

Welchen Einfluß die Art des Erntens auf die Güte des Produktes ausübt, kann man z. B. an dem sogenannten „Native-Kaffee" von Ceylon und Vorderindien ersehen, dessen Minderwertigkeit teilweise auf das leichtfertige Vorgehen der Eingeborenen im Einsammeln noch unreifer Früchte zurückzuführen ist. Demgegenüber lassen die Araber die Früchte „totreif" werden, d. h. sie lassen sie so lange am Baume hängen, bis sie auf untergebreitete Matten abgeschüttelt werden können. Darin ist auch ein Grund für die bekannte Güte des Mokkakaffees zu erblicken. In Gegenden, wo Niederschläge während der Reifezeit des Kaffees zu erwarten sind, läßt sich diese Methode der Araber natürlich nicht verwerten. Denn bei heftigem Regen fallen zahlreiche Früchte ab, wodurch erhebliche Verluste entstehen, namentlich wenn der Regen längere Zeit anhält und die abgefallenen Bohnen aus irgend welchen Gründen nicht schleunig aufgelesen werden können.

In Brasilien unterscheidet man zwei Verfahren: das Ernten „da terra" und das Ernten „do lençol". Bei dem ersteren Verfahren läßt man die abgestreiften Früchte einfach auf den vorher gereinigten Erdboden fallen, sammelt sie dann auf und reinigt sie durch Sieben von den gröbsten Beimengungen; in der sogenannten Santos-Zone bevorzugte man früher das zweite Verfahren, welches dem arabischen ähnlich ist, und bei dem man die abgepflückten Früchte auf ein untergebreitetes Laken (lençol) fallen läßt. Dieses ist insofern vorteilhafter, als der Kaffee nicht mit dem Erdboden in Berührung kommt und schneller transportiert werden kann. Nach Dafert hat sich das Ernten „da terra", d. h. das schlechtere Verfahren, mehr und mehr ausgebreitet, nachdem man in Brasilien nicht mehr über eine unbegrenzte Zahl von Arbeitskräften verfügt, wie zur Zeit der Sklaverei.

Der abgepflückte Kaffee wird entweder auf Karren durch Lastochsen, Träger u. s. w. nach der Fabrik gebracht oder auch bei größeren Pflanzungen mittels Wassers (in

Röhren oder offenen Leitungen) nach dem Maschinenhause befördert.

## b) Erntebereitung.

Allgemeines. Man unterscheidet zwei Methoden der Erntebereitung des Kaffees, die westindische oder nasse Bereitung und die gewöhnliche oder trockene Bereitung.

Die Grundzüge beider Methoden lassen sich in Kürze folgendermaßen charakterisieren: Bei der gewöhnlichen Bereitung wird der frisch geerntete Kaffee zunächst vollständig getrocknet und darauf das trockene Fruchtfleisch und die Pergamentschale entfernt. Bei der nassen Bereitung werden die frischen Früchte so schnell als möglich vom Fruchtfleische befreit, worauf sie einer oberflächlichen Gärung unterworfen, gewaschen und getrocknet werden; endlich werden die Pergamenthülsen durch Schälen beseitigt. Welche von beiden Methoden als die bessere anzusehen ist, läßt sich schwer feststellen; beide haben ihre Vorzüge und ihre Nachteile. Auf großen, von Europäern angelegten und gut eingerichteten Plantagen, welche über die nötigen Wassermengen verfügen, ist die westindische Bereitung vorwiegend im Gebrauch; sie hat zur Zeit überhaupt die größte Verbreitung.

Die trockene, früher allgemein gebrauchte Methode hat den Vorzug, mit einfacheren und billigeren Einrichtungen angewendet werden zu können.

Die westindische Bereitung ist sowohl in Mittel- und Südamerika, als auch in Niederländisch- und Britisch-Ostindien im Gebrauch[1]; in Brasilien wird jedoch hauptsächlich mit der gewöhnlichen Methode gearbeitet, während sich die westindische nur langsam einbürgert.

### α) Die nasse oder westindische Bereitung.

*(Hierzu Abbildung 7.)*

Nasse Bereitung. — Entfleischung. Der frisch geerntete Kaffee wird durch einen Wasserstrom der Maschine zugeführt, welche die Bohnen von dem sie umhüllenden

[1] In den holländischen Markt- und Handelsberichten wird der auf gewöhnliche Weise bereitete Kaffee mit den Buchstaben „G. B.“ („gewone bereiding“), der auf nassem Wege präparierte mit „W. J. B.“ („Westindische bereiding“) und der noch in der Hornschale befindliche „Pergamentkaffee“ mit „H. S.“ (von „hoornschil“) bezeichnet.

Fruchtfleische trennt. Solche Maschinen werden allgemein als „Pulper" (vom lat. „pulpa" = Fruchtfleisch) und der vom Fruchtfleisch befreite Kaffee als „gepulpt" bezeichnet[1]).

Man unterscheidet zwei Arten von Pulpern, den Cylinderpulper und den Scheibenpulper. In dem Cylinderpulper wird das Fruchtfleisch durch einen oder mehrere gerauhte Cylinder entfernt, die zum Teil von einem gleichgewölbten Eisenmantel bedeckt sind. Der Abstand der Cylinder von dem Mantel ist gerade so weit bemessen, daß nur einzelne Kaffeebohnen, nicht aber ganze Früchte zwischen ihnen hindurch gehen können. Bei der Drehung der Cylinder werden die Früchte in den Raum zwischen Cylinder und Mantel hineingezogen und die Bohnen aus dem Fruchtfleisch herausgepreßt, ohne selbst verletzt zu werden.

In den Scheibenpulpern wird dasselbe Ziel durch vertikal laufende kreisrunde, gerauhte Scheiben erreicht, die sich zwischen feststehenden Metallwänden drehen und dabei die Kaffeefrüchte zwischen sich und der Wand zerquetschen.

Durch die Tätigkeit des Pulpers wird aber nicht nur das Fruchtfleisch von den Bohnen abgelöst, sondern beides, Fruchtfleisch und Bohnen, werden getrennt aus der Maschine herausbefördert. Bei den Pulpern guter Konstruktion wird diese Sonderung in vollkommenster Weise durchgeführt; auch wird von ihnen eine andere, nicht minder wichtige Bedingung erfüllt, nämlich die, daß die Pergamenthülsen beim Zerquetschen der Früchte nicht beschädigt werden. Denn Bohnen, deren Pergamentschicht durchstoßen ist, leiden bei der nachfolgenden Behandlung in Farbe und Qualität. Der für den Pulper bestimmte Kaffee muß gut reif, aber nicht „totreif" sein, und muß möglichst bald nach dem Pflücken, jedenfalls noch an demselben Tage gepulpt werden, da andernfalls das Fruchtfleisch einzutrocknen anfängt, wodurch das Pulpen sehr erschwert wird.

Die zerquetschten Früchte werden auf ein Sieb geleitet, welches nur die reinen Kaffeebohnen durchfallen läßt; letztere werden von hier durch einen Wasserstrom in die Gärcisterne geleitet, während ein anderer Strom das Fruchtfleisch fortspült, das in neuerer Zeit vielfach zur Düngung der Plantagen verwendet wird.

G ä r u n g. Die gepulpten Kaffeebohnen müssen nun zunächst einige Zeit in den Cisternen verbleiben; hierbei

[1]) Richtiger sind die in Brasilien gebräuchlichen Benennungen „despolpadores" und „café despolpado" = „Entfleischer" und „entfleischt".

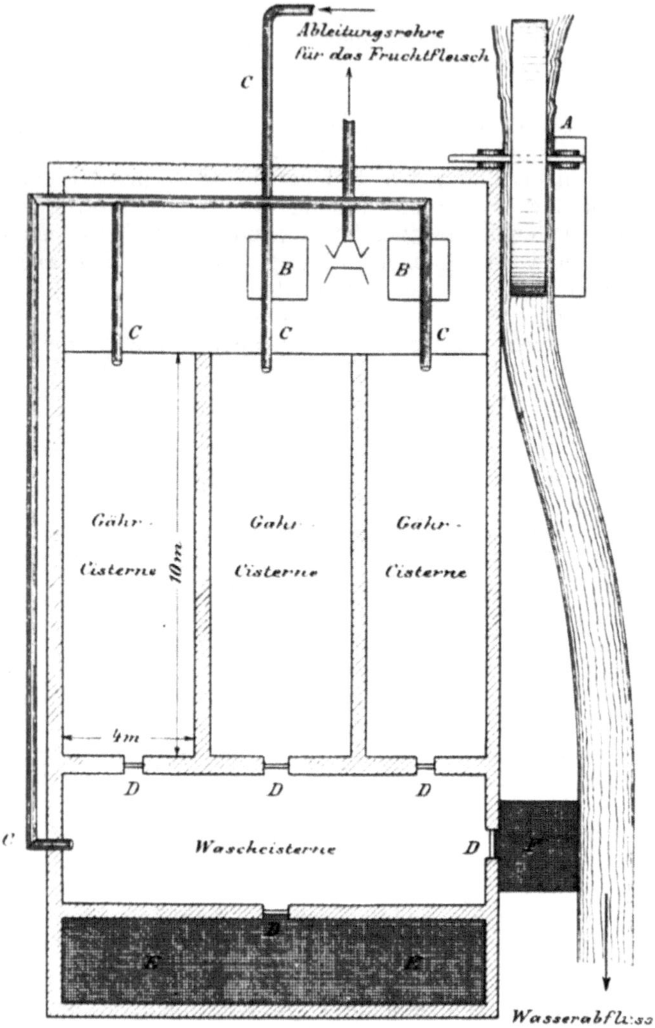


Abb. 7. Grundriß einer Kaffeebereitungsanstalt.

(Entnommen aus Semlers Tropischer Agrikultur, Bd. I, S. 319.)

gehen die noch anhaftenden Teile des zuckerhaltigen Fruchtfleisches in Gärung über, wodurch sie sich ablösen und dann leicht abgewaschen werden können. Die Kaffeebohne selbst wird von der Gärung nicht berührt. Der Gärungsprozeß ist je nach der Temperatur in 40—60 Stunden beendet; in Brasilien jedoch läßt man den Kaffee viel kürzere Zeit, nur 10—24 Stunden gären (v. Delden-Laërne). Während der Gärung darf dem Kaffee kein Wasser zugeführt werden, da solches den Prozeß stören würde; man läßt die Bohnen lediglich mit der ihnen anhaftenden Feuchtigkeit in den Cisternen liegen. Das zur Überführung des Kaffees aus dem Pulper in die Cisternen benutzte Wasser muß man daher alsbald ablaufen lassen. Auf Java bedeckt man den gärenden Kaffee — wohl um auch den oberflächlichen Schichten die beim Gären sich entwickelnde Wärme zu erhalten — meist mit alten Matten, Kaffeesäcken oder dergl. Auf einigen Pflanzungen wird der Kaffee in den Gärcisternen auch einmal umgeschaufelt, um eine möglichst gleichmäßige Temperatur zu erzielen.

Waschen. Die Beseitigung der den Bohnen noch anhängenden schleimigen Teile des Fruchtfleisches findet in den Waschcisternen statt.

Diese stehen durch Zugtüren *(D)* in unmittelbarer Verbindung mit den Gärcisternen, aus welchen der Kaffee, wiederum durch einen Wasserstrom, hinausbefördert wird. Man füllt die Waschbehälter soweit mit Kaffee, daß ihr Boden etwa $^1/_4$ m hoch bedeckt ist; dann läßt man noch soviel Wasser einlaufen, bis dieses etwa eine Hand breit über dem Kaffee steht.

In den Waschcisternen wird der Kaffee mit hölzernen Rechen oder durch Maschinen umgearbeitet, wobei das Wasser etwa 3—4 Mal, jedenfalls aber so oft erneuert wird, bis sich die Bohnen nicht mehr schleimig anfühlen und das Wasser ziemlich klar abläuft.

Während des Waschens werden auch die in dem Erntegut enthaltenen unvollkommen entwickelten Bohnen entfernt, welche leichter als Wasser sind und sich deshalb an der Oberfläche sammeln. Obwohl diese minderwertige Ware nur geringe Preise erzielt, lohnt es sich doch, sie in einem Behälter (*F*) zu sammeln und gesondert weiter zu behandeln.

Aus der Waschcisterne wird der fertig gewaschene Kaffee in einen Behälter (*E*) geschwemmt, der auf einem Pfahlrost ruht und dessen Boden aus engmaschigem Drahtgeflecht besteht. Hier soll das noch anhaftende Wasser abtropfen, damit der Kaffee alsdann von hier aus auf die Trockenplätze oder in das Trockenhaus gebracht werden kann.

Trocknen. Das Trocknen des Kaffees soll sich, wenn möglich, unmittelbar an das Waschen anschließen und dann ohne Unterbrechung bis zu Ende durchgeführt werden. Kann aus irgend einem Grunde nicht sofort mit dem Trocknen begonnen werden, so muß man darauf bedacht sein, daß der Kaffee nicht feucht oder halbnaß bleibt, da er dann, besonders beim Lagern in größeren Haufen dumpf wird und verdirbt; vielmehr empfiehlt es sich, ihn in der Waschcisterne liegen zu lassen und durch diese dauernd einen Strom kaltes Wasser zu leiten. Auch Kaffee, der bereits einen gewissen Grad von Trockenheit erreicht hat, muß vor starkem und besonders vor wiederholtem Naßwerden bewahrt bleiben.

Der Pergament-Kaffee kann entweder auf natürlichem Wege, an der Sonne und an der Luft, oder mittels künstlicher Wärme getrocknet werden. Das erste Verfahren ist zur Zeit am weitesten verbreitet.

Zu diesem Zwecke breitet man den Kaffee zunächst auf Trockenplätzen oder Trockenterrassen aus, die auf neueren Pflanzungen in der Regel gepflastert oder mit Zement bekleidet sind, während auf älteren und kleinen Plantagen tennenartig festgestampfte, bisweilen mit Kokosmatten bedeckte Plätze benutzt werden.

Der Kaffee wird meist in etwa handbreit hoher Schicht auf den Trockenplätzen ausgebreitet und bleibt dort — je nach der Witterung — $1^1/_2$ bis 4 Wochen liegen. Während dieser Zeit wird er täglich mehrere Male umgerecht, wozu man sich hölzerner Rechen oder Stoßbretter bedient. Ist der Kaffee „windtrocken", d. h. ist alle auswendig anhaftende Feuchtigkeit verdunstet, so muß man sorgsam darüber wachen, daß er vor Regen und Nässe, sogar vor nächtlichem Taufall geschützt bleibt.

Häufig wird das Trocknen noch in den Kaffeespeichern fortgesetzt, wo der Kaffee in dünnen Lagen auf ein Drahtgeflecht ausgebreitet wird, welches in der Weise angebracht ist, daß eine lebhafte Luftzirkulation innerhalb der Kaffeeschicht ermöglicht wird. Das Produkt wird hier mindestens einmal täglich umgeschaufelt und trocknet langsam und gründlich und zugleich ohne Gefahr der Selbsterhitzung.

Künstliche Trocknung. Das Trocknen unter Benutzung künstlicher Wärme ist erst in neuerer Zeit in Aufnahme gekommen, hat bisher aber noch wenig Verbreitung gefunden. Man geht bei diesem Verfahren von dem Gesichtspunkte aus, die bei dem natürlichen Trocknen obwaltenden Verhältnisse nachzuahmen, d. h. den Kaffee bei mäßig hoher Temperatur und reichlicher Luftzuführung verhältnismäßig langsam zu trocknen. Wie Hindorf angibt, wird die Temperatur im allgemeinen etwas höher gewählt, als sie bei Sonnenschein auf den Trockenplätzen herrscht, nämlich zu 50—60 ° C. angesetzt. Bei noch höherer Wärme wird der Kaffee äußerlich schnell trocken, während die inneren Schichten der Bohnen ihre Feuchtigkeit nicht schnell genug abzugeben vermögen, und dieser scheinbar trockene Kaffee soll sich später durch eine ungleichmäßige Färbung auszeichnen, welche seinen Verkaufswert beeinträchtigt.

Das künstliche Trocknen findet in Trockenhäusern statt, welche in verschiedenen Konstruktionen hergestellt werden; entweder findet die Erwärmung der Luft durch Dampf statt, oder sie wird durch Öfen mit langer Röhrenleitung bewirkt, oder die Luft, welche vorher eine Heizvorrichtung zu passieren hat, wird durch besondere Ventilatoren in die Trockenhäuser hineingeblasen. Allen Trockenhäusern gemeinsam ist die Einrichtung, daß die warme Luft von unten durch die Kaffeeschicht hindurch strömt. Daher kann die Dicke der Kaffeelage hier ohne Nachteil größer sein, als auf den Trockenplätzen. In der Regel soll allerdings die Lage nicht dicker als 12 cm sein.

Während des Trocknens wird der Kaffee häufig mit Rechen umgewendet; hat man die Kaffeeschicht sehr dick machen müssen, so empfiehlt es sich, das Wenden überhaupt nicht zu unterbrechen.

Gewöhnlich ist das Trocknen im Trockenhause unter Einhaltung obiger Temperatur nach Verlauf von 30 bis 36 Stunden beendigt. Der Kaffee muß so lange getrocknet werden, bis er „glashart“ geworden ist, d. h. daß man mit dem Fingernagel auf den Bohnen keinen Eindruck mehr hervorrufen kann und daß, wenn man eine Bohne zu zerbeißen oder zerschlagen sucht, sie sich nicht biegt und nachgibt, sondern daß sie spröde wie Glas in Stücke zerspringt.

In allen Kaffee produzierenden Ländern, welche nicht während der Ernteperiode ein dauernd trockenes Wetter genießen, stellt das Verfahren der künstlichen Trocknung natürlich eine große Vervollkommnung dar, da es den Pflanzer von den Schwankungen der Witterung unabhängig macht. Trotzdem hat sich bisher gegen dieses Verfahren eine gewisse Abneigung bemerkbar gemacht, die auf der Meinung fußte, daß bei Anwendung künstlicher Wärme die Qualität des Kaffees leide, und ferner, daß so getrockneter Kaffee „die Farbe nicht so gut halte", wie der auf natürlichem Wege getrocknete.

Es scheint, als ob das künstliche Trocknungsverfahren noch nicht zu höchster Vollkommenheit ausgebildet ist und daß auch die Ausführung bisweilen zu wünschen übrig läßt. Dafert ist nach seinen jahrelang fortgesetzten Versuchen zu der Ansicht gelangt, daß das künstliche Verfahren so weit vervollkommnet werden müsse, bis es imstande sei, ein höherwertiges Produkt zu liefern, als auf natürlichem Wege zu erhalten ist. Denn bei geeigneter Handhabung kann man mit der künstlichen Trocknung den Feuchtigkeitsgehalt genau regulieren und auf die einzelnen Färbungen Rücksicht nehmen, was bei dem Trocknen in der Sonne fortfällt. Gewisse Farbennuancen des Kaffees sind nämlich (nach Daferts Untersuchungen) nur durch den verschiedenen Feuchtigkeitsgehalt der Bohnen bedingt. So erwiesen sich die blauen Sorten feuchter, als die grünen, und diese feuchter, als die gelblichen. Langsames Trocknen in feuchter Atmosphäre führt leicht zu den sogenannten „Bleifarben".

In Brasilien liegen insofern schwierige Verhältnisse vor, als man dort oft mit gewissen Mengen unreifer Bohnen zu rechnen hat. Denn der Kaffee der „letzten Blüte" reift häufig überhaupt nicht mehr vor Beginn der neuen Vegetationsperiode und wird daher grün gepflückt. Man verfährt dann so, daß man die gesamte Ernte durch den Pulper gehen läßt, wobei natürlich nur die vollreifen Früchte zerquetscht werden, während die unreifen unverändert austreten. Letztere werden dann nach dem trockenen Verfahren weiter behandelt und bedürfen besonders sorgfältiger Behandlung, um ein befriedigendes Produkt zu liefern.

Der vollständig getrocknete Pergament-Kaffee ist nun versandfähig, aber noch nicht marktfertig. Er muß noch von der Hornschale und dem Silberhäutchen befreit, poliert und sortiert werden, ehe er in den Handel gelangen kann. Diese weitere Behandlung, auf welche im folgenden Abschnitt näher eingegangen werden soll, wird größtenteils auf den Plantagen selbst vorgenommen, häufig aber auch im Verschiffungs-, oft sogar erst im Ankunftshafen. So gibt es in Hamburg, Triest, Amsterdam, London, Havre und New-York große Fabriken für das Schälen und die weitere Bearbeitung des Kaffees. Die Frage, ob es vorteilhafter sei, den Kaffee geschält oder ungeschält zum Versand zu bringen, ist vorläufig noch offen. Als Vorzug der Verschiffung in der Hornschale wird angeführt, daß der Kaffee äußeren schädlichen Einflüssen in geringerem Grade ausgesetzt sei und eine gleichmäßigere Farbe behalte, als der geschälte Kaffee.

An dieser Stelle mögen einige Zahlen über das Mengenverhältnis des arabischen Kaffees in verschiedenen Bereitungsstadien Platz finden:[1])

| Man erhält aus | Frisch gepulpten Kaffee | Gewaschenen Kaffee in der Hornschale, naß | Gewaschenen Kaffee in der Hornschale, getrocknet | Marktfertigen Kaffee |
|---|---|---|---|---|
| 100 kg frischen Kaffeefrüchten . | 60 kg | 46 kg | 24 kg | 20 kg |
| 100 Liter frischen Kaffeefrüchten . | 48 Liter | 41 Liter | 39 Liter | 18 Liter |

100 Liter frische Kaffeefrüchte wiegen meist zwischen 85 und 90 kg.

Natürlich können diese Zahlen nur einen gewissen Anhalt geben, denn sie sind je nach dem Reifestadium des Kaffees und nach örtlichen und klimatischen Verhältnissen ziemlich erheblichen Schwankungen unterworfen.

### β) Die gewöhnliche oder trockene Bereitung.

Trockene Bereitung. Bei dieser Methode wird der vom Felde kommende Kaffee mit seinem Fruchtfleisch getrocknet. Vielfach wird dabei in der Weise verfahren, daß man den Kaffee zunächst auf hohe Haufen schichtet und ihn hier 3—4 Tage sich selbst überläßt, wobei in dem Haufen eine erhebliche Selbsterwärmung stattfindet. Die Ansichten über den Wert dieser Behandlungsweise lauten widersprechend. Auf der einen Seite glaubt man durch die Selbsterwärmung die spätere Entfernung des Silberhäutchens zu erleichtern und die Qualität des Kaffees zu verbessern, während die Gegner des Verfahrens jene Vorzüge ganz oder teilweise in Abrede stellen. In Brasilien und zum Teil auch auf Java ist man sogar der Ansicht, daß die

[1]) Entnommen aus Semlers Tropischer Agrikultur, II. Aufl. Bd. I, S. 318.

Selbsterwärmung direkt einen schädlichen Einfluß auf die Güte des Kaffees ausübe. Man bringt die Früchte dort unmittelbar nach der Ernte auf die Trockenplätze;[1]) hier sollen sie in jedem Falle, also auch, wenn sie die Selbsterwärmung vorher durchgemacht haben, in möglichst dünnen Lagen, höchstens einige Centimeter hoch aufgeschichtet werden. Gewöhnlich läßt man den Kaffee in der ersten Zeit in Regen und Sonnenschein draußen liegen, ohne ihn Nachts zu bedecken; auch wird er in diesem Stadium garnicht oder nur einmal täglich umgerecht. So lange das Fruchtfleisch noch den größten Teil seines natürlichen Wassers besitzt, wird das Produkt durch etwaige Regengüsse nicht beschädigt; nur wird selbstverständlich der Trocknungsprozeß dadurch verlangsamt. Sobald aber das Fruchtfleisch eine dunkelbraune oder schwärzliche Färbung angenommen hat und einzuschrumpfen beginnt, also bereits einen gewissen Grad der Trockenheit erreicht hat, muß der Kaffee vor Nässe bewahrt und mehrere Mal täglich umgerecht werden. Mit fortschreitender Trocknung kann er in etwas dickere Lagen geschichtet werden.

Natürlich ist zum Trocknen des Kaffees im Fruchtfleisch bedeutend längere Zeit erforderlich, als zum Trocknen des Pergamentkaffees. Künstliche Wärme scheint im allgemeinen bei diesem Verfahren nicht angewendet zu werden, vermutlich, weil dieses seine größte Verbreitung in Gebieten mit ziemlich trocknem Klima hat, wo an sich die Anwendung künstlicher Wärme kein so dringendes Erfordernis ist. Immerhin ist in anderen Gegenden die künstliche Trocknung als ein großer Vorzug zu betrachten.

Zur Prüfung, ob derjenige Grad von Trockenheit erreicht ist, welcher erforderlich ist, um die Früchte ohne Schwierigkeiten schälen und weiter verarbeiten zu können, pflegt man eine Hand voll Früchte fest zusammenzudrücken und in der Nähe des Ohres zu schütteln; hört man die Bohnen in ihren Hüllen rascheln, so kann man versichert sein, daß die Trocknung vollendet ist. Auch die im vorigen Abschnitt erwähnte Probe auf „Glashärte“ wird mit Erfolg angewendet.

In diesem Zustande werden die Früchte entweder direkt weiter verarbeitet oder sie werden, wenn man sich davon eine Verbesserung der Qualität oder sonstige Vor-

---

[1]) In Brasilien „terreiros“ genannt; daher der Name „café terreiro“ für den auf trockenem Wege zubereiteten Kaffee, im Gegensatze zum „café lavado“.

teile verspricht, bis auf weiteres aufgespeichert. Viele süd- und mittelamerikanische Pflanzer verschiffen den im Fruchtfleisch getrockneten Kaffee ungeschält und lassen ihn erst im Ankunftshafen weiter verarbeiten.

Schälen. Die zum Schälen des Kaffees verwendeten Maschinen[1]) dienen sowohl zur Beseitigung des Fruchtfleisches, als auch der Pergamentschale; sie werden also auch bei der Behandlung des nach der westindischen Methode präparierten Kaffees verwendet. Der geschälte Kaffee wird noch von den Resten des Silberhäutchens befreit und die Ware poliert, d. h. ihr wird ein matter Glanz und ein glattes Aussehen gegeben, was zur Erhöhung ihres Verkaufswertes beiträgt. Früher wurde in einzelnen Gegenden, z. B. in Surinam, dem Kaffee die Silberhaut belassen, und solcher „café argenté“ wurde in gewissen Absatzgebieten bevorzugt. Heute dagegen wird das Silberhäutchen allgemein entfernt.

Die in kleineren Betrieben gebrauchten „Handhülser“ leisten nur die Arbeit des Schälens, während auf größeren Pflanzungen vervollkommnete Maschinen verwendet werden, welche den Kaffee schälen und polieren. Im ersteren Falle wird das Polieren dadurch bewirkt, daß man den geschälten Kaffee in Trögen oder Körben oder in mit Büffelhaut ausgekleideten Gruben eine Zeitlang mit den Füßen oder mit hölzernen Stampfern bearbeiten läßt. Oder aber man gibt die Früchte noch in besondere Poliermaschinen, in denen er „blank“ geputzt wird.

In den größeren Schälmaschinen verschiedener Konstruktion werden die Kaffeefrüchte entweder durch eiserne Räder, Cylinder oder Walzen zerdrückt, oder das Schälen wird durch gegenseitige Reibung der Früchte unter Druck erreicht, wobei der Kaffee zugleich poliert wird. Andere Maschinen besitzen neben dem Hülser besondere Windfegen, Polier- und Sortiervorrichtungen. Die Windfege („Exhaustor“) hat den Zweck, die abgelösten Schalen zu beseitigen; das Polieren wird durch Bürsten u. s. w. besorgt.

Der Kaffee, welcher eine solche Maschine passiert hat, ist in vielen Fällen noch nicht genügend von Staub und Spreu gereinigt, so daß es erforderlich ist, ihn noch ein zweites Mal durch eine Windfege gehen zu lassen; man benutzt dazu Vorrichtungen, ähnlich denen, welche bei uns zum Reinigen des Getreides im Gebrauch sind.

[1]) In Brasilien „decascadores“ genannt.

Sortieren. Dort, wo besonders hohe Ansprüche an die Sortierung des Kaffees gestellt werden, bedarf man noch eigener Sortiermaschinen,[1]) welche nicht nur die Kaffeebohnen nach ihrer verschiedenen Größe trennen, sondern auch die sogenannten „Perlbohnen", die mißgestalteten Bohnen, sowie allen Bruch besonders abscheiden.

Den Schluß bildet das Auslesen der mißfarbigen Bohnen. Dieses wird entweder durch Frauen und Mädchen in den Produktionsgebieten selbst oder erst in den Ankunftshäfen vorgenommen.

Der versandfähige Kaffee wird in haltbare Säcke gepackt und muß bis zu seiner Verschickung in einem trockenen und gut gelüfteten Raume aufbewahrt werden.

Ebenso wie man bisweilen den in der Fruchtschale getrockneten Kaffee Jahre lang liegen läßt, um eine Verbesserung in der Qualität zu erzielen, so wird das Gleiche auch für den fertig zubereiteten Kaffee empfohlen. Die holländische Regierung brachte z. B. lange Zeit hindurch in jedem Jahre beträchtliche Mengen abgelagerten Kaffee auf den Markt, der unter dem Namen „Leg-Koffie" oder „Alter Gouvernements-Java" bekannt war und sehr hoch bezahlt wurde.

Natürlich haben die vorstehend beschriebenen Verfahren der Erntebereitung in den verschiedenen Kaffeegebieten und bei den größeren Pflanzern im einzelnen zahlreiche Abänderungen erfahren, an denen meist mit großer Zähigkeit festgehalten wird. Immerhin scheint die Methodik der Kaffeebearbeitung noch nicht zur höchsten Vollkommenheit gelangt zu sein, und ein weiterer Ausbau der jetzt gebräuchlichen Verfahren dürfte wohl zu erwarten sein.

## 2. Der Liberia-Kaffee.[2])

Klima und Höhenlage. Wenngleich der Anbau von liberischem Kaffee im allgemeinen noch nicht über das Versuchsstadium hinausgekommen ist, so hat er doch in den letzten Jahren bedeutend zugenommen und wird voraussichtlich in nächster Zeit noch an Ausdehnung gewinnen, nachdem man verschiedene Schwierigkeiten, die sich der

---

[1]) In Brasilien „separadores" genannt.

[2]) Vgl. außer den schon zitierten Werken: F. W. Morren, Kultur, Bereitung und Handel des Liberia-Kaffee. Extrabeilage zum „Tropenpflanzer" 1898.

Bearbeitung und dem Vertriebe dieses Produktes anfänglich entgegenstellten, überwunden hat.

Die Ansprüche, welche *Coffea liberica* an die äußeren Existenzbedingungen stellt, sind von den Anforderungen der arabischen Art recht verschieden. *Coffea liberica* ist im Gegensatze zu der anderen Art keine Gebirgs-, sondern eine Tieflandpflanze; sie beansprucht ein höheres Maß von Wärme, von Luft- und Bodenfeuchtigkeit, als jene. Für das Gedeihen des Liberiabaumes sind hinreichende Niederschlagsmengen in gleichwertiger Verteilung noch wichtiger, als für das Gedeihen des arabischen Kaffeebaumes; ein ständiger Wechsel von heiteren und Regentagen ist der das ganze Jahr vor sich gehenden Blüten- und Fruchtbildung am meisten förderlich.

Die Temperatur in der Heimat Liberia schwankt etwa zwischen 23 und 31° C, steigt aber in der trockenen Zeit auch bis über 37° im Schatten. Dort wächst die Pflanze wild in den unteren Bergwäldern und wird bis zu einer Höhe von 200, seltener 300 m angebaut. Doch kann man, wie Versuche auf Java beweisen, die Liberia-Art an bedeutend höhere Lagen — 700 m und darüber — gewöhnen. Überhaupt besitzt der Liberia-Kaffee eine größere Widerstandsfähigkeit gegenüber äußeren Einflüssen, als der arabische; beide ergänzen sich insofern in glücklicher Weise, als die eine Art gerade in denjenigen Höhenlagen mit Vorteil angebaut wird, für welche sich die andere nicht eignet. In Liberia selbst ist man der Ansicht, daß die Pflanze im Tieflande zwar größere Ernten und größere Bohnen, in höher gelegenen Gebieten dagegen Kaffee von feinerem Aroma liefere.

Boden. In Bezug auf den Boden ist der Liberia-Kaffee leichter zu befriedigen, als der arabische; er gedeiht noch recht gut auf leichterem, sandigem oder steinigem Boden, wo der arabische Kaffee versagen würde. Daher werden auf Java alte erschöpfte Pflanzungen der letzteren Art häufig mit gutem Erfolge mit Liberia-Kaffee neu bepflanzt.

Blüte und Fruchtreife. Auf Java blüht der Liberia-Kaffee fast das ganze Jahr hindurch, und so kann man auch während des ganzen Jahres reife Früchte pflücken. Doch bringen die Witterungsverhältnisse es mit sich, daß dort die Haupternte in die Zeit von Juni bis September fällt.

Erträge. In Bezug auf den Eintritt der ersten Fruchtreife und auf die Erntemengen in den ersten Jahren besteht kaum ein Unterschied zwischen dem arabischen und dem liberischen Kaffee. In späteren Jahren ist dann allerdings der Ertrag eines einzelnen Liberiabaumes durchschnittlich bedeutend höher, als bei jenem; er beträgt das 3–4 fache der Durchschnittsernte vom arabischen Kaffee und häufig noch mehr. Da aber der viel höhere und breitere Liberiabaum einen entsprechend größeren Raum zu seiner Entwickelung nötig hat, so hält sich dennoch der Ertrag bei beiden Kaffeesorten, auf die Flächeneinheit berechnet, beinahe die Wage. Zu Gunsten des Liberia-Kaffees spricht dabei, daß die Ernten gleichmäßiger und sicherer sind.

Ernte. Bei der Ernte selbst ist der für den arabischen Kaffee allgemein gültige Grundsatz, nur vollreife Früchte zu pflücken, in noch erhöhtem Maße zu beherzigen, wenn anders man nicht ein minderwertiges Produkt erhalten will. Die Gefahr, durch Abfallen von Früchten Verluste zu erleiden, ist beim Liberia-Kaffee viel geringer, als dort; denn sie sitzen hier bedeutend fester und bleiben nach eingetretener Vollreife auch bei Regen und Wind noch wochenlang am Baume hängen. Fallen aber dennoch Früchte ab, so bleiben die einzelnen Bohnen noch längere Zeit in dem Fruchtfleisch stecken, das im Vergleiche zum arabischen Kaffee hart, fest und zäh ist und das sich nur schwer entfernen läßt. Die ganzen Früchte bleiben also zunächst erhalten, und da sie etwa doppelt so groß sind, wie die des arabischen Kaffees, lassen sie sich meist ohne nennenswerte Verluste mit Leichtigkeit aufsammeln. Wie Hindorf weiter angiebt, wird sogar von einigen Seiten vorgeschlagen, die Früchte hängen zu lassen, bis sie von selbst abfallen oder leicht abgeschüttelt werden können, so daß also dann das ganze Erntegeschäft nur im Aufsammeln bestehen würde.

Erntebereitung. Für die Zukunft des Liberia-Kaffees ist die sorgfältige Bereitung dieses Produktes beinahe eine Lebensfrage. Denn bei der überall zunehmenden Kaffeeproduktion, welche sich in dem starken Sinken der Preise, namentlich für die minderwertigen Sorten, widerspiegelt, wird man über kurz oder lang dahin kommen, nur bessere Ware zu erzeugen.[1])

Zur Erntebereitung des Liberia-Kaffees kann mit Vorteil nur die westindische Methode benutzt werden, weil das mächtige und zähe Fruchtfleisch bei Anwendung der trockenen Methode erhebliche Schwierigkeiten bereitet. Auch scheint es, als ob der trocken bereitete Liberia-Kaffee einen

[1]) Vgl. Warburg, „Tropenpflanzer“ 1898, S. 41.

besonders unangenehmen Geschmack annimmt. In Liberia selbst soll man allerdings mit beiden Methoden arbeiten; doch kann die dort herrschende Praxis natürlich nicht als Vorbild dienen.

Bei der Bereitung des Liberia-Kaffees macht sich neben der ungleichen Größe der Früchte die zähe Beschaffenheit des Fruchtfleisches störend bemerkbar, das nur schwer durch den Pulper zerrissen werden kann. Ein weiterer Übelstand ist, daß dieses Fruchtfleisch im Pulper zum Teil zu festen Stücken von der annähernden Größe der Liberia-Bohne zerbricht, so daß Fruchtfleisch und Bohnen nur schwer durch Siebe von einander getrennt werden können.

Diese verschiedenen Hindernisse hat man nach vielen vergeblichen Bemühungen in neuester Zeit soweit überwunden, daß der Liberia-Kaffee heute in befriedigender Weise zubereitet werden kann.

Die möglichst reif gepflückten Früchte werden sofort nach Einbringung der Ernte in den sogenannten „Vorbereiter“, eine große, walzenförmige Trommel geführt, in welcher sie mit Holzklöppeln bearbeitet werden, um die harte, dicke Fruchtschale weich und dehnbar zu machen. Nach dieser Behandlung werden die Früchte zwischen gerieften Metallcylindern gepreßt, wobei Bohnen und Fruchtfleisch beinahe vollständig von einander getrennt werden.

Nach beendetem Pulpen muß der Kaffee noch 6—7 Tage hindurch in reinem, täglich zu erneuerndem Wasser geweicht oder wenigstens mit einem möglichst kräftigen Wasserstrahl bespritzt oder begossen werden. Die Bohnen werden mit stumpfen, hölzernen Harken kräftig umgearbeitet und in den Waschbassins auf Sieben von Eisendraht oder Bambus rein gewaschen. Dann werden sie auf zementierten Trockenplätzen recht dünn ausgebreitet und möglichst oft umgewendet. Das Trocknen dauert je nach Wind und Sonne 9—21 Tage.

Man ist der Ansicht, daß für den Liberia-Kaffee ein schnelles Trocknen, namentlich im Anfang, erforderlich ist, um die Ablösung der Silberhaut, welche den Bohnen fester anhaftet, als beim arabischen Kaffee, zu befördern.[1]) Daher ist Trocknen mit künstlicher Wärme vorzuziehen.

Bei anderen Verfahren der Liberia-Bereitung läßt man die frisch gepulpte Ware entweder 4—6 Tage lang in strömendem Wasser liegen, oder man unterwirft sie der sogenannten „Trockenen Fermentation“, d. h. man schichtet die

[1]) Mededeelingen uits Lands Plantentuin XXXII. Batavia 1899, S. 99.

gepulpten Bohnen ohne Zufügen von Wasser auf und läßt sie, unter bisweiligem Umrühren, drei Tage lang in dieser Weise liegen.[1]) Die anhaftenden Reste von Fruchtfleisch liefern hier die zum Gärungsprozeß notwendige Feuchtigkeit und die Luft den erforderlichen Sauerstoff, der sonst durch fließendes Wasser zugeführt wird.

Nach dieser Fermentierung werden die Bohnen rein gewaschen und noch 2 Tage lang in Wasser geweicht. Am 5ten Tage wird der Kaffee in die Sonne gelegt, bis die Hornschale trocken ist, am Tage darauf bringt man ihn in einen Trockenapparat, wo er bei 46° C so lange getrocknet wird, bis die Silberhaut „losläßt"; endlich wird er von neuem der Sonne ausgesetzt, bis die Bohnen „glashart" sind.

Auf Java ist man jetzt zu der Ansicht gelangt, daß es vorteilhaft sei, den fertig bereiteten Liberia-Kaffee noch ein Jahr aufzustapeln, ehe er zum Versand gebracht wird; der Geschmack soll auf diese Weise wesentlich verbessert werden.

Zum Schlusse bleibt noch zu erwähnen, daß die Früchte des Liberia-Kaffees häufig nicht ausreifen, sondern eine blasse Farbe behalten und später langsam vertrocknen und schwarz werden. Besonders in feuchten Jahren ist dieses Übel verbreitet, und ihm fiel früher bisweilen ein erheblicher Teil der Ernten zum Opfer, da man nicht verstand, die schwarz gewordenen Früchte zu marktfähiger Ware zu verarbeiten. Sie müssen getrennt von den anderen gepflückt und zubereitet werden. Entweder weicht man sie zunächst 48 Stunden in Wasser und behandelt sie dann, wie den gewöhnlichen Liberia-Kaffee, oder man trocknet sie in der Sonne völlig aus und befreit sie dann durch Stampfen von der schwarzen Schale und der Pergamentschicht. Die Silberhaut sowie der beigemischte Staub und Bruch werden dann auf nassem Wege entfernt.

Die Bohnen der schwarzen, unausgereiften Früchte sind zwar kleiner, als die normal entwickelten, liefern aber bei geeigneter Behandlung einen guten Kaffee, welcher älterer, abgelagerter Liberia-Ware ähnlich ist.

Aussichten des Liberia-Kaffees. Voraussichtlich werden in den nächsten Jahren große Mengen von Liberia-Kaffee auf den Markt kommen; vor allem ist auf Java sehr viel *Coffea liberica* gepflanzt worden, und ebenso gibt es große Pflanzungen davon auf Ceylon, der malayischen Halbinsel und Borneo, in Surinam, Westindien und Deutsch-Ostafrika, welche erst jetzt zu tragen beginnen.

---

[1]) „Tropenpflanzer" 1898, S. 288.

Die Preise des Liberia-Kaffees sind zwar bedeutend niedriger, als die der feineren Sorten arabischen Kaffees, andererseits sind aber auch die Produktionskosten geringer. Daß die schlechten Liberia-Sorten unterliegen werden, ist sehr wahrscheinlich; ob aber gute Liberia-Ware sich im Kampfe mit den billigen Sorten arabischen Kaffees (Santos) wird halten können, das wird in erster Linie davon abhängen, welche Fortschritte die Erntebereitung in nächster Zeit machen wird.[1])

In Deutschland hat der Liberia-Kaffee bis jetzt nur wenig Anklang gefunden.

## IV. Die wichtigsten Handelssorten des Kaffees.[2])

**Mokka - Kaffee.** Man unterscheidet drei Sorten von Mokka-Kaffee:

1. „Shortberry“, hauptsächlich aus dem Bezirk Hodeida kommend, anerkannt gute Qualität, sehr kleinbohnig, von graugrünlicher Farbe.
2. „Longberry“, meistens aus dem Bezirk Harrar, großbohniger, als die Shortberries, von graugrünlicher Farbe, den Shortberries an Güte nachstehend.
3. „Abessinischer Mokka“, wild gewachsen; in der Farbe den beiden erstgenannten ähnlich, doch unregelmäßig in Form und Größe und von mittlerer Güte.

Als wirklich echter Mokka sind eigentlich nur die Shortberries anzusehen, die, obgleich sehr aromatisch im Geschmack, doch lange nicht mehr den Ruf des Mokka-Kaffees als der feinsten Kaffeesorte überhaupt rechtfertigen. Es gibt zahlreiche Kenner, welche den besten Kaffeesorten Javas und anderer Produktionsländer den Vorzug einräumen. Die besten Sorten Mokka gelangen übrigens kaum noch in den europäischen Handel.

**Java- (und Sumatra-) Kaffee.** Wenn nicht künstliche Mittel angewandt werden, erreicht keine andere Kaffeesorte die gelblichbraune Färbung der Java- und Sumatra-

[1]) Vgl. O. Warburg „Tropenpflanzer“ 1898, S. 41.

[2]) Auch für diesen Abschnitt wurde teilweise Semlers Tropische Agrikultur benutzt, teilweise ist er auf Grund eigens aus den Handelskreisen eingezogener Informationen bearbeitet worden.

bohnen, die bis zu einem beträchtlichen Grade ihren Handelswert bestimmt. Ein weiteres Merkmal der Echtheit ist die Größe, die, mit Ausnahme des liberischen Kaffees, ebenfalls von keiner anderen Sorte erreicht wird. Übrigens wird im malayischen Archipel auch viel Kaffee erzeugt, der zwar in Größe und Färbung nicht sehr abweicht und daher unter dem Namen Java-Kaffee geht, der aber dennoch minderwertig ist. Und wenn auch die Exporteure und die Großkaufleute diese Ware mit richtiger Herkunftsbezeichnung verkaufen, so mag doch im Kleinverkauf manche minderwertige Bohne als „Java“ bezeichnet werden.

Den eigentümlichen, etwas dumpfen Geruch, der an dem Padang-Kaffee zu bemerken ist, empfängt dieser erst auf der Reise und zwar durch das sogenannte „Schwitzen“, eine Selbsterhitzung, welche namentlich bei längerer Fahrt und feuchter Verladung entsteht, während die Schiffe noch der heißen Tropensonne ausgesetzt sind. Diesem Vorgange wird von manchen Seiten ein verbessernder Einfluß auf die Güte der Ware zugeschrieben — ob mit Recht, muß unentschieden bleiben; jedenfalls werden solche Kaffees etwas höher bewertet.

Die echte Javabohne ist im Durchschnitt nicht ganz so groß, wie die Sumatrabohne, auch nicht so braun; dieser letztere Unterschied aber gleicht sich mit zunehmendem Alter fast vollständig aus, denn beide werden auf dem Lager etwas dunkler. Unmittelbar nach der Ernte hat der Java-Kaffee eine grünliche Färbung, die sich erst auf der langen Seereise oder durch Lagerung im Heimatlande in ein gelbliches Braun verwandelt, und je tiefer diese Färbung, desto höher ist die Preisforderung. Den gelben und braunen Sorten verdankt Java den Ruf, den besten Kaffee der Welt zu liefern.

In Holland, wohin der größte Teil der javanischen Ernten ausgeführt wird, sind folgende Wertbezeichnungen im Gebrauch:

| | |
|---|---|
| a) Extra grün. | i) Hellbraun. |
| b) Fein grün. | k) Hochgelb. |
| c) Gut grün. | l) Gelb. |
| d) Grün. | m) Gelblich. |
| e) Gut grünlich. | n) Leicht gelblich. |
| f) Grünlich. | o) Fein blau. |
| g) Blaßgrünlich. | p) Blau. |
| h) Braun. | q) Bläulich. |

r) Ausschuß: ordinär gebrochen mit viel schwarz,
ordinär gebrochen mit wenig schwarz.

**Ceylon-Kaffee.** Im Kaffeehandel wird der „Plantagenkaffee“ von dem „Native Ceylon“, d. h. dem Produkte der Eingeborenen, scharf getrennt. Die feinen blauen Sorten werden in innen angekohlten Fässern und Kisten versandt, wodurch sie ihre eigentümliche Farbe erhalten. Durch Sieben in besonderen Maschinen wird der Plantagenkaffee in fünf Sorten geschieden, die je nach der Form benannt und bewertet werden, und zwar: P = Perlbohne („Peaberry“), drei Sorten Flachbohnen: A = große Bohne, B = mittlere Bohne, C = kleine Bohne und T = Bruch („Triage“). Am teuersten werden die Sorten P und A bezahlt; da jedoch alle fünf Sorten an ein und demselben Baume wachsen und in der Regel gleichmäßig reif sind, so ist der Geschmacksunterschied nicht sehr groß. — Ein eigentümlich säuerlicher, aber angenehmer Geschmack, der auch den vorderindischen Kaffees von Mysore, den Nilgherries und Tellicherry eigen ist, zeichnet den „Plantation Ceylon“ aus. Die Bohne ist schwerer und fester als der Rio-Kaffee und steht in Größe und Aussehen dem „Blue Mountain Jamaica“ sehr nahe. Die Bohnen der verschiedenen Abstufungen sind von übereinstimmender Größe und aufs sorgfältigste gereinigt.

Der Plantagenkaffee wird teils in kleineren Fässern von 200 kg bis 300 kg, teils in größeren von 500 kg Gehalt verschifft.

Native Ceylon ist leicht und porös, er verliert beim Rösten 2 % mehr als der Plantagenkaffee. Dieser, auf kleineren Pflanzungen der Eingeborenen gewachsene Kaffee erfährt nicht die sorgfältige Behandlung des Plantagenkaffees, ist gelbgrau in der Farbe und unregelmäßig in der Form. Manchmal enthält der Native-Kaffee sogenannte „Stinkbohnen“, von denen eine einzige genügt, den Geschmack einer größeren Menge Kaffee völlig zu verderben.

Verpackt wird der Native-Kaffee in Säcken von 112, 110 und 168 engl. Pfund (50,4, 63 und 75,6 kg).

Die Färbung des Ceylon-Kaffees bewegt sich in Schattierungen von weiß zu gelb; seine Größe erreicht zuweilen nahezu diejenige des Java-Kaffees, zuweilen entspricht sie derjenigen des Mokka-Kaffees. Plantagen-Kaffee von Ceylon gibt einen stärkeren Aufguß, als dieselbe Menge Java-Kaffee.

**Mexiko-Kaffee.** Der mexikanische Kaffee wird in die beiden Gruppen Tiefland-Kaffee und Hochland-Kaffee geteilt. Ersterer ist größer, leichter und „schwammig“, letzterer hat ein hartes, horniges Aussehen. Für den Export sind die Herkunftsnamen maßgebend: Tabasco, Jalapa, Sierra, Cordova, Oaxaca, Vera Cruz und Tepic. Der erstgenannte ist ein Küstenkaffee von geringer Qualität, der Jalapa-Kaffee ist klein, breit und kurz, von unregelmäßiger Größe und gelblicher Farbe; gewöhnlich ist er schlecht gereinigt, hat viel Bruch und anhängende Teile der Silberhaut. Die Sierrabohne ist klein, grünlich und in der Regel ebenfalls schlecht gereinigt. Diese Sorten kommen wegen ihrer schlechten Bearbeitung für die besseren Verbrauchsplätze nicht in Betracht.

Der Cordova-Kaffee ist größer und länger, als die genannten Sorten, von einheitlicher Größe und grünlicher Farbe; er wird häufig unter dem Namen „Rio-Kaffee“ verkauft, nachdem er eine Politur erhalten hat. Aus demselben Bezirk wird ein großer, weißlicher Kaffee unter dem Namen „mexikanischer Java“ exportiert.

Der Oaxaca-Kaffee ist ein Gebirgskaffee von dunkelgrünem, hornigem Aussehen; er würde Preise erzielen wie der Costarica- und Jamaica-Kaffee, wenn man ihn sorgfältiger bereitete. Die Pflanzer benutzen aber meist die altertümlichen Mörser zum Schälen; daher gibt es viel Bruch, und die Silberhaut bleibt in kleineren und größeren Stücken hängen. An Größe und guter Entwickelung der Bohnen sind die Vera Cruz-Kaffees den Oaxaca-Sorten überlegen, welche letztere im Aussehen eher dem gewaschenen Santos gleichen. Der beste mexikanische Kaffee ist der Tepic-Kaffee, welcher an der Westküste im Staate Colima erzeugt wird. Er gleicht im Aussehen dem Mokka, besitzt aber selbst einen so vorzüglichen Ruf, daß er nicht unter dem falschen Namen „Mokka“ verkauft wird. In Bezug auf den Geschmack der mexikanischen Kaffeesorten ist weiter zu erwähnen, daß der Tabasco-Kaffee der mildeste ist, ihm folgt der Sierra, dann der Cordova, welcher sich dem Rio-Kaffee nähert, ohne aber dessen ständigen Beigeschmack zu besitzen. Oaxaca-Kaffee schmeckt fast wie das Produkt von Costarica. Der weiße Cordova oder mexikanische Java nähert sich, wenn er ein Jahr alt ist, dem Cúcuta Maracaibo.

Mexikanische Kaffees kommen meistens nach der nassen Methode zubereitet auf den Markt und sind wegen der schönen blauen Farbe und ihrer guten Bohne sehr beliebt. Beim Lagern verbessert sich der mexikanische Kaffee sehr, da er mit zunehmendem Alter den ihm eigentümlichen ranzigen Beigeschmack vollständig verliert.

**Domingo-Kaffee.** Man unterscheidet, der Güte nach aufgezählt, folgende Qualitäten:

St. Marc, Gonaives, Petit Goave, Cap Haiti, Jacmel, Port au Prince, Aux Cayes, Jeremie.

Nur ein sehr kleiner Teil dieser Kaffees wird bei der Bereitung dem nassen Verfahren unterworfen und dann in der Pergamentschale nach Europa verschifft. Nach dem Schälen erweist sich der Kaffee dann als eine sehr gut aussehende, „gutbohnige" und bläulich bis tiefblau gefärbte Ware.

Der größte Teil der Domingo-Kaffees wird nach dem gewöhnlichen trockenen Verfahren zubereitet, das in den Händen der Eingeborenen liegend, ziemlich sorglos gehandhabt zu werden scheint. So zeigen die Bohnen vielfach ein blasses Aussehen, sind schwammig, oft gequetscht und stark mit Steinen gemischt. Diese Kaffees werden daher auch in Europa vielfach erst verlesen, ehe sie dem Konsum zugeführt werden. Die Domingo-Sorten sind meistens sehr rein, jedoch etwas „flau" im Geschmack.

**Costarica-Kaffee.** Die Färbung des Costarica-Kaffees schwankt zwischen hell- und dunkelgraugrün. In geröstetem Zustande besitzt er ein reiches, feines Aroma, das von manchem für unübertroffen gehalten wird. Die Erbsenbohnen sind von so feiner Qualität, daß sie als Mokka verkauft werden könnten, obgleich sie von den echten Mokkabohnen in Form und Farbe abweichen, auch deren horniges Aussehen nicht besitzen. Leider kommen manchmal Sendungen von unzuverlässigem Geschmacke vor, welche sogenannte „Stinkbohnen" (s. o.) enthalten.

**Guatemala-Kaffee.** Die Guatemala-Kaffees zählen zu den besten Produkten Central-Amerikas, sowohl im Geschmack als auch im Aussehen. Beinahe alle Guatemala-Sorten kommen gewaschen auf den Markt; sie sind von fein grüner bis tief bläulicher Farbe. Besonders schön in der Farbe ist die namentlich in den letzten Jahren in großen Mengen noch in der Pergamentschale verschiffte Ware, die dann in Europa geschält wird. Die erst in Europa geschälten Kaffees pflegen indessen ihre tiefblaue Farbe leichter zu verlieren, als die in Guatemala fertig bereitete Ware.

Als berühmte Marken gelten Porvenir, Helvetia und Osuna.

**Venezuela-(Maracaibo-)Kaffee.** Den besseren Sorten des in Venezuela sowohl wie in Columbia gewachsenen Kaffees ist eine bläulich-grünliche Färbung gemeinsam, die bei längerem Lagern „abbleicht“, d. h. einen Stich ins Gelbe annimmt. Die Bohnen sind von gleicher Größe und Form und haben ein eigentümliches, angenehmes Aroma. Große Mengen Venezuela-Kaffee werden als sogenannte „Trilladen“ (ungewaschener Kaffee) auf den Markt gebracht. Diese Trilladen sind grün bis gelblich je nach Alter, meistens von „guter Bohne“. Von Puerto Cabello, sowie teilweise direkt von Coro werden die nach letzterem Hafen genannten Coro-Kaffees ausgeführt, eine ungewaschene minderwertige Ware, grün bis gelblich, kleine, schlecht entwickelte Bohnen, vielfach mit gebrochenen Bohnen vermengt. Auch im Geschmack ist dieser Kaffee recht mittelmäßig.

Vom Maracaibo-Kaffee unterscheidet man folgende Sorten:

1. Trujillo-Kaffee, dem Haiti-Kaffee ähnlich, die geringste Sorte, welche von Maracaibo ausgeführt wird;
2. Boconó-Kaffee, eine bessere Sorte, die häufig abbleicht und dann ähnliche Preise wie Cúcuta-Kaffee erzielt, obgleich die Bohne bedeutend kleiner ist;
3. Mérida-Kaffee, zum großen Teil eine ausgezeichnete Sorte, von bläulicher Farbe, und im Aroma bisweilen allen anderen Sorten aus Venezuela überlegen;
4. Cúcuta-Kaffee; er weist durchweg eine große gleichartige Bohne auf, die häufig schön gleichmäßig abbleicht und dann ausnahmsweise hohe Preise, namentlich in New-York erzielt.

In den letzten Jahren kommt auch viel gewaschener Cúcuta-Kaffee auf den Markt, der in Aussehen, Farbe und Gleichmäßigkeit der Bohne nichts zu wünschen übrig läßt. Die besten Qualitäten Cúcuta-Kaffee nähern sich in Größe und Form dem Java-Kaffee, unter dessen Namen er nicht selten verkauft wird, wenn seine anfänglich grünliche Farbe ins Gelbliche übergegangen ist. Häufiger geschieht es, daß er mit Java-Kaffee zusammen geröstet und dann unter dem letzteren Namen zum Verkauf gebracht wird.

**Puertorico-Kaffee.** Man unterscheidet:

1. „Hacienda“, ein besonders wertvolles Produkt, auf mehr oder minder großen Plantagen erzeugt, gewaschen, durchweg von sehr großer Bohne und tiefblauer Farbe;
2. „Pueblo“, von kleineren Landeigentümern gebaut, weniger sorgfältig zubereitet, den Hacienda-Sorten in Farbe nachstehend;

3. „Corriente“ oder „Trillado“, auf trockenem Wege zubereitet; diese Sorte geht meist nach Cuba und Spanien.

Dem Puertorico-Kaffee wird ein äußerst kräftiger Geschmack nachgerühmt. Die besseren Sorten, namentlich Hacienda, erfreuen sich mit Recht eines guten Rufes, die geringeren dagegen nicht, da sie ein eigentümliches, schwer zu beschreibendes Aroma besitzen, welches durch den Handelsausdruck „häutig“ gekennzeichnet wird.

Mit wenigen Ausnahmen soll sämtlicher Puertorico-Kaffee im Ursprungslande gefärbt und geglättet werden.

**Jamaica-Kaffee.** Jamaica-Kaffee wird gewaschen und ungewaschen in den Handel gebracht. Die gewaschenen Sorten sind bisweilen von kleiner aber gleichmäßiger Bohne und immer von tiefblauer Farbe; oft großbohnig ist der bekannte „Blue Mountain“-Kaffee. Die ungewaschenen Sorten sind meistens von größerer Bohne, graugrün bis weißlich, und ähneln dem Domingo-Kaffee.

**Brasilianischer Kaffee.** Der Kaffee Brasiliens ist sehr verschieden in Farbe und Größe. Im Durchschnitt sind die Bohnen klein und hell- bis dunkelgrün gefärbt, zuweilen besitzen sie einen gelben Hauch und werden dann „Golden Rio“ genannt. Da diese Färbung in hohem Ansehen steht, freilich ohne Grund, wie Kenner sagen, so wird sie dem Kaffee in großen Mengen künstlich beigebracht.

Rio-Kaffee zeichnet sich im allgemeinen durch starken, scharfen Geruch und Geschmack aus, der sich bei der Bereitung auf nassem Wege zwar vermindert; indessen kommen wirklich weiche, gutschmeckende Kaffees nur selten vor. Vereinzelt gelangen Rio-Kaffees zur Ausfuhr, welche dem Campinas ähnlich sind und, wie man annimmt, an der Grenze der sonst nach Santos versendenden Bezirke gewachsen sein mögen. Die Bohne ist meistens mittelgroß, von schwarzgrauer, grüner bis heller, sogar gelber Farbe. Grün bis gelbgrau sind die meist kleineren Bohnen von früher häufiger nach Europa gelangenden Sorten, die in niedriger gelegenen Bezirken, „terra abaixo“, wachsen. Der sogenannte Maragogipe-Kaffee ist großbohnig und in Farbe meist unansehnlich.

In Rio de Janeiro findet eine Scheidung in „Hochland-“ und „Tiefland-Kaffee“ statt mit folgenden Abstufungen: „Superior“, „Primeria boa“, „Primeria regular“, „Primeria ordinaria“, „Segunda boa“, „Segunda ordinaria“.

Santos-Kaffee. Je nach den Jahrgängen wechselt die Größe der Bohnen sehr; in guten Jahren wird eine recht befriedigende Ware von tief grüner bis blaßgrauer Farbe erzeugt. Die guten Sorten gehen meistens unter dem Namen „Campinas" im Handel. Im allgemeinen erfreuen sich alle Santos-Kaffees ihres weichen Geschmackes halber großer Beliebtheit. Nur in wenigen Gegenden erzeugt man einen „Rioartigen" d. h. streng riechenden, hart und scharf schmeckenden Kaffee; dieser ist dann kaum von echtem Rio zu unterscheiden.

Namentlich zu Anfang der Ernte wird auch Santos-Kaffee bei der Bereitung dem nassen Verfahren unterworfen, womit man eine schöne grüne bis tiefblaue Ware erzielt. In der Pergamentschale nach Europa versandte Kaffees zeigen nach der Schälung eine besonders schöne, blaue bis tiefblaue Farbe, die indessen leichter verblaßt, als die Färbung der im Ursprungslande gewaschenen und geschälten Kaffees.

Der Bahia-Kaffee ist dem Rio-Kaffee am ähnlichsten, steht jedoch an Güte weit unter ihm; er wird fast nur ungewaschen exportiert, ist meist kleinbohnig und von scharfem Geruch, der bei künstlicher Trocknung oft brenzlich und räucherig wird. Farbe grün bis gelblich, Geschmack fast immer gewöhnlich, nur bei alter, abgelagerter Ware feiner.

# Anhang.

## Die Kaffeeproduktion der Erde.

Statistische Übersicht von J. F. Lacerda.[1])

| Jahre | Jährliche Erzeugung in 1000 Ballen à 60 kg | | | | | Preise in Mark per 50 kg | | |
|---|---|---|---|---|---|---|---|---|
| | Brasilien | Central-Amerika und Antillen | Asien | Afrika | Gesamte Produktion | Santos Niedrigste | Santos Höchste | Java Höchste |
| 1852/53 | 2353 | 562 | 1630 | 21 | 4 567 | — | 39,69 | — |
| 1853/54 | 2126 | 521 | 1718 | 21 | 4 387 | — | 39,69 | — |
| 1854/55 | 2557 | 576 | 2061 | 23 | 5 218 | — | 50,22 | — |
| 1855/56 | 2841 | 487 | 1944 | 23 | 5 301 | — | 35,64 | — |
| 1856/57 | 3205 | 485 | 1869 | 25 | 5 585 | — | 53,46 | — |
| 1857/58 | 2369 | 487 | 1988 | 26 | 4 871 | 40,50 | 55,89 | 70,47 |
| 1858/59 | 2735 | 613 | 1890 | 28 | 5 267 | 32,40 | 47,79 | 54,27 |
| 1859/60 | 2499 | 593 | 1849 | 28 | 5 070 | 42,12 | 59,13 | 63,99 |
| 1860/61 | 3568 | 611 | 2056 | 29 | 6 265 | 59,13 | 60,75 | 66,42 |
| 1861/62 | 2586 | 525 | 1986 | 29 | 5 227 | 55,89 | 58,32 | 72,90 |
| 1862/63 | 2163 | 631 | 2102 | 31 | 4 928 | 59,13 | 68,04 | 76,95 |
| 1863/64 | 2003 | 648 | 2169 | 31 | 4 852 | 68,04 | 69,66 | 78,57 |
| 1864/65 | 2338 | 651 | 2195 | 34 | 5 567 | 60,75 | 68,04 | 78,57 |
| 1865/66 | 2433 | 777 | 2407 | 33 | 5 651 | 59,13 | 60,75 | 77,76 |
| 1866/67 | 3093 | 790 | 2400 | 38 | 6 322 | 51,03 | 59,13 | 75,33 |
| 1867/68 | 3501 | 987 | 2348 | 42 | 6 879 | 43,74 | 51,03 | 69,66 |
| 1868/69 | 3221 | 827 | 2421 | 50 | 6 520 | 38,88 | 44,55 | 60,75 |
| 1869/70 | 3513 | 777 | 2706 | 56 | 7 052 | 41,31 | 54,27 | 71,28 |
| 1870/71 | 3796 | 1017 | 2346 | 51 | 7 211 | 42,12 | 51,03 | 59,13 |
| 1871/72 | 2522 | 1057 | 2363 | 73 | 6 016 | 47,79 | 68,04 | 70,47 |
| 1872/73 | 3588 | 1291 | 2553 | 68 | 7 501 | 64,80 | 76,95 | 80,19 |
| 1873/74 | 2804 | 1213 | 2316 | 77 | 6 411 | 76,95 | 106,92 | 105,30 |
| 1874/75 | 4035 | 1460 | 2460 | 73 | 8 030 | 81,00 | 119,88 | 121,50 |
| 1875/76 | 3621 | 1415 | 2499 | 63 | 7 599 | 82,62 | 90,72 | 103,68 |
| 1876/77 | 3500 | 1475 | 2762 | 67 | 7 805 | 77,76 | 87,48 | 97,20 |
| 1877/78 | 3814 | 1455 | 2001 | 62 | 7 333 | 81,00 | 85,86 | 90,72 |
| 1878/79 | 4921 | 1643 | 2565 | 54 | 8 965 | 60,75 | 76,95 | 86,67 |
| 1879/80 | 4120 | 1544 | 2643 | 83 | 8 647 | 58,32 | 72,90 | 85,05 |
| 1880/81 | 5551 | 1815 | 2390 | 72 | 9 868 | 61,56 | 74,52 | 80,19 |
| 1881/82 | 5567 | 1685 | 2316 | 89 | 10 391 | 48,60 | 61,56 | 64,80 |
| 1882/83 | 6094 | 1628 | 2446 | 118 | 11 080 | 34,02 | 44,55 | 51,84 |
| 1883/84 | 5117 | 1618 | 2403 | 92 | 9 767 | 32,40 | 55,89 | 59,13 |

[1]) Entnommen aus „Tropenpflanzer“ 1898, S. 195.

| Jahre | Jährliche Erzeugung in 1000 Ballen à 60 kg | | | | | Preise in Mark per 50 kg | | |
|---|---|---|---|---|---|---|---|---|
| | Brasilien | Central-Amerika und Antillen | Asien | Afrika | Gesamte Produktion | Santos | | Java |
| | | | | | | Niedrigste | Höchste | Höchste |
| 1884/85 | 6501 | 2562 | 2196 | 186 | 11 440 | 38,88 | 59,13 | 61,56 |
| 1885/86 | 5586 | 2293 | 1553 | 133 | 9 448 | 36,45 | 42,93 | 47,79 |
| 1886/87 | 6161 | 2261 | 1780 | 108 | 10 312 | 36,45 | 62,37 | 69,66 |
| 1887/88 | 3330 | 2588 | 905 | 73 | 7 077 | 61,56 | 99,63 | 100,44 |
| 1888/89 | 6506 | 2503 | 1574 | 118 | 10 598 | 54,27 | 87,48 | 88,29 |
| 1889/90 | 4622 | 2341 | 1599 | 130 | 8 658 | 66,42 | 88,29 | 92,34 |
| 1890/91 | 5547 | 2800 | 905 | 114 | 9 297 | 81,81 | 106,92 | 100,44 |
| 1891/92 | 7596 | 2850 | 1150 | 215 | 11 858 | 63,99 | 87,48 | 105,30 |
| 1892/93 | 6541 | 3105 | 1475 | 210 | 11 283 | 65,61 | 82,62 | 98,01 |
| 1893/94 | 4840 | 3321 | 960 | 156 | 9 202 | 69,66 | 85,86 | 95,58 |
| 1894/95 | 6977 | 3107 | 1286 | 181 | 11 501 | 69,66 | 84,24 | 98,82 |
| 1895/96 | 5969 | 3050 | 1017 | 244 | 10 454 | 46,98 | 78,57 | 94,77 |
| 1896/97 | 8500 | 3150 | 858 | 249 | 12 102 | 68,04 | 72,09 | 101,25 |
| 1897/98 | 7250 | 3100 | 1171 | 275 | 11 210 | 34,83 | 52,65 | 97,20 |

## Übersicht über die Ausdehnung der mit Kaffee bestellten Flächen, die Produktion, den eigenen Verbrauch und die Ausfuhr der Kaffee produzierenden Gebiete.[1])

| | Fläche unter Kultur ha | Produktion kg | Ausfuhr kg | Eigener Verbrauch kg |
|---|---|---|---|---|
| Java, Sumatra, Celebes u. benachbarte Inseln | 243 000 | 71 123 500 | 66 043 250 | 5 080 250 |
| Philippinen und Inseln des stillen Ozeans . | 27 945 | 5 283 460 | 3 962 595 | 1 219 260 |
| Ceylon . . . . . . . | 12 150 | 4 165 805 | 4 064 200 | 203 210 |
| Indien . . . . . . . | 54 675 | 16 256 800 | 15 240 750 | 1 016 050 |
| Arabien, Abessinien, Moçambique, übriges Ostafrika, Central-Afrika, Natal, Madagascar, Mauritius, Réunion . . . . . | 134 055 | 33 529 650 | 13 208 650 | 20 321 000 |
| Westküste von Afrika | 64 800 | 15 240 750 | 10 160 500 | 5 080 250 |
| Mexiko . . . . . . . | 81 000 | 21 337 050 | 20 321 000 | 1 016 050 |
| Central-Amerika . . . | 182 250 | 71 123 500 | 60 963 000 | 10 160 500 |
| Haiti und St. Domingo | 129 600 | 31 497 550 | 26 417 300 | 5 080 250 |
| Cuba und Puertorico . | 105 300 | 35 561 750 | 25 401 250 | 10 160 500 |
| Übriges Westindien . | 18 225 | 5 588 275 | 5 080 250 | 508 025 |
| Venezuela, Columbien, Peru, Guyana . . . | 182 250 | 71 123 500 | 60 963 000 | 10 160 500 |
| Brasilien . . . . . . | 1 012 500 | 467 383 000 | 441 981 750 | 25 401 250 |
| | 2 247 750 | 849 214 590 | 753 807 495 | 95 407 095 |

[1]) Entnommen aus Semlers Tropischer Agrikultur II. Aufl. Bd. I, S. 253. (Nach „Ceylon Handbook and Directory“ 1895/96).

# B. Chemischer Teil.

## I. Kaffee.

### 1. Geschichtliches über die Verbreitung der Sitte des Kaffeetrinkens.[1]

Das aus Kaffeebohnen bereitete Getränk, der Kaffee, gehört gegenwärtig zu den verbreitetsten und beliebtesten Genußmitteln. Die Verbreitung der Sitte des Kaffeetrinkens nahm ihren Ausgang von Arabien, wohin dieser Gebrauch im 15. Jahrhundert aus Abessinien, nach anderen aus Äthiopien verpflanzt worden war. Hier im Vaterlande des Kaffeebaumes soll die Gewohnheit des Kaffeetrinkens seit undenklichen Zeiten eine allgemeine gewesen sein. Die früheste Zeit des Kaffeegenusses, die Geschichte der Entdeckung seiner schätzbaren Eigenschaften, verliert sich in geheimnißvolle Sage.

Nachdem das Kaffeetrinken in Aden, wohin die Sitte durch Araber zuerst gelangte, allgemein geworden war, verbreitete es sich über die benachbarten Städte bis nach Mekka, woselbst es alsbald bei den Derwischen in Aufnahme kam. Von diesen ging die Sitte auf die übrigen Bevölkerungsschichten über, die bald große Freunde dieses Genußmittels wurden. Es kam zur Errichtung von Kaffeehäusern, welche Mittelpunkte des geselligen Lebens wurden. Die Verbreitung des Kaffees ging ununterbrochen weiter, er kam nach Medina, und bald war in ganz Arabien der Aufguß der Kaffeebohnen ein alltägliches Getränk. Im Anfange des 16. Jahrhunderts genoß man den Kaffee in Kairo, und dort wurde die Sitte

[1]) Die älteren Angaben sind entnommen aus E. Reich, Die Nahrungs- und Genußmittelkunde. II. Band. Göttingen 1860.

ebenso allgemein, wie in den Städten der arabischen Halbinsel. Von Kairo kam der Kaffee nach Syrien. In das Jahr 1511 fällt das erste Verbot des Kaffeetrinkens, das in Mekka erlassen, bald jedoch wieder aufgehoben wurde.

Unter Soliman dem Großen wurde der Kaffee in Konstantinopel eingeführt (1554), und in öffentlichen Kaffeehäusern, „Schulen der Erkenntnis", verschenkt. Sehr bald jedoch versuchte man auch hier den Kaffee zu verbieten, weil der Genuß des gebrannten Kaffees den Gesetzen des Islam zuwiderlaufe. Sämtliche Kaffeehäuser wurden geschlossen, doch konnte auch hier das Verbot nicht aufrecht erhalten werden; bald war die Sitte des Kaffeetrinkens mehr denn je verbreitet und die Zahl der Kaffeehäuser stark vermehrt. Während der Minderjährigkeit Mohammeds IV. wurden die Kaffeehäuser in der Türkei, ungeachtet der großen Geldsummen, welche die Kaffeehausbesitzer an den Staat zahlen mußten, aus politischen Gründen abermals aufgehoben. Diese Maßregel führte jedoch keine Verminderung des Kaffeeverbrauchs herbei; denn nunmehr wurde der Kaffee in großen kupfernen Kesseln, in denen er durch Feuer warm erhalten wurde, auf Straßen und Plätzen an die Vorübergehenden verkauft. Die Wiedereröffnung der Kaffeehäuser ließ nicht lange auf sich warten.

Über den genauen Zeitpunkt, zu welchem die Sitte des Kaffeetrinkens ins Abendland eingeführt wurde, sind die Meinungen geteilt. Man behauptet, daß im Jahre 1626 in Rom die erste Tasse Kaffee getrunken wurde, und daß Venetianer es gewesen sind, welche die ersten bedeutenderen Kaffeeladungen nach dem Abendlande brachten. Im Jahre 1645 soll man in Süditalien den Kaffee schon allgemein getrunken haben. Nach anderen kam der Kaffee zuerst im Jahre 1650 nach Marseille, und 1671 wurde daselbst ein Kaffeehaus an der Börse errichtet, das den besten Erfolg hatte. Marseille fing bald an, den Kaffeehandel in ausgedehntem Maße zu betreiben.

In Paris begann der Genuß des Kaffees erst im Jahre 1669 allgemein zu werden, 1672 wurde hier das erste Kaffeehaus eröffnet. In Amsterdam bestand schon im Jahre 1666 ein Kaffeehaus, in London im Jahre 1652. 1675 hob König Karl II. die Kaffeehäuser aus politischen Rücksichten auf, mußte dies Verbot jedoch nach wenigen Tagen schon zurück nehmen, weil sämtliche Kaffeetrinker, deren Anzahl zu jener Zeit bereits sehr bedeutend sein mochte, mit Aufruhr drohten. In Schweden und Dänemark wurde der Kaffee erst später bekannt; in Schweden soll man ihn vor 1700 nicht gekannt haben und in Dänemark wußte man zu Anfang des 18. Jahrhunderts noch nichts von diesem Getränk.

Nach Deutschland kam der Kaffee im Jahre 1670, doch wurde erst im Jahre 1683 in Wien das erste Kaffeehaus errichtet. Das zweite Kaffeehaus erstand in Nürnberg, das dritte in Regensburg, beide im Jahre 1686, das vierte in Hamburg 1687. Leipzig erhielt um diese Zeit den Kaffee in geröstetem Zustande aus Holland, und es kamen erst 1694 ungeröstete Bohnen dorthin. Erst um das Jahr 1720 wurde das Kaffeetrinken in Kursachsen allgemein. 1700 kam der Kaffee nach Danzig und Wittenberg, Stuttgart erhielt 1712, Augsburg im Jahre 1713 sein erstes Kaffeehaus. Berlin endlich durfte sich 1721 des ersten Kaffeehauses erfreuen. In Reutlingen trank man den Kaffee 1760, in Genkingen auf der Alp erst im Jahre 1817. Im Jahre 1744 wurde der Kaffee an allen deutschen Höfen und auch von der Mehrzahl der Reichen und Vornehmen getrunken, war indessen noch immer sehr teuer; daher suchte man damals schon nach Ersatzstoffen.

Wie gegen alles Neue, so machte sich auch gegen den Kaffeegenuß in Europa ein nicht unbedeutender Widerstand geltend; viele Ärzte und Laien verurteilten ihn, und die Regierungen beschränkten seinen Gebrauch durch Steuern und Verbote. Zu diesen Verboten gab in mehreren Staaten Westdeutschlands die durch orientalische Überlieferung sowohl, als auch durch ärztliches Urteil unterstützte Meinung Veranlassung, der Kaffee bewirke Unfruchtbarkeit. Eine andere Ursache jener Verbote war in irrigen volkswirtschaftlichen Ansichten zu suchen. Man glaubte nämlich, da der Kaffee ein Produkt fremder Weltteile ist, daß die dafür verausgabten Summen für Deutschland verloren seien. Ein dritter Grund, besonders heftig von Ärzten verfochten, wurde aus Gesundheitsrücksichten hergeleitet, da man annahm, der Kaffeegenuß schädige die Gesundheit.

Das erste gesetzliche Kaffeeverbot wurde im Jahre 1756 in Schweden erlassen, wo im Reichstage die Bauern, denen damals das Branntweintrinken untersagt wurde, den anderen Ständen zum Trotze das Verbot erwirkten. In Deutschland wurde der Kaffee mit hohen Steuern belegt und an vielen Orten seine Einfuhr verboten. Friedrich II. machte den Kaffee in Preußen zum Monopol, und nur Adlige, höhere Beamte und Geistliche erhielten die Erlaubnis, den Kaffee selbst brennen zu dürfen. Sie erhielten sogenannte Brennscheine, während minder Begünstigte für 24 Lot gebrannten Kaffees einen Taler bezahlen mußten.

Alle Verbote, Einschränkungen und Steuern haben indessen den Eroberungslauf des Kaffees nicht aufzuhalten vermocht. Heute ist der Genuß des Kaffeegetränkes in der ganzen civilisierten Welt verbreitet und der Kaffee selbst im bescheidensten Hause ein tägliches Getränk.

Diese allgemeine Beliebtheit des Kaffees als Genußmittel verdankt er der eigenartigen physiologischen Wirkung seiner chemischen Bestandteile, deren Besprechung Gegenstand des folgenden Abschnittes sein soll.

## 2. Die chemischen Bestandteile der Kaffeebohne.

Coffeïn. Der dem Kaffee am meisten eigentümliche und für seine Bedeutung als Genußmittel unzweifelhaft wichtigste chemische Bestandteil ist das Coffeïn, auch Caffeïn genannt, eine stickstoffhaltige organische Verbindung, die Runge im Jahre 1820 in den Kaffeebohnen entdeckte, und welche sich gleichfalls in den übrigen Teilen des Kaffeestrauches, wie im botanischen Teil näher dargelegt wurde, nachweisen läßt. Aus diesem Grunde fanden die Blätter und frischen Stengel auch vorübergehend als sogenannter „Kaffeethee" Verwendung für Genußzwecke.

Das Coffeïn stellt in reinem Zustande lange, geruchlose, schneeweiße Nadeln von seidenartigem Glanze dar und besitzt den Charakter sowohl einer sehr schwachen Säure, als auch einer sehr schwachen Base. Es krystallisiert mit einer Molekel Wasser und hat die chemische Formel $C_8H_{10}N_4O_2$, die heute allgemein angenommen ist, deren Richtigkeit durch die scharfsinnigen Untersuchungen Emil Fischers[1]) bestätigt und durch die demselben Forscher gelungene künstliche Darstellung des Coffeïns einwandsfrei erwiesen worden ist.[2])

Der rohe, ungeröstete Kaffee enthält etwa 1—1,75 % Coffeïn.[3]) Der Gehalt an Coffeïn unterliegt jedoch nicht unerheblichen Schwankungen, ja in neuerer Zeit ist ein auf den Comoren und auf Bourbon wild wachsender Kaffee aufgefunden worden, der sich durch gänzlichen Mangel an Coffeïn auszeichnet.[4]) Nicht einwandsfrei erwiesen ist das

---

1) Annalen der Chemie, Bd. 215, S. 253, Bd. 228, S. 141.

2) Berichte der deutschen chemischen Gesellschaft 1895, S. 3135, 1897, S. 549.

3) Vereinbarungen zur einheitlichen Untersuchung und Beurteilung von Nahrungs- und Genußmitteln. Berlin 1902 (Springer) Heft III, S. 26.

4) Bulletin de la société chimique de Paris [3] Bd. 25, S. 379. Zeitschrift für öffentliche Chemie 1898, S. 542.

Vorhandensein eines weiteren stickstoffhaltigen Stoffes im Kaffee, den Paladino[1]) unter dem Namen „Coffearin“ beschrieben hat.

Kaffeegerbsäure. Zu den dem Kaffee eigentümlichen chemischen Bestandteilen gehört weiter die „Kaffeegerbsäure“, deren Vorhandensein im Kaffee verhältnismäßig früh entdeckt und deren chemischer Charakter durch Untersuchungen von Rochleder und Payen aufgeklärt wurde. Letzterer[2]) nennt die den adstringierenden Geschmack der Kaffeebohnen bedingende Säure „Chlorogensäure“, weil sie sich in ammoniakalischer Lösung an der Luft grün färbt. Sie findet sich im Kaffee in Form eines Doppelsalzes an Coffeïn und Kalium gebunden, fällt Eiweiß- aber nicht Leimlösungen, gibt mit Eisensalzen eine grüne Färbung und wird durch Bleisalze gelb gefällt. Die Kaffeegerbsäure gehört in die Gruppe der Glycoside,[3]) nach Kunz-Krause zu den Glycotannoiden,[4]) da sie durch Alkalien in Kaffeesäure oder Dioxyzimtsäure und eine noch nicht näher erforschte Zuckerart gespalten wird.[5]) Indessen erscheint nach neueren Untersuchungen von L. Graf (vergleiche weiter unten) die Glycosidnatur der Kaffeegerbsäure fraglich.

Das Vorhandensein einer zweiten Säure im Kaffee, wie Pfaff[6]) mitteilt, konnte von anderen Forschern nicht bestätigt werden. Indessen beschreiben Mulder und Vlaanderen[7]) sechs verschiedene Säuren des Kaffees: Kaffeesäure, zwei verschiedene Kaffeansäuren, zwei verschiedene Cörulinsäuren und die Kaffëelsäure, deren Vorhandensein jedoch sehr fraglich erscheint, da eine Bestätigung dieses Befundes seitens anderer Forscher fehlt.

China-, Citronen- und Viridinsäure. In kleiner Menge entdeckten Zwenger und Siebert[8]) Chinasäure und Rochleder Citronensäure[9]) und Viridinsäure[10]) im Kaffee. Letztere stellt ein Oxydationsprodukt der Kaffeegerbsäure dar, gibt mit Alkalien grüngefärbte Salze und wird als

---

1) Chemisches Centralblatt 1895 I. S. 884.
2) Comptes rendus des séances de l'académie des sciences. Bd. 22, S. 724, Bd. 23, S. 8 u. 244. — Annalen der Chemie 50, S. 224, 59, S. 300, 63, S. 193, 66, S. 35.
3) Cazeneuve u. Haddon, Comptes rendus Bd. 124, S. 1458.
4) Pharmazeutische Centralhalle Bd. 39, S. 401, 421, 441.
5) Hlasiwetz, Annalen der Chemie Bd. 142, S. 219 u. 353.
6) Annalen der Chemie Bd. 63, S. 199, Bd. 82, S. 195.
7) Jahresbericht der Chemie 1858, S. 261.
8) Annalen der Chemie, Supplementband I, S. 77.
9) Daselbst, Bd. 82, S. 194.
10) Daselbst, Bd. 63, S. 193.

Ursache der Farbe grüner Kaffeesorten angesehen. Meist beträgt der Gerbsäuregehalt des rohen Kaffees 4—8 %, doch sind Werte bis zu 11 % angegeben worden.[1])

Kaffeefett. In noch größerer Menge als Kaffeegerbsäure findet sich Fett in den Bohnen, meist 10—13 %. Bei Zimmertemperatur ein dickes Öl, enthält es zum größten Teil Oleïn neben geringeren Mengen Palmitin und Stearin, daneben kleine Mengen freier Ölsäure.[2]) In sehr geringer Menge ist Phytosterin im Kaffeefett nachweisbar, ein unverseifbarer Bestandteil, der allen Pflanzenfetten gemeinsam ist. Hervorzuheben ist, daß das Kaffeefett das für die Bildung des so geschätzten Kaffeearomas wichtige ätherische Öl gelöst enthält.

Zucker. Von Wichtigkeit ist ferner der Gehalt des Kaffees an Zucker, und zwar sind sowohl Rohrzucker[3]) (Saccharose), als auch noch nicht näher untersuchte und Fehlingsche Lösung unmittelbar reduzierende Zuckerarten im Kaffee aufgefunden worden. Nach James Bell[4]) kommt auch ein der Melitriose oder Raffinose analoges Trisaccharid im Kaffee vor. Ob sich der Zucker, wie behauptet wird, ausschließlich in Glycosidform vorfindet,[5]) ist noch nicht einwandsfrei bewiesen. Nach L. Graf[6]) sind dagegen Fehlingsche Lösung unmittelbar reduzierende Zuckerarten in rohen Kaffeebohnen nicht vorhanden.

Sonstige Kohlehydrate. Cellulose. Von Kohlehydraten wurden weiterhin im rohen Kaffee ein Pentosan, ein Mannan und ein Galactan nachgewiesen,[7]) die der von E. Schulze aufgestellten Gruppe der Hemicellulosen angehören und bei der Hydrolyse eine Pentose, Mannose und Galactose liefern. Reichlich ist Cellulose (Rohfaser) im Kaffee enthalten, die bei der Hydrolyse in ein Gemisch von Mannose und Dextrose zerfällt, in welchem die Mannose an Menge überwiegt. Der Rohfasergehalt der Kaffeebohnen beträgt im

---

[1]) Zeitschrift für Untersuchung der Nahrungs- u. Genußmittel, 1898, S. 101.

[2]) Annalen der Chemie, Bd. 50, S. 224. Forschungsberichte über Lebensmittel 1894, Bd. 1, S. 42.

[3]) Stenhouse, Graham und Campbell, Chemisches Centralblatt 1857, S. 53.

[4]) James Bell, Die Analyse und Verfälschung der Nahrungsmittel, übersetzt von Mirus. Berlin 1882, S. 47.

[5]) Forschungsberichte 1897, S. 119. Zeitschrift für angewandte Chemie 1895, S. 469.

[6]) Zeitschrift für angewandte Chemie 1901, S. 1077.

[7]) Chemiker-Zeitung 1893, S. 1263.

Durchschnitt etwa 26,5 %, während der Rohrzuckergehalt des rohen Kaffees sich auf 6—12 % beläuft, jedoch durch das Rösten des Kaffees sich bis auf 2 % und darunter verringern kann.

Eiweißstoffe. Von Eiweißstoffen[1]) sind Legumin und Albumin im Kaffee enthalten, und zwar wird das wasserlösliche, durch Erhitzen koagulierbare Eiweiß als Albumin bezeichnet, während das durch Essigsäure aus dem Filtrate ausfällbare Eiweiß den Namen Legumin führt.

Ätherisches Öl. Jeder rohe Kaffee enthält geringe Mengen eines ätherischen Öles und besitzt einen eigenartigen Geruch. Schon lange war es bekannt, daß beim Destillieren des rohen Kaffees ein trübes Destillat gewonnen wird, das den Geruch der angewandten Kaffeesorte besitzt. Th. Peckolt, der das Öl in größerer Menge gewann, konnte die flüchtigen Aromastoffe des Kaffees in einen festen und einen flüssigen Anteil trennen, die beide den eigenartigen Kaffeegeruch zeigten. Von dem festen Teile wurde im Höchstfalle 0,11 %, von dem flüssigen höchstens 0,02 % des Kaffeegewichtes gewonnen.

Stickstoffreie Extraktstoffe. Der Rest der kohlenstoffhaltigen (organischen) Bestandteile der Kaffeebohne besteht aus gummi-, harz- und wachsartigen Stoffen, sowie „stickstofffreien Extraktstoffen", deren Natur noch nicht genügend erforscht ist.

Mineralbestandteile. An anorganischen Bestandteilen enthält der Kaffee 4—5 %, selten über 5 %. Diese bestehen der Hauptmenge nach aus Kalium und Phosphorsäure, zum kleineren Teil aus Calcium, Magnesium, Eisen und Schwefelsäure. Von Wichtigkeit für die Untersuchung des gemahlenen Kaffees ist der überaus geringe Gehalt der Kaffeeasche an Chlor und Kieselsäure. Natrium scheint nur in geringer Menge vorhanden zu sein, doch liegen andererseits Untersuchungen vor, bei denen größere Mengen Natrium in der Asche gefunden wurden. Von seltneren Metallen sind Lithium und Rubidium in Spuren entdeckt worden; auch kleine Mengen Kupfer und Salpetersäure hat man gelegentlich nachweisen können.

Wassergehalt. Der Wassergehalt des rohen Kaffees schwankt innerhalb weiter Grenzen (9—18 %) und beträgt

[1]) Rochleder, Die Genußmittel und Gewürze in chemischer Beziehung. Wien 1852, S. 13.

bei einer guten Handelsware durchschnittlich 9 — 13 %. Reifezustand, Erntebereitung, Versendung und Lagerung der Kaffeebohnen beeinflussen den Wassergehalt des Kaffees beträchtlich. Die Mittelwerte aus zahlreichen Untersuchungen[1]) haben für den rohen und gerösteten Kaffee etwa folgende Zusammensetzung ergeben:

Analyse des rohen und gerösteten Kaffees:

| | Wasser | Eiweißstoffe | Coffeïn | Fett und Öl (Ätherextrakt) | Rohrzucker | Gerbsäure | Stickstofffreie Extraktstoffe | Rohfaser | Asche |
|---|---|---|---|---|---|---|---|---|---|
| | % | % | % | % | % | % | % | % | % |
| Roh | 11,35 | 11,89 | 1,29 | 12,34 | 8,39 | 6,42 | 18,11 | 26,16 | 4,05 |
| Geröstet | 1,73 | 13,77 | 1,27 | 13,92 | 1,23 | 4,69 | 32,39 | 26,31 | 4,69 |

## 3. Die Bearbeitung des rohen Kaffees.

Der geerntete rohe Kaffee genügt meist noch nicht den Anforderungen, die im Handel an ihn gestellt werden. Im Laufe der Jahre hat sich eine Reihe von Verfahren ausgebildet, die bezwecken, nach gründlicher Säuberung von verunreinigenden Bestandteilen, dem Kaffee ein gleichmäßiges und gefälliges Äußere zu geben. Im folgenden seien die gebräuchlichsten Verfahren beschrieben.

### a) Das Waschen und Entsteinen des Kaffees.

Zur Entfernung der dem Kaffee anhaftenden, aus Erde bestehenden Verunreinigungen pflegt man ihn häufig, und zwar oft unmittelbar vor dem Rösten, mit Wasser zu waschen. Erfolgt das Rösten nicht gleich nach dem Waschen, so muß der Kaffee zwecks längerer Aufbewahrung getrocknet werden; im anderen Falle verdirbt er.

Billige Kaffeesorten, bei deren Ernte ohne die nötige Sorgfalt verfahren wird, enthalten so viele Steine und Erdstückchen, daß dieselben fabrikmäßig entfernt werden müssen, da sie sonst beim Mahlen des gerösteten Kaffees die Kaffeemühlen schädigen würden. Die Entfernung dieser groben Verunreinigungen geschieht, sofern dies nicht schon in den Gewinnungsländern erfolgt ist, entweder mittelst sogenannter

[1]) Nach Vereinbarungen Heft III, S. 26.

Kaffee-Entsteinungsmaschinen, oder auf nassem Wege durch Aufschwemmen des Kaffees. In diesem Falle bringt man den Kaffee in ein eimerförmiges, mit Siebboden versehenes Gefäß, das in ein größeres mit Wasser gefülltes eintaucht. Während man den Kaffee wiederholt mit Wasser aufschwemmt, sinken die Steinchen infolge ihrer größeren Schwere zu Boden, während die rohen Kaffeebohnen, die nur wenig schwerer sind, als Wasser, die obere Schicht im Siebgefäße bilden. Man schöpft den steinfreien Kaffee ab und wiederholt das Aufschwemmen mit dem steinhaltigen unteren Teile so oft, bis den unten liegenden Steinen nur noch so wenig Kaffeebohnen beigemengt sind, daß man diese leicht auslesen kann.

## b) Das Quellen des Kaffees.

Die Größe der Bohnen der einzelnen Kaffeesorten ist sehr verschieden, wie schon im botanischen Teil dargelegt wurde. Um den kleinbohnigen Kaffee dem großbohnigen ähnlich zu machen, wird er mit Wasser benetzt oder mit Wasserdampf behandelt, wodurch die Bohnen aufquellen.

## c) Das Glätten und Polieren des Kaffees.

Zur Herbeiführung eines möglichst gleichmäßigen und beim Käufer beliebten Aussehens wird der rohe Kaffee vielfach entweder auf der Kaffeepflanzung oder in den Aus- und Einfuhrhäfen geglättet und poliert. Diesem Zwecke dienen besondere Maschinen und Centrifugen. In neuerer Zeit ist ein Verfahren bekannt geworden, das darin besteht, den Kaffee zunächst zu waschen und dann mit Sägemehl zu centrifugieren.[1]) Hierdurch werden die meist noch anhaftenden, dem Kaffee ein ungleichmäßiges Aussehen verleihenden Samenhäutchen mechanisch entfernt und der Kaffee gleichzeitig geglättet. Zudem bleiben in der sogenannten Naht (Samenfalte) der Kaffeebohnen zahlreiche Teilchen des weißen Sägemehls hängen, die den sogenannten „weißen Schnitt“ der Kaffeebohnen vortäuschen, der von den Kaffeehändlern als Zeichen einer guten Ware angesehen und geschätzt wird. Auch wird vielfach versucht, dem Kaffee durch Überziehen mit Talk ein glänzendes Aussehen zu geben.

---

1) Wirtz, Zeitschrift für Untersuchung der Nahrungs- und Genußmittel, 1898, S. 248.

Hanausek, ebenda 1898, S. 399.

## d) Das Färben des rohen Kaffees.

Von den zum Färben der rohen Kaffeebohnen benutzten Farbstoffen ist eine nicht geringe Anzahl bekannt geworden. Wie gleich hier besonders hervorgehoben werden und später näher auseinander gesetzt werden soll, verfolgt das Färben in einer großen Zahl von Fällen den Zweck, eine bessere Beschaffenheit der Ware vorzutäuschen. Dazu kommt noch, daß, sofern giftige Farben zur Verwendung gelangen, das Verfahren des Färbens nach deutschem Gesetz verboten ist.

Man unterscheidet je nach Herkunft und Erntebereitung gelbe, grüne und blaue Kaffeesorten, wie im botanischen Teil ausgeführt wurde. Um eine Sorte der anderen ähnlich zu machen, greift man vielfach zum Mittel der künstlichen Färbung. Da an rauhen Kaffeebohnen die zur Verwendung gelangenden Farbstoffe ungleichmäßig haften bleiben, muß der Kaffee vor dem Färben geglättet werden, oder es muß gleichzeitig mit dem Färben das Glätten der Kaffeebohnen verbunden werden. Man färbt je nach dem Zweck, der verfolgt wird, sowohl grüne Kaffeesorten gelb, als auch gelbe oder mißfarbige grün oder blau. Andere Kaffeesorten werden nur aufgefärbt oder in ihrer Farbe verbessert.

Von der großen Anzahl der zur Verwendung gelangenden Farben werden nach Loock[1]) vorzugsweise Berlinerblau, Indigo, Kupfervitriol, Ultramarin, gerbsaures Eisen, Azogelb u. s. w. benutzt. Oft dienen auch Farbstoffmischungen zur Färbung, die als „Appreturen“ in den Handel gebracht werden und nebenher Talk enthalten, der die Kaffeebohnen glättet und eine gleichmäßige Färbung ermöglicht.

Löhr[2]) fand in einer Kaffeefarbe 15 % Berlinerblau, 35 % Bleichromat, 35 % eines Ton-Gips-Gemisches und 15 % Wasser. K. Sykora[3]) teilt die Analysen von vier zum „Appretieren“ dienenden Kaffeefarben mit. Es enthielt:

No. 1 Indigo, Bleichromat, Kohle und Porzellanerde;

No. 2 ungefähr 5 % Indigo, 10 % Kohle, 4,5 % Bleichromat, 15 % Ultramarin, 65,5 % Porzellanerde;

No. 3 ungefähr 5 % Indigo und einen gelben organischen Farbstoff, vielleicht Gummigutti, 3 % Kohle, 8 % Bleichromat, 2 % Ultramarin, 82 % Porzellanerde;

---

1) Loock, Zeitschrift für öffentliche Chemie 1899, S. 169.
2) Archiv der Pharmacie Bd. 81, S. 271.
3) Pharmazeutische Centralhalle 1887 Bd. 28, S. 565.

No. 4 ungefähr 12 % Indigo, einen gelben organischen Farbstoff, 5,5 % Kohle, 4,5 % Bleichromat, 12 % Ultramarin, 66 % Porzellanerde.

Fr. Wallenstein[1] fand neben Talk in Kaffee-Appreturen folgende Farbstoffe, und zwar für

rot: Eisenoxyd;
orange: basisches Bleichromat und Orange II;
gelb: Eisenhydroxyd, Chromgelb, Azogelb;
grün: Malachitgrün, Methylgrün;
blau: Berlinerblau, Turnbullsblau, Ultramarin;
grau und schwarz: gerbsaures Eisenoxyd, Graphit, Kohle.

Durch zweckmäßige Auswahl genannter Farbstoffmischungen lassen sich auf der Kaffeebohne je nach Wunsch die verschiedenartigsten Farbentöne erzeugen.

Von weiteren Farbstoffen beschreibt H. Hager[2]) einen mit Potaschelösung hergestellten Aufguß der Alkannawurzel, ferner Kurkumafarbstoff, Farbstoffe unbekannter Natur, hergestellt aus amerikanischen Blumen, Saftgrünlösung (Chlorophyll) und Grünspan. Auch R. Franz[3]) fand Kaffee mit kupferhaltigen Farbstoffen gefärbt. Nach E. v. Raumer[4]) werden auch Mennige, Smalte und Chromoxyd verwendet. Vielfache Verwendung findet als Färbemittel der häufig arsenhaltige Ocker. Zur Verwandlung gelben oder mißfarbigen Kaffees in blauen dient nach H. Nanning[5]) eine Behandlung mit gepulvertem Eisen.

Eine eigenartige Färbemethode teilen H. Hager[2]) und G. C. Wittstein[6]) mit, nach welcher Kaffee, um ihn dunkler zu färben und gleichzeitig zu glätten, mit Bleikugeln in Fässern gerollt wird, wobei sich eine geringe Menge Blei an den Kaffeebohnen ansetzt. Zu dem gleichen Zwecke werden Versandfässer im Innern angekohlt; indem die Kaffeebohnen sich an der Kohle reiben, nehmen sie kleine Mengen davon auf.

Von gelben Farbstoffen scheint neben Ocker Bleichromat am meisten bevorzugt zu werden, weil erfahrungsgemäß dieser Farbstoff dem Kaffee leicht und gleichmäßig anhaftet.

---

1) Zeitschrift für Nahrungsmittel-Untersuchung, Hygiene und Warenkunde 1890 Bd. 4, S. 101.
2) Pharmazeutische Centralhalle 1879 Bd. 20, S. 201.
3) Dinglers polytechnisches Journal 1874 Bd. 213, S. 172.
4) Forschungsberichte über Lebensmittel 1896 Bd. 3, S. 333.
5) Pharmazeutische Centralhalle 1883 Bd. 24, S. 601.
6) Vierteljahrschrift für praktische Pharmazie 1855 Bd. 4, S. 457.

Es verdient noch besondere Erwähnung, auf welche Weise früher sehr häufig der sogenannte „Fabrikmenado“ gewonnen wurde. Der Menado ist ein besonders geschätzter, wertvoller, großbohniger Celebes-Kaffee, der hauptsächlich durch mehrjähriges Lagern eine gelbbraune Färbung erhält. Um diese nachzuahmen, wurde z. B. kleinbohniger Santos-Kaffee mit Wasser aufgequollen und sodann mit Ocker gefärbt.

Eine gelbbraune Färbung kann auch ohne Farbstoffzusatz durch Erhitzen des mit Wasser versetzten Kaffees und durch ganz leichtes Anrösten erreicht werden. (Appretieren.) Jeder grüne Kaffee nimmt hierbei eine gelbe bis gelbbraune Farbe an. Diese beiden letztgenannten Verfahren zur Verschönerung des Kaffees bezeichnet man wohl zuweilen wenig zutreffend als „künstliche Fermentation“.

## 4. Das Rösten des Kaffees.

Die Kaffeebohnen sind zur Herstellung eines als Genußmittel dienenden Getränkes erst geeignet, nachdem sie dem Verfahren des Röstens oder Brennens unterworfen wurden, wobei sie sowohl äußerlich, als auch in ihrer chemischen Zusammensetzung erheblich verändert werden.

Zur Ausführung des Röstens kleinerer Mengen Kaffees für den Hausbedarf bedient man sich im Haushalt eiserner Pfannen oder kleiner Rösttrommeln. Diese werden im Feuer des Herdes in drehende Bewegung versetzt und häufig geöffnet und umgeschüttelt, um den flüchtigen Röstprodukten Abzug zu verschaffen. In größeren Städten wird der Kaffee meist fabrikmäßig in Kaffeeröstereien in sogenannten Schnellröstern, die mittelst Maschinenkraft in Drehung versetzt werden, bei einer Temperatur von 200—220°[1]) geröstet. Der Grundgedanke bei der Konstruktion der modernen Röstapparate[2]) besteht darin, daß Heizgase oder heiße Luft durch das in der Trommel befindliche Röstgut lebhaft hindurchgesaugt und auf diese Weise schnelle Röstung und möglichst völlige Entfernung der hierbei entstehenden brenzlichen Stoffe von unangenehmem Geruch und Geschmack erreicht werden. Zu diesem Zwecke sind viele Arten meist patentierter Röstapparate konstruiert worden, die sich in zwei Gruppen einteilen lassen. Bei der ersten Gruppe kommen die Heizgase des Brennmaterials (Koks), bisweilen auch stark er-

1) H. Jaeckle, Zeitschrift für Untersuchung der Nahrungs- und Genußmittel 1898, S. 468.

2) Deutsches Reichspatent No. 82534.

hitzte Luft, mit dem Röstgut in unmittelbare Berührung. Die Rösttrommeln sind aus diesem Grunde ganz oder teilweise durchlöchert. Bei der zweiten Gruppe der Apparate dagegen wird das Eindringen von Heizgasen in die Rösttrommel mit Sorgfalt verhindert, um eine Schädigung des Kaffees durch Heizgase, insbesondere durch schweflige Säure, die bei Koksfeuerung nie fehlt, zu vermeiden. In diesen Apparaten ist die Rösttrommel allseitig geschlossen und besitzt nur einen Auslaß für die Röstgase. Die Feuerungsgase umspülen den Mantel der Trommel und erhitzen so das Röstgut. Eine Vereinigung beider Verfahren findet statt, indem man die geschlossene Trommel zunächst von außen heizt und alsdann die Heizgase in das Innere leitet. Von besonderen Verfahren verdienen zwei Erwähnung. Nach dem einen[1]) wird der Kaffee durch unmittelbare Einwirkung überhitzten Wasserdampfes geröstet, nach dem anderen[2]) wird der rohe Kaffee in gewöhnlichen Trommeln längere Zeit im luftverdünnten Raume auf etwa 160° C. erhitzt, wodurch hauptsächlich eine Entwässerung erzielt wird. Alsdann wird der entwässerte Kaffee in allseitig geschlossenen Trommeln zu Ende geröstet.

Bei vielen Röstapparaten werden auf Grund der Erfahrung, daß die beim Rösten in der Trommel entstehenden Dämpfe auf den Kaffee von ungünstigem Einflusse sind, die Röstdämpfe durch ständig in Tätigkeit befindliche Exhaustoren kräftig abgesaugt[3]). In derartig eingerichteten Röstereien machen sich die Röstdämpfe kaum durch den Geruch bemerkbar.

Die Röstarbeit selbst bedarf sorgfältiger Überwachung. Ein Kaffee darf bis zur höchsten Entwickelung des Aromas weder zu schwach noch zu stark geröstet werden. Im ersten Falle bleibt er im Innern roh, läßt sich schwer mahlen und zeigt geringes Aroma. Bei zu starkem Rösten dagegen nimmt der Kaffee einen unangenehmen brenzlichen Geschmack an, der durch flüchtige Produkte der trockenen Destillation der organischen Kaffeebestandteile bedingt ist. Bei noch längerem Erhitzen verkohlt der Kaffee. Für die einzelnen Kaffeesorten ist der zur Gewinnung eines brauchbaren Erzeugnisses mit voll entwickeltem Aroma erforderliche Röstgrad verschieden. Wasserreiche Kaffeesorten

---

1) Deutsche Reichspatente No. 28 244, 48 390, 48 906.
2) Deutsches Reichspatent No. 72 338.
3) Trillich, Die „Manipulationen" am gebrannten Kaffee. Zeitschrift für angewandte Chemie 1894, S. 321.

müssen stärker gebrannt werden, als wasserärmere, harte stärker als weiche; erstere brennen, nach dem Ausdrucke der Kaffeeröster, stärker ein. Gewöhnlich richtet sich der Kaffeeröster nach der Farbe der Bohnen und unterbricht die Röstung, sobald er an einer der Trommel entnommenen Probe die gewünschte Farbe wahrnimmt.

Sodann ist es von großer Wichtigkeit, den Kaffee schnell zu rösten und das Röstgut nach dem Verlassen der Trommel möglichst rasch abzukühlen; denn je länger der Kaffee beim Rösten erhitzt wird, um so größer wird der Verlust an Aromastoffen, und um so größere Mengen Stoffe werden gebildet, welche das Aroma des Kaffees beeinträchtigen. Besonders schädlich wirkt das Lagern des der Trommel entnommenen, heißen, gerösteten Kaffees in dicker Schicht an der Luft. Die Röstung schreitet dabei noch weiter fort; ja man hat sogar Selbstentzündungen der heißen Kaffeebohnen beobachtet. Diesem Übelstande vorzubeugen, wird in allen gewerblichen Röstereien der heiße Kaffee sofort nach dem Verlassen der Rösttrommel ausgebreitet und mittelst Exhaustoren ein kräftiger Strom kalter Luft darüber geleitet, wodurch in wenigen Minuten völlige Abkühlung erreicht wird.[1])

Die bei der Röstung sich abspielenden chemischen Vorgänge sind Gegenstand zahlreicher Untersuchungen gewesen.[2]) Beim Beginn des Röstens entweicht fast nur Wasser, dem ein Teil des im Rohkaffee enthaltenen ätherischen Öles in unverändertem Zustande beigemengt ist. Bei höherer Temperatur beginnt die trockene Destillation der organischen Kaffeebestandteile, erkennbar am Auftreten dicker weißer Dämpfe, die brenzlich und stark nach Essigsäure riechen; gleichzeitig macht sich das eigentliche Kaffeearoma bemerkbar, und schließlich entwickelt sich ein dünner blauer Dampf. Der Kaffee erfährt durch das Rösten eine Farbenveränderung, er wird um so brauner, je stärker er geröstet wird. Die Gewichtsabnahme, der Röstverlust, beträgt 15—25 %[3]). Das Volumen vergrößert sich um $^1/_3$ bis $^1/_2$ und zuweilen noch mehr. Dieses Aufquellen der Kaffeebohnen wird nach der Ansicht Payens hauptsächlich durch das kaffeegerbsaure Coffeïn-Kalium be-

---

1) Loock, Zeitschrift für öffentliche Chemie 1899, S. 173.

2) Stutzer, Zeitschrift für angewandte Chemie 1891, S. 600. Hanausek, Zeitschrift für Untersuchung der Nahrungs- und Genußmittel 1899, S. 276.

3) F. Rochleder, Die Genußmittel und Gewürze in chemischer Beziehung. Wien 1852, S. 29.

wirkt, das beim Erhitzen unter starkem Aufblähen die Zellen der Kaffeebohnen zersprengt.

Der Kaffee enthält im gerösteten Zustande meist nicht mehr als 1 %, häufig aber nur ungefähr 0,5 % Wasser und sonstige bei 100° flüchtige Stoffe. Der Gesamtverlust an organischen (kohlenstoffhaltigen) Verbindungen beträgt etwa 8—12 %.

Das Coffeïn verflüchtigt sich zum Teil beim Rösten, zum Teil erleidet es vielleicht Zersetzung unter Bildung anderer organischer Verbindungen. Die Größe des Coffeïnverlustes ist abhängig vom Grade der Röstung und beträgt bei normal geröstetem Kaffee nach den Angaben von Kornauth[1], sowie Juckenack und Hilger[2]) im Mittel etwa 20 %, nach König[3]), sowie Trillich und Göckel[4]) dagegen nur 3,8 %. Andererseits hat man auch Verluste bis zu 30 %, und bei weit fortgesetztem Rösten sogar bis über 50 % festgestellt. Trotz dieses Verlustes ist der prozentische Gehalt des gerösteten Kaffees an Coffeïn fast der gleiche wie im Rohkaffee. Denn da das Wasser und der Zucker beim Rösten fast vollständig verschwinden, die anderen Kohlehydrate und die Kaffeegerbsäure starke Abnahme, die übrigen Bestandteile aber schwächere oder keine Veränderungen erleiden, so ist der geröstete Kaffee verhältnismäßig ebenso reich an Coffeïn, als der rohe Kaffee, aus dem er hergestellt wurde.

Über die Mengen des Coffeïns, die bei der Bereitung des Kaffeeaufgusses aus den Bohnen in diesen hineingelangen, enthält die Literatur von einander abweichende Angaben. Zur Klärung dieser wichtigen Frage hat J. Katz[5]) Versuche angestellt, von denen die folgenden besonderes Interesse verdienen, weil sie den im Haushalte üblichen Verfahren angepaßt sind. Mit Hilfe eines besonders konstruierten Kaffeetrichters wurde durch Aufgießen von 300 ccm = $^3/_{10}$ Liter kochenden Wassers auf 15 Gramm (ungefähr 1 Lot) gemahlener Kaffeebohnen ein Getränk bereitet, in welchem durchschnittlich 95 % des in den Bohnen enthal-

[1]) Beiträge zur chemischen und mikroskopischen Untersuchung des Kaffees und der Kaffeesurrogate. Mitteilungen aus dem pharmaceutischen Institut und Laboratorium für angewandte Chemie. Erlangen. Heft 3, S. 1. Zeitschrift für angewandte Chemie 1890, S. 499.

[2]) Forschungsberichte über Lebensmittel. 1897, 4, S. 119.

[3]) Chemie der menschlichen Nahrungs- und Genußmittel. J. Springer, Berlin. 3. Auflage. Bd. 2, S. 1039.

[4]) Forschungsberichte über Lebensmittel. 1897, 4, S. 78.

[5]) Nach einer privaten Mitteilung des Herrn Dr. Katz.

tenen Coffeïns gefunden wurden. Wurde aber statt des obigen Trichters ein gewöhnlicher, einfacher Kaffeetrichter und ein Papierfilter verwendet, so war die Ausbeute an Coffeïn geringer und betrug nur 60 %. Es ergibt sich aus diesen Versuchen die interessante Tatsache, daß mit Hilfe eines gut konstruierten Kaffeetrichters fast alles Coffeïn den Bohnen entzogen werden kann und in den Aufguß übergeht. Außerdem lehren diese Untersuchungen, wie unzweckmäßig die in vielen Haushaltungen üblichen einfachen Kaffeetrichter mit eingelegtem „Kaffeesack" sind, da beinahe die Hälfte des wertvollsten Bestandteiles der Kaffeebohnen im „Kaffeesatz" zurückbleibt. Eine bedeutend bessere Ausbeute an Coffeïn wurde erzielt, wenn der gemahlene Kaffee mit siedendem Wasser übergossen und nach fünf Minuten langem Stehen bei einer dem Siedepunkte des Wassers nahe liegenden Temperatur (Wasserbad) abgeseiht wurde. Der so gewonnene „Brühkaffee" enthielt gegen 85 % des in den angewandten Kaffeebohnen enthaltenen Coffeïns. Unter Zugrundelegung der bei den Versuchen mit einem besonders konstruierten Kaffeetrichter gemachten Zahlenangaben (15 Gramm Kaffee auf $^{3}/_{10}$ Liter Wasser) enthält eine kleine Tasse Kaffee von 150 ccm Inhalt ungefähr 0,1 Gramm Coffeïn.[1]) Für die Ausbeute an Coffeïn war es gleichgültig, ob destilliertes oder Trinkwasser zur Verwendung gelangte; ebenso scheint der Zusatz einer kleinen Menge doppeltkohlensauren Natriums, der in vielen Kaffeehäusern üblich ist, eine nur unbedeutende Mehrausbeute an Coffeïn zu erzielen.

Der Gehalt an Kaffeefett, das heißt der durch Äther oder Petroläther ausziehbaren Stoffe, wird in der Regel um

---

[1]) Da die größte Einzelgabe nach dem Deutschen Arzneibuch 0,5 Gramm Coffeïn und die größte Tagesgabe 1,5 Gramm beträgt, so würde dem ein Höchstverbrauch von fünf Tassen Kaffee für die Mahlzeit und von fünfzehn Tassen Kaffee für den ganzen Tag entsprechen. Indessen dürfen die für ein Arzneimittel geltenden Grundsätze keineswegs auf ein Genußmittel übertragen werden. Das Arzneimittel wird zur Erzielung von Heilwirkungen verwendet und muß in dementsprechenden Mengen gegeben werden, selbst wenn dabei geringe Gesundheitsschädigungen nach anderer Seite hin in den Kauf genommen werden müssen. Daraus ergibt sich, daß ein Genußmittel, wie der Kaffee, welcher in der Regel getrunken wird, um sich einen Genuß zu verschaffen, nicht aber um Heilwirkungen zu erzielen, nicht in derselben Weise und in denselben Mengen wie ein Arzneimittel genossen werden darf. Hierbei ist besonders zu berücksichtigen, daß der Kaffee beim gewohnheitsmäßigen Genuß Krankheitserscheinungen hervorrufen kann, die beim vorübergehenden Gebrauch als Arzneimittel nicht zur Geltung kommen.

durchschnittlich 8—12 %[1]) des im Rohkaffee enthaltenen Fettes vermindert. Doch liegen auch hier abweichende Ergebnisse vor[2]). Am stärksten werden von den organischen Stoffen die Kohlehydrate der Kaffeebohne verändert. Der Zucker wird in Karamel (Assamar) verwandelt, das dem Kaffee die braune Farbe und den bitteren Geschmack verleiht. Während der Rohkaffee 6—12 % Rohrzucker enthält, ist der geröstete Kaffee arm an Zucker und enthält im Durchschnitt 1,25 %.

Die im Wasser unlöslichen celluloseähnlichen Kohlehydrate werden zum Teil in einen in Wasser löslichen Zustand übergeführt. Aus diesem Grunde nimmt der Gehalt an wasserlöslichen Stoffen trotz der Zerstörung des Zuckers und teilweiser Zersetzung der Kaffeegerbsäure nur verhältnismäßig wenig ab.

Die Eiweißstoffe des rohen Kaffees werden zum Teil unter Bildung von Pyridinbasen zersetzt, die Mineralbestandteile bleiben unvermindert.

Trotz der großen Bedeutung, die das Kaffeearoma für die Wertschätzung des Kaffees besitzt, sind zur Zeit die Ansichten über den oder die Träger des beim Rösten sich bildenden wertvollen Geruchsstoffes noch so wenig geklärt und zum Teil derartig widersprechend, daß mit Bestimmtheit eine chemische Verbindung nicht bezeichnet werden kann, die das Aroma des Kaffees bedingt. Jedenfalls wird das Aroma durch die flüchtigen, beim Rösten aus den organischen Bestandteilen des Kaffees entstehenden Erzeugnisse hervorgerufen. In diesen ist ein flüchtiges Öl enthalten, das als Kaffeon, Kaffeol oder Kaffeeöl bezeichnet wird. Die frühere Annahme, daß dieses Öl ein einheitlicher Stoff sei, kann zur Zeit nicht aufrecht erhalten werden. Bernheimer[3]) fand im Jahre 1880 als Hauptbestandteile der flüchtigen Röstprodukte Palmitinsäure, Essigsäure, Kohlensäure, Coffeïn und Kaffeol, ferner in geringer Menge Hydrochinon, Methylamin, Pyrrol und wahrscheinlich Aceton. Nach ihm ist das Kaffeol Hauptträger des Kaffeearomas, stellt ein bei 195—197° siedendes Öl dar und ist als ein Methylderivat des Saligenins anzusprechen. Der künstlich dargestellte Stoff[4]) stellt indessen ein Öl von guajacol- aber nicht kaffeeartigem Geruche dar.

---

[1]) Forschungsberichte über Lebensmittel. 1897, 4, S. 119.

[2]) Spaeth, Forschungsberichte über Lebensmittel. 1895, S. 223. Herfeldt und Stutzer, Zeitschrift für angewandte Chemie. 1895, S. 469.

[3]) Monatshefte für Chemie. 1880, S. 456.

[4]) Annalen der Chemie 305, 110 (1899).

H. Jaeckle[1]) fand unter den beim Rösten entweichenden flüchtigen Produkten des Kaffees hauptsächlich Coffeïn, Furfurol und Essigsäure, daneben in kleinerer Menge Aceton, Ammoniak, Trimethylamin, Pyridinbasen, Ameisensäure sowie wahrscheinlich Furfuran und Resorcin. Kaffeol konnte Jaeckle nicht auffinden. Nach ihm dürfte die Tatsache, daß bei der Destillation des bei 160° siedenden Furfurols die zuletzt übergehenden Anteile einen Geruch besaßen, der ungleich mehr, als derjenige des normal bei 160° übergehenden Anteils dem des gebrannten Kaffees ähnlich war, den Schluß zulassen, daß bei der Geruchswirkung des gebrannten Kaffees unter anderem eine Polymerisierung oder auch ein beginnender Zersetzungsvorgang des Furfurols zur Geltung kommt.

Zu ganz anderen Ergebnissen gelangte E. Erdmann[2]). Er wies in dem durch Destillation der gerösteten Kaffeebohnen mittelst gespannten Wasserdampfes gewonnenen, von Valeriansäure befreiten „Kaffeeöl" etwa 50 % Furfuralkohol nach, daneben in geringer Menge Furfurol. Die höher siedenden Bestandteile des Öles nehmen den spezifischen Kaffeegeruch an. Hand in Hand mit der Zunahme des Aromas geht eine Vermehrung des Stickstoffgehaltes. Es gelang Erdmann, ein wasserhelles Öl zu gewinnen, das den charakteristischen feinen Kaffeegeruch in höchstem Maße besaß und 9,7 % Stickstoff enthielt. Er teilte ferner eine Beobachtung mit, wonach eine Mischung von Kaffeegerbsäure mit Zucker und Coffeïn, im Reagenzglase vorsichtig bis zur Bräunung erhitzt, unverkennbares Kaffeearoma entstehen ließ.

Nach einer kürzlich erschienenen Arbeit ist Lebbin[3]) geneigt, das Aroma des Kaffees mit dessen Gehalt an Furfurol in Beziehung zu setzen. Er bestimmt in dem durch Destillation von 100 Gramm frisch gemahlenem Kaffee mit Wasserdampf erhaltenen Destillat die Menge Jod, welche durch das Furfurol des Destillates aus Jodsäure abgeschieden wird und nennt „Aromazahl" diejenige Anzahl ccm $\frac{1}{100}$-Normal-Natriumthiosulfatlösung, welche für die Bindung des Jods verbraucht werden.

---

[1]) Zeitschrift für Untersuchung der Nahrungs- und Genußmittel., 1898, S. 457.

[2]) Berichte der deutschen chemischen Gesellschaft 35, (1902) S. 1846. Vergl. auch Archiv für experimentelle Pathologie und Pharmakologie Bd. 48 (1902), S. 233—261, sowie den physiologischen Teil.

[3]) Zeitschrift für öffentliche Chemie 1902, S. 455.

Unsicher ist auch die Kenntnis von den Stoffen der rohen Kaffeebohne, aus denen sich beim Rösten die aromareichen Produkte bilden. Es sollen hierbei das ätherische Öl und die Kaffeegerbsäure beteiligt sein. Nachgewiesen ist, daß roher Kaffee, der mit heißem Wasser völlig ausgelaugt worden ist, beim Rösten nicht das Aroma des regelrechten Kaffees annimmt, daß somit die Aromabildner im Wasser gelöst sein müssen.

## 5. Besondere Behandlungsweisen des Kaffees vor, während und nach dem Rösten.

Es ist Regel, den rohen Kaffee nach gründlicher Reinigung ohne weitere Behandlung und ohne Zusatz irgend welcher Stoffe zu rösten und in diesem Zustande in den Handel zu bringen. Daneben ist jedoch im Laufe der Zeit eine ganze Reihe von Verfahren vorgeschlagen worden und zur Anwendung gelangt, die im Rösten des Kaffees mit bestimmten Zusätzen oder in anderen Behandlungsweisen hierbei bestehen. Die Veranlassung hierzu gab zum Teil die Erfahrung, daß durch Zusatz von Zucker und anderen Stoffen beim Rösten entweder das Aroma des Kaffees länger erhalten bleibt oder dem Kaffeeaufguß ein besserer Geschmack verliehen wird. Soweit durch diese Verfahren eine Verbesserung des Kaffees stattfindet, kann ihre Einführung und Verbreitung nur begrüßt werden. In anderer Weise müssen jedoch solche Behandlungsweisen des Kaffees beurteilt werden, die nur bezwecken, dem Kaffeehändler geschäftliche Vorteile zu gewähren. So kann beispielsweise das Gewicht des Kaffees durch zugesetzte Beschwerungsmittel erhöht, minderwertige oder verdorbene Ware durch Auffärben und andere Verfahren verkaufsfähig gemacht und billigen Sorten das Aussehen geschätzter und teurer Sorten erteilt werden.

Ehe jedoch in eine eingehende Würdigung und Beurteilung dieser Verfahren eingetreten wird, seien die bekannt gewordenen Behandlungsweisen des Kaffees vor, während und nach dem Rösten kurz vorangestellt.

### a) Befeuchten des rohen Kaffees vor dem Rösten mit Wasser.

Oft pflegt man den Kaffee, wenn er vom Waschen und Entsteinen noch feucht ist, zu rösten, ohne ihn erst zu trocknen. Ist der Kaffee nach dem Waschen getrocknet worden, so wird er vielfach mit Wasser versetzt, um ihn in feuchtem Zustande rösten zu können.

### b) Behandeln des Kaffees vor dem Rösten mit Soda- oder Potaschelösung oder Kalkwasser.

Angeblich um bitter schmeckende Bestandteile der Kaffeebohnen zu entfernen und eine Verbesserung des Geschmackes geringer Kaffeesorten herbeizuführen, wird der rohe Kaffee mit oben genannten alkalischen Flüssigkeiten ausgelaugt und alsdann mit Wasser gewaschen.[1]

### c) Zusätze zwecks besserer Konservierung des Aromas.

Die das Aroma des gebrannten Kaffees bedingenden Stoffe sind leicht zersetzlich. Frischer Kaffee, der ein angenehmes Aroma besitzt, kann schon nach kurzer Zeit bedeutende Einbuße an diesem erleiden. Man bemüht sich, diesen Verlust während des Lagerns des gerösteten Kaffees durch verschiedene Zusätze vor, während oder nach dem Rösten möglichst einzuschränken. Der leitende Gesichtspunkt ist in allen Fällen der, die Kaffeebohne mit einer dünnen, hautartigen Umhüllung zu umgeben, um dadurch die Poren der Bohne zu verschließen und somit den Austritt von Fett sowie das Entweichen von Aromastoffen zu verhindern. Man bedient sich zu diesem Zwecke hauptsächlich des Rohrzuckers und anderer Zuckerarten, zuckerhaltiger Lösungen, der Stärke und Eiweißstoffe, sowie des Schellacks und ähnlicher Harze. Das Verfahren wird „Glasieren" des Kaffees genannt.

Als Glasierungsmittel kommt dem Zucker die größte Bedeutung zu.[2] Schon Justus von Liebig[3] schlug vor, Kaffee hellbraun zu rösten und in heißem Zustande unter Umrühren mit gepulvertem Zucker zu bestreuen. Der Zucker schmilzt und überzieht den Kaffee mit einer dünnen, glänzenden Haut. Eine Karamelisierung des Zuckers findet hierbei nur in geringem Maße statt.

Zur Zeit verfährt man beim Glasieren des Kaffees mit Zucker wie folgt: Man röstet den Kaffee nicht ganz zu Ende, fügt alsdann Zucker (8—9 %) hinzu und röstet weiter. Hierbei findet eine starke Zersetzung des zugefügten Zuckers statt, etwa $^2/_3$ entweichen als flüchtige Erzeugnisse mit den Röst-

[1] Deutsche Reichspatente No. 48099 und 72384, A. Stutzer, Zeitschrift für angewandte Chemie 1894, S. 202.

[2] Mayrhofer, Forschungsberichte über Lebensmittel 1896, S. 342.

[3] Chemisches Centralblatt 1866, S. 575.

gasen, während der Rest in Karamel verwandelt wird und die Kaffeebohnen mit einer glänzenden, schwarzen Schicht überzieht. Das Erzeugnis dieses Verfahrens wird als „karamelisierter Kaffee“, das Verfahren selbst als „Karamelisieren“ bezeichnet. Man verwendet meist festen „Rübenzucker“ (sogenannten Farinzucker), und an seiner Stelle auch Stärkesirup, der unter dem Namen „Röstsirup“ von den Kaffeeröstern benutzt wird. Melasse und unreine Erzeugnisse der Zuckerfabrikation scheinen, so weit bekannt geworden, nicht zum Glasieren benutzt zu werden. Von weiteren festen Stoffen wird neuerdings hauptsächlich Schellack zum Glasieren des Kaffees verwendet. Das Verfahren wurde in England und in Deutschland patentiert und besteht darin, daß man den Kaffee zu Ende röstet und ihn mit einer gewogenen Menge fast geruch- und geschmacklosen, wohl größtenteils aus Schellack bestehenden Harzes in eine schwächer erhitzte sog. Glasiertrommel bringt. Das schmelzende Harz überzieht die Kaffeebohnen mit einer dünnen, glänzenden, farblosen Haut.

Von Zusätzen in Form von wässeriger Lösung seien zunächst die Auszüge des Kaffeefruchtfleisches erwähnt.[1]) Man stellt diese in den Gewinnungsländern des Kaffees durch Auskochen des frischen Fruchtfleisches mit Wasser und Eindicken der wässerigen Lösung dar. Der so erhaltene Sirup, der neben anderen Stoffen Coffeïn, Kaffeegerbsäure und Zucker enthält, wird in Wasser gelöst und dem Kaffee während des Röstens zugesetzt. Das Aussehen des Kaffees wird dadurch nicht verändert, die Kaffeebohnen erhalten keine glänzende Oberfläche.[2]) Dies ist der Fall bei der Verwendung wässeriger Lösungen von Rübenzucker, Stärkesirup, Stärke, Dextrin, arabischem Gummi, Hühnereiweiß und Gelatine, an deren Stelle auch wässerige Auszüge aus Feigen, Datteln und anderen zuckerhaltigen Früchten benutzt werden können. Diese Stoffe werden teils einzeln, teils in Mischung verwendet; insbesondere scheinen Mischungen von einem Kohlehydrate und einem Eiweißkörper bevorzugt zu werden. Die gewöhnliche Stärke ist wegen der kleisterigen Beschaffenheit ihrer wässerigen Lösung zum Glasieren wenig geeignet. Lösliche Stärke ist für diese Zwecke vielleicht zu teuer und wird daher nicht verwendet.

Die Ausführung des Verfahrens ist in allen Fällen fast gleich: man mischt den fertig gerösteten Kaffee noch heiß

---

[1]) Deutsches Reichspatent No. 71 373.

[2]) Stutzer, Zeitschrift für angewandte Chemie 1894, S. 202, 1895, S. 447.

oder nach seiner Abkühlung mit den wässerigen Lösungen, indem man diese mittelst einer Gießkanne auf das Röstgut gießt, und arbeitet alsdann Kaffee sowie Flüssigkeit bis zur gleichmäßigen Benetzung durcheinander. Zuweilen bringt man auch den gerösteten Kaffee in ein Gefäß mit durchlöchertem Boden und taucht es kurze Zeit in die Glasierlösung. Die feuchten Bohnen werden oberflächlich getrocknet, meist, indem man mittelst Aspiratoren einen kalten Luftstrom hindurchsaugt, seltener durch Erwärmen in einer schwach angeheizten Trommel. Die mit Kohlehydraten glasierten Bohnen erscheinen alsdann stark glänzend, während die mit Eiweiß behandelten ein mehr mattglänzendes Aussehen erhalten.

Inwieweit die wässerigen Lösungen zu einer gewinnbringenden Beschwerung des Kaffees führen können, soll weiter unten gezeigt werden.

## d) Sonstige Zusätze zu geröstetem Kaffee.

### Wasserzusatz.

Gelegentlich der Angaben über die chemischen Veränderungen des Kaffees beim Rösten wurde bereits der sehr geringe Wassergehalt hervorgehoben, den der Kaffee nach dem Brennen besitzt. Infolge seiner porösen Beschaffenheit zieht er aus der Luft mit Lebhaftigkeit Wasser an und vermag, ohne sein Aussehen zu verändern, beträchtliche Mengen davon aufzunehmen, verliert aber durch übermäßige Wasseraufnahme seine spröde Beschaffenheit, wird zäh und läßt sich dann nur schwer oder gar nicht mahlen.

Der absichtliche Zusatz von Wasser zu fertig geröstetem Kaffee hat keinen anderen Zweck, als das Gewicht der Ware zu erhöhen. Er soll in Lohnröstereien üblich sein, um den Röstverlust oder Einbrand möglichst zu verringern, den Auftraggebern daher eine scheinbar größere Menge Kaffee abliefern zu können und dadurch Vorteile zu gewinnen.

Dieser Wasserzusatz erfolgt durch Übergießen des Kaffees mit Wasser oder Behandlung mit Wasserdampf. Um die durch übermäßige Wasseraufnahme bewirkte teigartige Beschaffenheit des gemahlenen Kaffees zu vermeiden, hat man, nach einer neueren Mitteilung von Bertarelli[1]) versucht, dem mit Wasser beschwerten Kaffee Borax zuzusetzen, der, abgesehen davon, daß er das Gewicht des Kaffees erhöht, die Bohnen härter und glänzender erscheinen läßt und

[1]) Bertarelli, Zeitschrift für Untersuchung der Nahrungs- und Genußmittel 1900, S. 681.

den Wasserzusatz verdeckt. Man pflegt in diesem Falle den gebrannten Kaffee mit einer siedenden Boraxlösung zu übergießen und verkauft ihn nach dem Trocknen. Durch dieses Verfahren soll man bei Anwendung einer 4—5 %igen Boraxlösung das Gewicht des Kaffees um 12 % erhöhen können.

### Zusatz von Tannin und gerbsäurehaltigen Flüssigkeiten.

Weniger klar zu ersehen ist der Zweck eines Zusatzes von Tannin (Gerbsäure) oder verschiedenen gerbstoffhaltigen Lösungen und Auszügen aus Pflanzen und Drogen, der öfter in der Fachliteratur mitgeteilt worden ist. Es dürfte damit wohl in erster Linie eine Beeinflussung des Geschmackes des Kaffees bezweckt werden.

### Zusatz der kondensierten Rösterzeugnisse des Kaffees.

Mit der Gewinnung und Verwertung der beim Rösten verloren gehenden Aromastoffe beschäftigen sich mehrere Verfahren,[1]) die patentiert wurden. Das Kondensationsprodukt der Röstgase besteht zum größten Teil aus Wasser, dem neben Aromastoffen zahlreiche brenzliche Stoffe von unangenehmem Geruch und Geschmack beigemengt sind. Es ist versucht worden, daraus durch Destillation die besonders aromahaltigen Stoffe zu gewinnen, die dann dem gerösteten Kaffee zur Aufbesserung seines Geruches und Geschmackes zugesetzt werden sollen.[2])

### Das Ölen des gerösteten Kaffees.

Seit langer Zeit schon pflegte man dem Kaffee beim Rösten eine kleine Menge Butter, Schweineschmalz, Speck oder fettes Öl zuzusetzen. In neuerer Zeit hat dieser Gebrauch an Ausdehnung gewonnen, auch wird jetzt bedeutend mehr Öl zugesetzt als früher. Man benutzte im Anfang hauptsächlich Pflanzenöle, vorwiegend Erdnußöl französischer Abstammung, weil dieses weniger leicht ranzig wird. Indessen bedient man sich jetzt in immer weiterem Umfange der Mineralöle (Paraffinöle, Vaselinöle), die unter den Bezeichnungen „Kaffeeglasur“ oder „Glasieröl“ in den Handel gebracht werden. Auch Glycerin wird zu dem gleichen Zwecke benutzt.

---

[1]) Deutsche Reichspatente No. 18309, 71033, 73373.
[2]) Trillich, Zeitschrift für angewandte Chemie 1894, S. 325.

### Das Färben des gerösteten Kaffees.

Billigere Kaffeesorten enthalten meist nicht unerhebliche Mengen unreifer Kaffeebohnen, die beim Rösten bedeutend heller bleiben, als reife. Auch die Verwendung geringwertigen oder nicht einwandfreien Rohkaffees, sowie die mangelhafte Überwachung des Röstens können eine ungleich starke Färbung der Bohne zur Folge haben. Man hat sich in diesen Fällen zu helfen gewußt, indem man zum Mittel der künstlichen Färbung griff. Die benutzten Farbmittel sind Eisenoxyd in Form des sogenannten Caput mortuum, daneben gelangen auch dunkle Ockerfarben zur Verwendung. Man schüttelt den gerösteten Kaffee mit dem trockenen, fein gepulverten Farbstoffe, wobei sich dieser auf den Kaffeebohnen gleichmäßig verteilt. Ob dem Rohkaffee vor dem Rösten die wässrige Lösung eines Eisensalzes, z. B. Eisenacetat, zugesetzt wird, das beim Rösten Eisenoxyd liefert, ist nicht bekannt, jedoch als Vermutung ausgesprochen worden.

### Zusatz künstlicher Kaffeebohnen und anderer Nachahmungen zum gerösteten Kaffee.

Eine grobe Verfälschung des Kaffees wurde vor etwa 15 Jahren entdeckt, indem seitens zahlreicher Chemiker die Beimischung künstlicher Kaffeebohnen nachgewiesen wurde, die mit natürlichem Kaffee außer der Form nichts gemeinsam hatten. Dieser Kunstkaffee wurde mit Hülfe eigens zu diesem Zwecke konstruierter Maschinen aus den mannigfachsten Rohstoffen in allen Formen, Größen und Farben hergestellt und diente zur Nachahmung des gerösteten sowohl wie des rohen Kaffees. Die Folge hiervon war in Deutschland die Kaiserliche Verordnung vom 1. Februar 1891, welche das gewerbsmäßige Herstellen, Verkaufen und Feilhalten von Maschinen verbietet, welche zur Herstellung künstlicher Kaffeebohnen dienen. Seitdem sind künstliche Kaffeebohnen nicht wieder aufgetaucht, dafür jedoch Verfälschungen des gerösteten Kaffees durch Zusatz gespaltener und gerösteter Erdnüsse, welche sich durch große Ähnlichkeit mit Kaffeebohnen auszeichnen (sogenannter amerikanischer Nußbohnenkaffee); ferner sind Verfälschungen durch Zusatz von gerösteten Maiskörnern und Lupinensamen bekannt geworden.

### Zusatz von Kaffeesatz und Kaffeeersatzstoffen zu gemahlenem Kaffee.

In weit höherem Maße als ganzbohniger Kaffee ist der gemahlene Kaffee Verfälschungen mannigfachster Art ausgesetzt. Als Zusatzmittel kommen der ausgelaugte Kaffeesatz und die ganze Reihe der Kaffeeersatzstoffe in gemahlenem Zustande in Betracht. Auch können gänzlich wertlose Stoffe dem gemahlenen Kaffee zugesetzt werden, wie weiter unten bei der Beurteilung des Kaffees gezeigt werden soll.

## 6. Allgemeines über die Beurteilung des Kaffees.

Auf Grund der Tatsache, daß bei der Gewinnung und Behandlung des rohen und gerösteten Kaffees für den Kaffeehändler reichlich Gelegenheit vorhanden ist, durch nicht zu billigende Behandlungsweisen des Kaffees den Käufer über die wirkliche Beschaffenheit der Ware zu täuschen und sich dadurch in den Besitz unrechtmäßiger Vorteile zu setzen, sind in einigen Staaten Verordnungen erlassen worden, die den Verkehr mit Kaffee regeln. Für die Verfolgung der Kaffeefälscher bietet in Deutschland insbesondere das Nahrungsmittelgesetz vom 14. Mai 1879 die gesetzliche Handhabe. Die Entscheidung darüber, ob eine bestimmte Behandlungsweise des Kaffees den Zweck der Täuschung verfolgt oder nicht, ist oft schwer zu treffen und muß im einzelnen Falle dem Urteile der Sachverständigen sowie der Praxis der Gerichte anheimgegeben werden. Wertvolle Anhaltspunkte für die Beurteilung des Kaffees sind durch die Vereinbarungen zur einheitlichen Untersuchung und Beurteilung von Nahrungs- und Genußmitteln[1]) gegeben, die von der auf Anregung des Kaiserlichen Gesundheitsamtes einberufenen Kommission deutscher Nahrungsmittelchemiker beschlossen wurden. Diese sollen ebenso wie die gesetzlichen Bestimmungen bei der nun folgenden Beurteilung des Kaffees besondere Berücksichtigung finden.

## 7. Beurteilung des rohen Kaffees.

### a) Der Wassergehalt des rohen Kaffees.

In Belgien[2]) und Rumänien[3]) ist ein Wassergehalt von 12 % als höchste, noch zulässige Grenze festgesetzt.

[1]) Vereinbarungen zur einheitlichen Untersuchung und Beurteilung von Nahrungs- und Genußmitteln sowie Gebrauchsgegenständen für das Deutsche Reich. Berlin, Jul. Springer 1902, Heft III, S. 24 ff.

[2]) Ministerialerlasse zur Auslegung der Königlichen Verordnung vom 28 September 1891, betreffend den Handel mit Kaffee. Erlaß vom 2. Oktober 1895.

[3]) Königliche Verordnung vom 11. September 1895.

In Deutschland haben sich die Sachverständigen indessen bisher in ihrer überwiegenden Mehrzahl dahin ausgesprochen, daß die Festsetzung einer bestimmten Grenzzahl nicht angebracht sei, da der Kaffeehändler nicht imstande sei, den Wassergehalt innerhalb bestimmter Grenzen zu halten. Ein dringendes Bedürfnis für die Festsetzung solcher Grenzzahlen wurde auch nicht anerkannt. Der Kaffeehändler müsse im eigenen Interesse bemüht sein, den Kaffee möglichst trocken zu lagern, da andernfalls seine Vorräte verschimmeln oder einen dumpfigen Geruch annehmen würden.

## b) Havarierter und verdorbener Kaffee.

Kaffee, der beim Schiffstransport durch irgend welchen Zufall, unzweckmäßige Lagerung, überschlagende Wellen u. s. w., mit Meerwasser in Berührung gewesen ist, wird als havarierter Kaffee bezeichnet. War er nur kurze Zeit der Einwirkung des Meerwassers ausgesetzt, so verliert er nur seine natürliche Farbe und wird unansehnlich. Befand er sich jedoch längere Zeit im Meerwasser, so wird er ausgelaugt, büßt an löslichen Bestandteilen ein und wird minderwertig.

Wegen seines unansehnlichen Aussehens ist havarierter Kaffee in diesem Zustand unverkäuflich. Indem man ihn färbt, mit Glasiermitteln röstet und mit unverdorbenem Kaffee mischt, gelingt es, ihm den Schein einer guten Ware zu geben. Eine Deklaration des havarierten Kaffees wird in den obenerwähnten „Vereinbarungen“ für erforderlich gehalten. In Rumänien[1]) ist man soweit gegangen, den Verkauf havarierten Kaffees zu verbieten, was indessen nicht ganz berechtigt erscheint, da der nur mäßig durch Seewasser geschädigte Kaffee noch einen gewissen, wenn auch verminderten Marktwert besitzt. Wohl aber muß verlangt werden, daß havarierter Kaffee auch in Mischungen mit unbeschädigtem Kaffee gekennzeichnet wird.

Der Verkauf des durch nachlässige Erntebereitung, durch Schimmeln, Faulen, Annehmen fremdartiger Gerüche oder in anderer Weise verdorbenen Kaffees kann nach § 10 No. 2 und § 11 des deutschen Nahrungsmittelgesetzes bestraft werden.

## c) Das Quellen des Kaffees.

Das Quellen des rohen Kaffees mittelst Wasser oder Wasserdampf bezweckt eine künstliche Vergrößerung klein-

[1]) Vergleiche Anmerkung 3 S. 89.

bohnigen Kaffees, der bei den Käufern weniger beliebt ist, während großbohniger Kaffee vielfach als besser und wertvoller gilt. Es sei jedoch bemerkt, daß gerade einige sehr feine und teure Kaffeesorten, z. B. der echte aus Arabien eingeführte Mokkakaffee, aus kleinen Bohnen bestehen. Meist wird mit dem Quellen des Kaffees der Zweck verfolgt, die Nachahmung einer bestimmten Kaffeesorte zu erreichen, wie dies bei dem sogenannten „Fabrikmenado" bereits hervorgehoben wurde. Unter diesem und ähnlichen Namen — „Fabrikkaffee", ‚gelbfabrizierter Kaffee' — erschien der Menado sogar in den Kursberichten der Zeitungen.[1]) In allen Fällen findet eine Verbesserung des Kaffees nicht statt; eher könnte man an ein Auslaugen wertvoller löslicher Kaffeebestandteile durch Wasser denken. Da eine Gewichts- und Umfangsvermehrung bewirkt und zudem der Anschein einer besseren Beschaffenheit der Ware erweckt wird, ist das Quellen als bedenkliches Verfahren zu bezeichnen und unter Umständen nach § 10 des Nahrungsmittelgesetzes zu bestrafen.

## d) Das Glätten und Polieren des Kaffees.

Dieses Verfahren ist als zulässig zu erachten, sofern durch dasselbe der Wert des Kaffees nicht vermindert wird, sondern nur dem Kaffee ein gefälliges, gleichmäßiges Aussehen erteilt werden soll. Ein geringer Preisaufschlag scheint durch den Mehraufwand an Arbeit begründet zu sein. Viele Kaffeesorten werden schon am Erzeugungsort geglättet, so daß dieses Verfahren mitunter als ein Teil der Erntebereitung anzusehen ist.

Anders liegen die Verhältnisse, wenn der geglättete Kaffee unter der Bezeichnung und zum Preise einer wertvolleren Sorte in den Handel gebracht wird. Hierher gehört die Behandlung des Kaffees durch Centrifugieren mit Sägemehl.[2]) Nach zahlreichen Mitteilungen aus den Kreisen der Händler ist derartig behandelter Kaffee zu Täuschungszwecken benutzt worden. Brasilianische Kaffeesorten (Santos-Kaffee) mit künstlichem „weißem Schnitt" wurden häufig als Mexiko-, Guatemala- und Portorico-Kaffee, die wesentlich wertvoller sind, angeboten und verkauft. Nach Bekanntwerden dieser unlauteren Handlungsweise wurde sie mit Recht von den gewissenhaften Handelskreisen lebhaft be-

[1]) Loock, Zeitschrift für öffentliche Chemie 1899, S. 169. Vergleiche Gerichtliche Entscheidungen.

[2]) Wirtz, Zeitschrift für Untersuchung der Nahrungs- und Genußmittel 1898, S. 248. Hanausek ebenda 1898, S. 399.

kämpft und ist seitdem verschwunden oder wenigstens in den Hintergrund getreten.

Ebenso wie in den „Vereinbarungen" das Centrifugieren mit Sägemehl als nicht statthaft gilt, dürfte auch das Überziehen des Kaffees mit Talk zur Erzeugung einer glatten und glänzenden Oberfläche zu verurteilen sein, da hierbei eine Beschwerung des Kaffees mit einem fremden Stoffe stattfindet, und der angestrebte Zweck auch auf mechanischem Wege ohne jede Beschwerung erreicht werden kann.

### e) Das Färben des Rohkaffees.

Die Unsitte des Färbens des rohen Kaffees hat einen großen Umfang angenommen. Viele Kaffeesorten werden im Gewinnungslande künstlich gefärbt, andere im Inlande. Die künstliche Färbung des rohen Kaffees läuft fast immer auf eine Täuschung der Abnehmer hinaus. Entweder wird havarierter oder auf andere Weise unansehnlich gewordener Kaffee aufgefärbt und ihm dadurch der Schein einer besseren Beschaffenheit gegeben, oder es wird die Nachahmung einer anderen Kaffeesorte bezweckt. Die Verwendung gesundheitsschädlicher Farben zum Färben von Kaffee ist auf Grund des Nahrungsmittelgesetzes vom 14. Mai 1879 und des Gesetzes, betreffend die Verwendung gesundheitsschädlicher Farben bei der Herstellung von Nahrungsmitteln, Genußmitteln und Gebrauchsgegenständen, vom 5. Juli 1887, verboten. Dieses Verbot gilt auch in dem Falle, daß die zur Verwendung gelangenden gesundheitsschädlichen Farben in so geringen Mengen im Kaffee enthalten sind, daß eine unmittelbare Schädigung der Gesundheit nicht zu erwarten ist, wie auch wenn der Farbstoff in Wasser unlöslich ist und meist ungenossen im Kaffeesatz zurückbleibt. In den „Vereinbarungen" der deutschen Nahrungsmittelchemiker wird die Färbung des Kaffees mit unschädlichen Farben zum Zwecke der Verdeckung von Schäden oder zur Vortäuschung einer wertvolleren Sorte auf Grund des Nahrungsmittelgesetzes als unstatthaft bezeichnet. Unter den Begriff der Färbens fällt auch das Appretieren, das leichte Anrösten des rohen Kaffees zum Zwecke einer Aufbesserung seines Aussehens.

Während in Rumänien[1]) und in einigen Kantonen der Schweiz[2]) (Luzern, Bern, Thurgau) das Färben des Kaffees

---

[1]) Vergleiche Anmerkung 3 S. 89.
[2]) Vergleiche Gesetzliche Bestimmungen unter „Schweiz".

durchweg verboten ist, erstreckt sich in Belgien[1]) und Italien[2]) das Verbot nur auf die Verwendung gesundheitsschädlicher Farben.

## 8. Beurteilung des gerösteten Kaffees.[3])

### a) Wassergehalt des gerösteten Kaffees.

Der geringe Wassergehalt, den der geröstete Kaffee nach dem Verlassen der Rösttrommel besitzt, wird nur dann eine Vermehrung nicht erfahren, wenn er in gut schließenden Gefäßen aufbewahrt wird, die den Zutritt der Luftfeuchtigkeit zu verhindern im stande sind. Im allgemeinen ist dies nicht durchführbar, und so muß mit einem bestimmten Wassergehalt des Kaffees gerechnet werden. Dieser beträgt bei frisch geröstetem Kaffee nach zahlreichen Untersuchungen im Mittel 1,75 %[4]), kann aber bei ungünstigen Lagerungsverhältnissen und ungeeigneter Temperatur, namentlich durch die Feuchtigkeit der Luft sich nicht unbeträchtlich erhöhen. Durch Auswahl geeigneter Lagerräume dies auf das geringste Maß zu beschränken, muß vom Händler im Interesse des kaufenden Publikums verlangt werden; denn da der Käufer für die unzulässige Menge Wasser im Kaffee den Preis des Kaffees zahlen muß, so wird er durch einen zu hohen Wassergehalt geschädigt.

In Belgien[5]) ist die Grenze des höchst zulässigen Wassergehaltes des gebrannten Kaffees mit 5 % festgelegt, jedoch darf in Fällen, in denen der Feuchtigkeitsgehalt des gebrannten Kaffees 5 % und einen Bruchteil beträgt, der Bruchteil als noch zulässig betrachtet werden.

In Deutschland wird nach den „Vereinbarungen" der deutschen Nahrungsmittelchemiker eine absichtliche Erhöhung des Wassergehaltes, sei es mit oder ohne Zusatz von Borax, als unstatthaft angesehen.

---

1) Auslegung der Königlichen Verordnung vom 28. September 1891, betreffend den Handel mit Kaffee. Vom 24. Juli 1894.

2) Reglement für den inneren Verkehr, betreffend die sanitäre Überwachung der Nahrungsmittel, Getränke und der häuslichen Gebrauchsgegenstände. Vom 3. August 1890.

3) A. Forster, Forschungsberichte über Lebensmittel 1896, S. 338.

4) Vereinbarungen Heft III, S. 26.

5) Vergleiche Anmerkung 2 S. 89.

## b) Der Zusatz künstlicher Kaffeebohnen und anderer Nachahmungen zu ganzbohnigem Kaffee.

Die in früheren Jahren vielfach beobachtete, oben bereits erwähnte Verfälschung des Kaffees mit künstlichen Kaffeebohnen ist nach Erlaß der Kaiserlichen Verordnung vom 1. Februar 1891[1]), die diese Maschinen herzustellen und feilzuhalten verbietet, selten noch geübt worden. Indessen unterliegt ganzbohniger, gerösteter Kaffee der Verfälschung durch Zusatz von gebrannten Maiskörnern, afrikanischem Nußbohnenkaffee (gerösteten, gespaltenen Erdnüssen) und Lupinensamen.

Der Verkauf des mit künstlichen Kaffeebohnen und anderen Nachahmungen vermischten ganzbohnigen Kaffees, unter Verschweigung dieses Umstandes, ist nach § 10 des Nahrungsmittelgesetzes vom 14. Mai 1879 strafbar.

Es kann keinem Zweifel unterliegen, daß die Herstellung künstlicher Kaffeebohnen lediglich zu Täuschungszwecken erfolgt, um in Mischung mit echten Kaffeebohnen als „Kaffee“ in den Handel gebracht zu werden. Aus diesem Grunde ist sowohl der Zusatz künstlicher Kaffeebohnen als auch anderer Nachahmungen zum Kaffee stets als Verfälschung zu beurteilen.

In Belgien müssen Kaffeeersatzstoffe,[2]) die nicht zu Pulver gemahlen, sondern nur bis zur Körnerform zerkleinert sind, cylindrische Form haben; die Herstellung und der Verkauf künstlicher Kaffeebohnen ist somit ausgeschlossen. In Rumänien[3]) ist der Verkauf von künstlichen Kaffeebohnen sowie der Mischungen von künstlichen mit echten Kaffeebohnen verboten.

## c) Kaffeebohnen, denen ein Teil der löslichen Bestandteile entzogen ist.

Es sind Fälle bekannt geworden, in denen Kaffee, dem durch Auslaugen mit Wasser wertvolle lösliche Bestandteile, Coffeïn und andere Extraktstoffe, entzogen worden waren, unter Verschweigung dieses Umstandes verkauft wurde. Auf Grund des Nahrungsmittelgesetzes ist diese Handlungsweise strafbar. Nach belgischem Gesetz ist derartig behandelter Kaffee vom Verkauf ausgeschlossen, es sei denn,

---

[1]) Vergleiche S. 88.

[2]) Verordnung, betreffend den Verkauf von Kaffee. Vom 28. September 1891.

[3]) Vergleiche Anmerkung 3 S. 89.

daß die Behandlungsweise unzweideutig bezeichnet wird. Rumänien verbietet derartig behandelten Kaffee ohne Einschränkung.

## d) Zusatz von Kaffeeersatzstoffen und Kaffeesatz zu gemahlenem Kaffee.

Der Verkauf derartiger Mischungen unter dem Namen „Kaffee“ ist ohne deutliche Angabe ihrer Zusammensetzung nach dem Nahrungsmittelgesetz unzulässig. Mischungen von gemahlenem Kaffee mit Ersatzstoffen sind nach den „Vereinbarungen“ als Kaffeeersatzstoffe anzusehen und unzweideutig im Handel als solche zu bezeichnen. Die Vermischung von ausgelaugtem und daher fast wertlosem Kaffeesatz mit gemahlenem Kaffee ist als Verfälschung zu beurteilen.

Mit diesen Anschauungen decken sich die in einzelnen Staaten erlassenen besonderen Verordnungen.

## e) Die Röstapparate.

Vom Standpunkte des Nahrungsmittelchemikers sind alle Röstverfahren als zulässig zu bezeichnen, bei denen dem Kaffee weder ein größerer Teil seiner wertvollen Bestandteile als notwendig entzogen, noch minderwertige Stoffe zugesetzt werden. Welcher von den im Gebrauch befindlichen Röstapparaten die wertvollste und feinste Ware liefert, das zu entscheiden sind in erster Linie die Abnehmer und Fachleute berufen. In der Hauptsache ist man auf eine Prüfung des Geschmacks des hergestellten Kaffeeaufgusses angewiesen, während die chemische Analyse zur Zeit kein sicheres Mittel an die Hand gibt, die wohlriechenden und wohlschmeckenden Bestandteile des Kaffees mit Bestimmtheit zu bewerten.

Was die an früherer Stelle beschriebenen, durch Patent geschützten zwei besonderen Verfahren betrifft, so ist zu bemerken, daß gegen ein Rösten mit überhitztem Wasserdampf, sei es, daß der Dampf unmittelbar auf den Kaffee einwirkt oder nicht, grundsätzliche Bedenken nicht vorliegen, sofern nur für ein Entweichen der Röstgase und des Wasserdampfes genügend Sorge getragen ist. Beim Rösten des Kaffees in allseitig geschlossenen Trommeln, wie es das zweite Verfahren vorsieht, ist vielleicht die Möglichkeit vorhanden, daß durch die entstehenden brenzlichen Dämpfe, welche fast vollständig im Röstgute zurückbleiben, Aroma und Geschmack des Kaffees nachteilig beeinflußt werden.

Um dies zu vermeiden, ist man bei Ausführung der sonst üblichen Röstverfahren sorgfältig bemüht, die entstehenden Dämpfe möglichst schnell und vollkommen abzusaugen.

### f) Das Anfeuchten des Kaffees vor dem Rösten.

Nach fachmännischem Urteil soll das Anfeuchten der Bohnen den Röstvorgang insofern begünstigen, als sich die Kaffeebohnen in Folge des gleichmäßigen Wassergehaltes gleichmäßiger rösten lassen.[1] Sofern weder eine Beschwerung mit Wasser noch eine Vortäuschung einer besseren Beschaffenheit beabsichtigt, sondern lediglich eine gleichmäßige Röstung erstrebt wird, dürften gegen das Verfahren Bedenken nicht erhoben werden.

### g) Das Behandeln des Kaffees vor dem Rösten mit alkalischen Flüssigkeiten (Soda-, Potaschelösung, Kalkwasser).

Als Zweck dieser Behandlung wird die Entfernung von bitter und schlecht schmeckenden Stoffen angegeben. Ob dieser Zweck erreicht wird, ist durch einwandsfreie Untersuchungen zur Zeit nicht nachgewiesen. Andererseits muß angenommen werden, daß durch die Behandlung mit alkalischen Lösungen und das nachfolgende mehrmalige Auswaschen mit Wasser zugleich mit den Bitterstoffen auch sonstige und zwar für den Wert des Kaffees wesentliche und wertvolle wasserlösliche Bestandteile, beispielsweise Coffeïn, verloren gehen. Daher gilt für diesen Kaffee dasselbe, was oben über die Beurteilung von geröstetem Kaffee ausgeführt wurde, dem ein Teil seiner löslichen Bestandteile entzogen worden ist.

### h) Zusätze zwecks besserer Erhaltung des Aromas.

Das Aroma, den Wertmesser für die Güte des Kaffees, nach Möglichkeit zu entwickeln, zu steigern und zu erhalten, ist man zur Zeit in der Rösttechnik durch Konstruktion vervollkommneter Apparate und durch Abänderung des Röstverfahrens unablässig bemüht. Als bedeutender Fortschritt muß die Einführung der jetzigen Schnellröster bezeichnet werden, die eine Verbesserung des Röstkaffees gegen früher zweifellos herbeigeführt haben.[2])

---

[1]) v. Bibra, Der Kaffee und seine Surrogate. München. Cotta. 1858, S. 41.

[2]) Forschungsberichte über Lebensmittel 1896, S. 338.

Die Beschaffung von frisch geröstetem Kaffee im Haushalt ist mit Leichtigkeit durchzuführen, wenn der jeweilige Bedarf für kurze Zeiträume immer frisch in kleinen Rösttrommeln hergestellt wird. Ein Bedürfnis für künstliche Erhaltung des Aromas liegt infolgedessen hier nicht vor.

Anders liegen die Verhältnisse beim Handel mit geröstetem Kaffee. Hier macht sich der Übelstand geltend, daß sich das Kaffeearoma bei der Aufbewahrung des Kaffees in ungenügend schließenden Gefäßen ziemlich schnell verflüchtigt. Außerdem beginnt der Kaffee beim Lagern Fett, den Träger des Aromas, auszuschwitzen, das Fett wird bei längerem Lagern ranzig, der angenehme Kaffeegeruch verschwindet immer mehr, um einem weniger angenehmen Geruch Platz zu machen. Aus diesem Grunde behauptet ein Teil der Kaffeegroßröster, sie könnten vielfach ohne eine künstliche Erhaltung des Kaffeearomas nicht auskommen. Es sei unvermeidbar, daß der Kaffee in den Händen der Kleinhändler alt und dadurch unverkäuflich werde, wenn er nicht vorher in zweckentsprechender Weise behandelt worden sei. Im Gegensatz hierzu verwirft und bekämpft ein anderer Teil der Kaffeeröster jeden Zusatz beim Rösten, und ihr geschäftlicher Erfolg beweist, daß man auch jetzt noch, wie früher, die üblichen Zusätze beim Rösten des Kaffees sehr wohl entbehren kann.

Tatsache ist indessen, daß zur Zeit ein nicht unerheblicher Teil des in den Handel kommenden Kaffees einen Zusatz fremder Stoffe vor, während oder nach dem Rösten erfahren hat. Aufgabe der Nahrungsmittelüberwachung muß es sein, von Fall zu Fall zu entscheiden, ob und unter welchen Bedingungen ein solcher Zusatz zu gestatten ist oder nicht. Bei der Beurteilung dieser Frage muß zunächst entschieden werden, welches die Vorteile und Nachteile eines jeden Verfahrens sind, ob überhaupt der Zweck der Aromaerhaltung erreicht wird, inwieweit die Zusätze zu einer Beschwerung des Kaffees zu Täuschungszwecken führen können, und ob sie nicht als gesundheitsschädlich anzusehen sind.

### Das Karamelisieren des Kaffees mit Zucker.

Von allen Glasierverfahren ist dieses am meisten verbreitet und auch seiner Bedeutung entsprechend am genauesten erforscht worden. Von den zu seinen Gunsten angeführten Tatsachen gilt zunächst als erwiesen, daß der dünne Karamelüberzug das Aroma des gerösteten Kaffees längere Zeit zu erhalten und das Austreten von Fett aus den Poren des Kaffees zu erschweren vermag. Gleichzeitig enthält der karamelisierte Kaffee in der Regel etwas weniger Wasser als der gleiche ohne Zusatz geröstete; auch nimmt er beim Lagern an der Luft etwas weniger Wasser auf.

Andererseits ist ersichtlich, daß durch den Zuckerzusatz und das Verbleiben eines Teiles als Karamelüberzug eine Beschwerung des Kaffees stattfindet und eine Mehrausbeute an verkaufsfertiger Ware erzielt wird. Zudem beeinflussen die bitterschmeckenden Karamelstoffe Geschmack und Farbe des Kaffeegetränkes. Das aus karamelisiertem Kaffee gewonnene Getränk ist dunkler gefärbt, als das aus der gleichen Menge nicht karamelisierten Kaffees bereitete, wodurch in gleicher Weise wie durch den bitteren Geschmack bei unkundigen Käufern der Gedanke erweckt wird, der Kaffee sei ausgiebiger und „kräftiger“, als die gewöhnliche Handelsware. Früher wurde sogar von einzelnen Herstellern des karamelisierten Kaffees absichtlich diese Meinung durch entsprechende Aufschriften auf den Umhüllungen des Kaffees verbreitet. Um einen gleich dunklen Aufguß zu liefern, wie gewöhnlicher Kaffee, braucht der karamelisierte Kaffee nicht so stark geröstet zu werden. Dadurch können sowohl Mehrausbeuten erzielt, als auch dem Kaffee wertvolle Stoffe erhalten werden, die bei weiter fortgesetztem Rösten zerstört würden.

Die durch Zuckerzusatz erzielte Mehrausbeute läßt sich an der fertigen Ware nicht mit Sicherheit feststellen, da sie nicht nur von der Menge der Karamelstoffe, sondern von dem nicht genau bestimmbaren Röstgrade abhängt. Ferner ist bei der Beurteilung des karamelisierten Kaffees noch zu beachten, daß die Menge der an der Oberfläche der Kaffeebohnen haftenden Karamelstoffe sich an der fertigen Ware auf chemischem Wege nur annähernd bestimmen läßt.

Über die Veränderungen des karamelisierten Kaffees im Gegensatz zum gewöhnlichen Kaffee haben Hilger und Juckenack[1]) eingehende Untersuchungen angestellt und gefunden, daß der beim gewöhnlichen Rösten ungefähr 20 % des Gesamtcoffeïns betragende Coffeïnverlust beim Glasieren des Kaffees mit 8—9 % Zucker auf das Doppelte steigt. Der gleichen Ursache ist auch die Verdoppelung des Fettverlustes zuzuschreiben. Bei der gewöhnlichen Röstung beträgt der Fettverlust ungefähr 9 % des Gesamtfettes, beim Rösten unter Zuckerzusatz steigt der Verlust auf das Doppelte.

Als ein Nachteil des Zuckerzusatzes muß schließlich noch

---

1) Forschungsberichte über Lebensmittel 1897, S. 122.

hervorgehoben werden, daß die die Oberfläche der Kaffeebohne in gleichmäßig dicker schwarzglänzender Schicht bedeckende Karamelhaut geeignet ist, die Erkennung der Güte des Kaffees bedeutend zu erschweren. Dies gilt besonders für unreife und daher minderwertige Kaffeebohnen, die in geröstetem Zustande gelb aussehen und aus besseren Sorten nicht karamelisierten Kaffees ausgelesen werden müßten.

Statt des Rübenzuckers wird auch Stärkesirup während des Röstens zugesetzt. Der Erfolg ist der gleiche: das in dem Sirup enthaltene Wasser verdunstet schnell, der zurückbleibende Stärkezucker erzeugt ähnliche Karamelstoffe wie Rohrzucker und bedeckt die Oberfläche der Kaffeebohne mit einem zusammenhängenden Karamelhäutchen.

Verwendet man zum Karamelisieren verdünnte Zuckerlösungen, so gestalten sich die Verhältnisse nicht so einfach. Der Gehalt der zugesetzten Lösungen an Zucker und der Zeitpunkt, zu dem der Zusatz zum Röstgut erfolgt, sind von großer Bedeutung. Je verdünnter die Lösung, desto größere Mengen Wasser können im Kaffee zurückbleiben. Beim Zusatze wässeriger Lösungen findet nämlich eine Abkühlung des Röstgutes statt, sodaß die Karamelisirung und Zersetzung des Zuckers nicht so weit fortschreiten. Dies hat zur Folge, daß derartig geröstete Kaffeesorten mehr abwaschbare Bestandteile und unter diesen mehr unzersetzten Zucker enthalten, als mit festem Zucker glasierte Kaffeesorten.

Schließlich wird noch ein Verfahren geübt, das bereits von Justus von Liebig vorgeschlagen und „Kandieren" genannt wurde. Die Kaffeebohnen werden hierbei mit einer Hülle nur ganz schwach karamelisierten reinen Zuckers überzogen. Der in dieser Weise glasierte Kaffee behält das Aroma und die Farbe des unglasierten Kaffees und das daraus bereitete Getränk schmeckt weder bitterer, noch besitzt es eine dunklere Farbe, als der Aufguß von gewöhnlichem Röstkaffee.

Als Grundlage für die Beurteilung glasierten Kaffees können die in den „Vereinbarungen" niedergelegten Beschlüsse dienen, nach welchen der Glasurkaffee nicht mehr als 4 % eines nach dem Verfahren von Hilger abwaschbaren Überzuges enthalten darf.[1])

---

[1]) Bezüglich der Ausführung dieses Verfahrens siehe Vereinbarungen Heft III, S. 28.

In Belgien ist das Karamelisieren des Kaffees gestattet, doch soll die Menge der abwaschbaren Stoffe 1 % nicht überschreiten.[1])

## Das Überziehen des Kaffees mit Harz.

Der Zweck der Verwendung von Harz als Zusatz zum heißen fertig gerösteten Kaffee ist der gleiche, wie beim Zuckerzusatz: Bildung eines für Fett undurchlässigen Häutchens zur Konservierung des leicht flüchtigen Aromas. Eine Beschwerung des Kaffees findet kaum statt, denn von den zur Herstellung einer zusammenhängenden Harzschicht erforderlichen $^2/_3$ % Harz verdampft noch ein Teil beim Glasieren, während ein anderer Teil bei der schwachen Nachröstung verloren geht. Dieses Glasieren ist für den Röstvorgang selbst ohne Bedeutung. Geschmack und Aussehen des Kaffeegetränkes werden durch den Harzüberzug kaum beeinflußt. Indessen muß es als möglich bezeichnet werden, daß der Käufer durch die Harzglasur über den Wert des Kaffees getäuscht werden kann, insofern eine ungleichmäßige Färbung und ein ungleichmäßiger Fettglanz der Bohnen dadurch teilweise verdeckt werden können.[2])

Beim Lagern an der Luft zieht der mit Harz überzogene Kaffee weniger Luftfeuchtigkeit an, als der gleiche Kaffee ohne Harzglasur. Dagegen gibt er an heißes Wasser weniger lösliche Bestandteile ab, da das Harz einen Teil der Kaffeesubstanz durchtränkt und diesen für Wasser unzugänglich macht.

In Deutschland hat sich die Sachverständigenkommission auf den Standpunkt gestellt, daß die Verwendung von Harzglasur zum Überziehen des Kaffees nicht zu beanstanden sei, jedoch sollen nur feine Harze (Schellack u. s. w.) dazu benutzt werden. Eine Deklaration dieses Zusatzes wird für unerläßlich gehalten. Es ist zu fordern, daß das zur Verwendung gelangende Harz in Wasser, auch in heißem, schwer löslich ist, sich damit nicht zersetzt und im Kaffeesatze zurückbleibt.

---

[1]) Vergleiche Anmerkung 1 S. 93.

[2]) Hanausek, Über die Harzglasur des Kaffees. Zeitschrift für Untersuchung der Nahrungs- und Genußmittel 1899, S. 275. Loock, Altes und Neues vom Kaffee. Zeitschrift für öffentliche Chemie 1899, S. 169.

### Rösten des Kaffees unter Zusatz wässeriger Auszüge aus Kaffeefruchtfleisch.

Ein Zusatz wässeriger Auszüge des Kaffeefruchtfleisches zum Kaffee während des Röstens hat eine Veränderung seines Aussehens nicht zur Folge.

Nach angestellten Untersuchungen enthält derartig behandelter Kaffee mehr Wasser, Coffeïn, Fett und wasserlösliche Stoffe, als in gewöhnlicher Weise gerösteter Kaffee. Die abwaschbaren Bestandteile erfahren keine Vermehrung, der Geschmack des Kaffees, auch unrein schmeckender Sorten, dagegen angeblich eine Verbesserung; auch soll das Aroma sich länger kräftig erhalten. Indessen verdient hervorgehoben zu werden, daß in so behandeltem Kaffee zuweilen erhebliche Wassermengen nachgewiesen wurden. Man hat sich innerhalb der deutschen Sachverständigenkommission dahin geeinigt, daß Zusätze wässeriger Auszüge von Kaffee-Fruchtfleisch und Kakaoschalen, wie überhaupt Zusätze aller Aufbesserungsmittel, nur unter Voraussetzung der Deklaration als zulässig zu erachten sind.

### Glasieren des Kaffees nach dem Rösten mit wässerigen Lösungen von Rübenzucker, Stärkesirup, Dextrin, Stärke, arabischem Gummi, Hühnereiweiß und Gelatine.

Da diese Stoffe dem fertig gerösteten Kaffee zugesetzt werden, so wird der Röstvorgang von ihnen nicht beeinflußt. Die Kohlehydrate bilden auf der Oberfläche der Kaffeebohne eine stark glänzende, die Eiweißstoffe eine mattglänzende farblose Umhüllung, sodaß unreife und schlechte Bohnen auch nach dem Glasieren erkennbar bleiben. Der Überzug der Kohlehydrate ist geeignet, das Aroma zu schützen; ob dies auch durch die Eiweißstoffe geschieht, ist noch unentschieden.

Eine bedenkliche Seite dieses Verfahrens ist die sowohl durch den Wassergehalt als auch durch den Gehalt an Trockensubstanz der angewandten Glasierlösungen hervorgerufene Beschwerung des Kaffees. Die Wasseraufnahme auf ein geringes Maß zu beschränken, liegt in der Hand des Rösters, da er sowohl konzentrierte Lösungen verwenden, als auch durch Erwärmen des glasierten Kaffees in schwach erhitzter Trommel den Wasserüberschuß fast vollständig wieder entfernen kann. Durch Wägen des Kaffees ist er ferner in der Lage, die stattgefundene Beschwerung zu ermitteln.

Am fertigen Kaffee läßt sich die Beschwerung mit Wasser genau bestimmen, dagegen ist die Menge des der Oberfläche des Kaffees anhaftenden Überzuges auf chemischem Wege nur annähernd festzustellen. Die „Vereinbarungen" der deutschen Nahrungsmittelchemiker halten die genannten Verfahren ebenso wie das Glasieren mit wässerigen Auszügen zuckerhaltiger Früchte (Feigen und Datteln) nur unter Deklaration für zulässig. Die Verwendung von Melassesirup wird als unstatthaft verworfen, im übrigen sollen auch hier die abwaschbaren Stoffe 4 % des Kaffeegewichtes nicht überschreiten.

### i) Zusatz von Tannin und Auszügen aus gerbsäurehaltigen Pflanzen.

Bei der Beschreibung dieses Verfahrens wurde bereits erwähnt, daß über den Zweck dieses Zusatzes noch Zweifel herrschen. Von seiten der deutschen Sachverständigenkommission ist ein derartiger Zusatz für unzulässig erklärt worden.

### k) Zusatz kondensierter Rösterzeugnisse des Kaffees.

Die verdichteten Rösterzeugnisse des Kaffees enthalten zweifellos neben großen Mengen Wasser, brenzlichen Ölen und anderen Stoffen auch die geschätzten Aromastoffe des Kaffees. Die Gegenwart der brenzlichen Stoffe wird aber beim Zusatz der Röstkondensate zum Kaffee eher eine Verschlechterung, als eine Verbesserung des Geschmackes bewirken. Zudem kann eine nicht unbeträchtliche Gewichtsvermehrung durch Wasser stattfinden.

Der Zusatz von verdichteten Rösterzeugnissen ist nach den Beschlüssen der genannten Kommission nur dann zu beanstanden, wenn dem Kaffee dadurch schlecht riechende und schlecht schmeckende Bestandteile zugeführt werden.

### l) Das Ölen des Kaffees.

Die irrtümliche Meinung, ein Kaffee müsse zur Erzielung des höchsten Aromas so lange geröstet werden, bis das Fett aus den Poren austritt, hat zur Verwendung tierischer und pflanzlicher Fette in der Kaffeebrennerei geführt. Das fettige Aussehen der Bohnen gilt vielfach für ein Merkmal der Güte des Kaffees, und so wird er deshalb zur Erzeugung dieses Fettglanzes häufig „geölt" oder „geglänzt". Dadurch wird dem Kaffee nur der Schein einer besseren

Beschaffenheit gegeben, denn daß das Öl die Poren der Kaffeebohnen verschließt und zur Erhaltung des Aromas beitragen sollte, ist unwahrscheinlich.

Ein Zusatz tierischer oder pflanzlicher Fette ist je nach Lage des einzelnen Falles zu beurteilen; die vielfach übliche Verwendung von Mineralölen (Paraffin- und Vaselinöl) sowie von Glycerin ist verwerflich.[1]) In Rumänien ist der Verkauf mit Öl gebrannter Kaffeesorten verboten; in Belgien darf der Kaffee mit 1 % Speiseöl, nicht aber mit Mineralölen „geglänzt“ werden.

### m) Das Färben des gerösteten Kaffees.

Das Färben des gerösteten Kaffees hat den Zweck, helle und mißfarbige Kaffeebohnen zu verdecken und dem Kaffee eine gleichmäßige braune Farbe zu geben. Häufig handelt es sich darum, dem durch zu starkes Erhitzen verbrannten und verkohlten Kaffee die Farbe normal gerösteten Kaffees zu verleihen.

Nach den Beschlüssen der deutschen Sachverständigen ist das Färben, soweit es nicht durch zulässige Mittel zur Haltbarmachung des gerösteten Kaffees (Glasieren) herbeigeführt wird, unzulässig, ebenso das Kandieren des Kaffees, wenn damit bezweckt wird, eine unzureichende Röstung zu verdecken.

## II. Kaffeeersatzstoffe.

### 1. Allgemeines.

Von den zahlreichen Rohstoffen, welche zur Zeit zur Herstellung der Kaffeeersatzstoffe benutzt werden, enthält nur einer die dem Kaffee eigentümlichen, seine eigenartige physiologische Wirkung bedingenden Bestandteile, Coffeïn, Kaffeegerbsäure und andere Stoffe. Es sind dies die gerösteten Fruchtschalen des Kaffees, die unter dem Namen Sultans- oder Sakka-Kaffee auf den Markt gebracht werden. Die übrigen für die Gewinnung der Kaffeeersatzstoffe wichtigen Rohstoffe enthalten als wirksame Bestandteile nur die Rösterzeugnisse der Kohlehydrate (Zucker und Stärke), die brenzlichen Röstöle, Karamel und Röstbitter.

Die Kaffeeersatzstoffe können gegenwärtig nicht mehr

[1]) Vereinbarungen Heft III, S. 32.

als bloße Verfälschungsmittel für echten Kaffee beurteilt werden, sie bilden einen wichtigen selbständigen Gegenstand des Handels, werden von weiten Kreisen der Bevölkerung gekauft und teils für sich, teils gemischt mit echtem Kaffee zur Herstellung von Aufgußgetränken verwandt. Einen beachtenswerten Nährwert besitzen sie ebensowenig wie echter Kaffee, sie dienen lediglich als Genußmittel, wie bei der physiologischen Würdigung des Kaffees und seiner Ersatzstoffe näher ausgeführt werden wird. Es wird naturgemäß derjenige Ersatzstoff sich der größten Wertschätzung erfreuen, der das am angenehmsten schmeckende und dem Kaffee im „Geschmack" ähnlichste Getränk liefert. Für die Bestimmung des Gebrauchswertes eines Kaffeeersatzstoffes ist deshalb die Geschmacksprobe fast allein ausschlaggebend, der die chemische Untersuchung nur ergänzend zur Seite steht. Indessen verdient Erwähnung, daß der Ausfall der „Tassenprobe" häufig nicht mit der Menge des Verbrauchs der einzelnen Kaffeeersatzstoffe in Einklang steht; dafür sind in erster Linie neben dem Preise der Ersatzstoffe Geschmack und Gewöhnung der Abnehmer maßgebend.

Die Zahl der Rohstoffe, die zur Gewinnung von Kaffeeersatzstoffen Verwendung finden und in Vorschlag gebracht wurden, ist ungemein groß. Die meisten kommen nur gemischt mit anderen gerösteten Stoffen in den Handel. An ihrer Herstellung hat die einheimische Landwirtschaft ein erhebliches Interesse, da sie die meisten Rohstoffe liefert (Cichorie, Rüben, Getreide).

Eine Anzahl von Rohstoffen ist nur versuchsweise und vorübergehend verwendet worden, bei einigen dürfte es sogar nur bei dem Vorschlage geblieben sein. Wieder andere haben nur örtliche Bedeutung erlangt, während einige wenige, z. B. der Eichelkaffee, für bestimmte diätetische Zwecke allgemein Verwendung finden. Bei einem Teil der in Vorschlag gebrachten Rohstoffe ist eine größere Verbreitung ausgeschlossen, weil sie in der erforderlichen großen Menge nicht beschafft werden können. Außer den noch heute gebräuchlichen Ersatzstoffen wurden im Laufe der Jahre, als Ersatzstoffe für Kaffee in geröstetem Zustande hergestellt und verkauft: Weintraubenkerne, Spargelsamen, Stragelsamen, (Astragalus baeticus), Hanfsamen, Samen von Labkräutern (Galium), der Schwertlilie, der Sonnenblume, der Ricinuspflanze, des Flieders, Hagebutten, Wachholderbeeren, Berberitzen, Vogelkirschen, Bucheckern, Kartoffeln, Mais, Mandeln (sogenannter Damenkaffee), Stachel- und Johannisbeeren, verschiedene Bohnenarten, Buchweizen und Wallnüsse.

Die Kaffeeersatzstoffe des Handels lassen sich in folgende Gruppen einteilen:

1. Zubereitungen aus gebranntem Zucker.
2. Zubereitungen aus zuckerhaltigen Wurzeln und Rüben (Cichorien, Zuckerrüben und sonstige Rübenarten, Löwenzahn).
3. Zubereitungen aus zuckerreichen Früchten (Feigen, Datteln, Johannisbrot).
4. Zubereitungen aus mehlhaltigen Früchten (Roggen, Gerste oder Malz, Leguminosen, Eicheln).
5. Zubereitungen aus fettreichen Rohstoffen (Erdnuß, Dattelkerne).
6. Mischungen verschiedener Kaffeeersatzstoffe.

## 2. Die Verarbeitung der Rohstoffe auf Kaffeeersatzstoffe.[1])

Die Verarbeitung der Rohstoffe auf Kaffeeersatzstoffe zerfällt in folgende Abschnitte: Das Reinigen (bei Wurzeln und Samen), Entfernen der Schale (bei manchen Früchten), Zerkleinern, Trocknen, Rösten, Mahlen, Dämpfen und Verpacken. Das Reinigen ist bei Eicheln und Kastanien nicht durchaus notwendig, da bei diesen Früchten die äußeren Schalen durch eine besondere Arbeit entfernt werden müssen. Dagegen ist es unbedingt nötig, bei Getreidesamen ein Entfernen von Staub, Spreu u. dergl. vorzunehmen. Ebenso ist bei Wurzeln eine Reinigung unerläßlich, da ihnen stets eine gewisse Menge Erde anhaftet. Die in die Fabrik gelangenden Wurzeln werden zuerst von den grünen Teilen durch Abschneiden befreit und darauf in sogenannten Waschtrommeln gewaschen.

Bei der Bearbeitung von Eicheln und Kastanien gelingt es um so leichter, die äußeren Schalen zu entfernen je trockener diese Früchte sind. Durch einfaches Trocknen an der Luft erreicht man bei Eicheln eine genügende Sprödigkeit der Schale, nicht aber bei Kastanien. Das Austrocknen dieser Früchte muß vielmehr in erwärmten Räumen erfolgen, wobei die Schalen so spröde werden, daß sie sich von dem Kerne loslösen und sodann leicht abgetrennt werden können. Dies bewirkt man gewöhnlich durch zwei Walzen, zwischen denen die Früchte entschält werden.

---

[1]) K. Lehmann, Die Fabrikation des Surrogatkaffees. Wien. Pest. Leipzig. Hartleben 1893.

Die gewaschenen und entschälten Wurzeln und Früchte werden nunmehr, mit Ausnahme der Getreidesamen, die gewöhnlich nicht zerkleinert, sondern im ganzen Zustande verarbeitet werden, mittels besonderer Maschinen in etwa 5 mm dicke Scheiben zerschnitten und sorgfältig getrocknet, da sich sonst in kürzester Zeit eine reichliche Schimmelbildung einstellen würde. Dieses Trocknen geschieht am einfachsten in einer flachen, vierseitigen Pfanne aus Eisenblech, in welcher die Wurzelstücke so lange erhitzt werden, bis sie stark eingeschrumpft sind und nach dem Erkalten spröde, leicht zerbrechliche Massen bilden. In diesem Zustande lassen sich sowohl Cichorien- als auch Rübenstücke lange Zeit aufbewahren, wenn man sie trocken lagert.

Bei der weiteren Verarbeitung erfordert der Röstprozeß besondere Sorgfalt, weil gerade so lange geröstet werden muß, bis ein Erzeugnis entstanden ist, das die an dunkelbraun geröstetem und gemahlenem echtem Kaffee geschätzte Färbung angenommen hat. Das Rösten wird gewöhnlich, ähnlich wie beim Kaffee, in rotierenden Trommeln vorgenommen; die gerösteten Ersatzstoffe werden hierauf ebenfalls möglichst rasch abgekühlt. Von manchen Fabrikanten wird ein Zusatz von Fett oder von Sirup empfohlen, das Fett wohl zu dem Zwecke, durch die Bildung von Röstprodukten auf den Geruch der gerösteten Masse einen Einfluß auszuüben, der Sirup dagegen in der Absicht, eine Vermehrung der Röstprodukte überhaupt und namentlich eine solche des Röstbitters und des Karamels zu erzielen. Zugleich soll den Ersatzstoffen durch diese Zusätze neben dem süßen Geschmack jene feuchte Beschaffenheit verliehen werden, welche häufig an Kaffeeersatzstoffen besonders geschätzt wird. Versuche, das Rösten nicht auf freiem Feuer, sondern vermittelst eines heißen Luftstromes auszuführen, scheinen bisher ergebnislos verlaufen zu sein, weil in diesem Falle das Rösten zwar sehr gleichmäßig vor sich geht, die aromatischen Rösterzeugnisse aber zum größten Teil von dem Luftstrome fortgeführt werden.

Nach erfolgtem Rösten werden die Kaffeeersatzstoffe möglichst bald gemahlen, weil man nur dann ein Pulver von wünschenswerter Feinheit erhält. Läßt man nämlich das Röstgut längere Zeit lagern, so zieht es Wasser aus der Luft an, und es entsteht eine feuchte, klebrige Masse, die nur schwierig gemahlen werden kann. Die aus den Zerkleinerungsapparaten kommenden Massen bilden ein staubfeines, trockenes Pulver von schwachem Geruche. Die Käufer verlangen die Ersatzstoffe aber in Form von feuchten, aneinander haftenden

Massen mit kräftigem Geruche. Dieser Geschmacksrichtung wird dadurch Rechnung getragen, daß das trockene Pulver gedämpft, d. h. mit soviel Wasser gesättigt wird, als es überhaupt aufzunehmen vermag. Das Dämpfen wird in besonderen Apparaten, den sogenannten Dampfkammern, vorgenommen, in denen das trockene Pulver der Einwirkung von Wasserdampf ausgesetzt wird, und ist gewöhnlich in einigen Stunden beendet, wenn die Stoffe in einer dünnen, etwa 1 cm hohen Schicht, auf Blechen ausgebreitet werden.

Von manchen Fabrikanten wird das Dämpfen sehr unpassend auch als „Fermentieren“ bezeichnet, obwohl es mit einer „Fermentation“ oder „Gärung“ nicht das Geringste zu tun hat. In neuerer Zeit wird das Dämpfen häufig nicht mehr in Kammern, sondern in Apparaten vorgenommen, welche im wesentlichen aus einem Cylinder bestehen, in dem eine hohle Achse durch Hand- oder Maschinenkraft in Bewegung gesetzt wird. An dieser Achse sind haspelförmige Flügel angebracht, welche das zu dämpfende Pulver fortwährend umrühren, während aus den Öffnungen der hohlen Achse Dampf in den Cylinder strömt.

Nach beendetem Dämpfen bringt man die feuchte Masse, die beim Zerdrücken mit den Fingern einen nicht zerfallenden Klumpen bildet, sogleich in Kästen mit gut schließenden Deckeln, in denen sie bis zu ihrer Verpackung verbleibt.

Von den in Deutschland gebräuchlichsten Kaffeeersatzstoffen kommt die Cichorie nur noch selten als trockenes Pulver, meist dagegen in feuchtem Zustand als sogenannte fette oder speckige Ware und mit gebrannten oder gemahlenen Rüben gemischt zum Verkauf. Außer dieser „fetten“ Cichorie kommen noch andere Arten im Handel vor, wie z. B. die „Maschinen-Cichorie“, hergestellt durch Vermischen von trockenem Cichorienmehl mit Wasser und Einpressen der feuchten Masse in cylindrische Formen mit Hülfe besonderer Maschinen, sowie die „Keller-Cichorie“, auch „Auszugs-Cichorie“ genannt. Diese wird gewonnen, indem das trockene Cichorienpulver, in Papierhülsen eingefüllt, im Keller mehrere Wochen der Einwirkung der feuchten Luft ausgesetzt wird, bis die gewünschte Menge Wasser aufgenommen ist. Von den sonstigen in Deutschland vertriebenen Kaffeeersatzstoffen wird der Feigenkaffee stets in feuchtem Zustande, Getreide- und Malzkaffee (Kneipp-Kaffee) dagegen meist in ganzen Körnern, oft mit Zucker glasiert, zuweilen auch als trockenes Pulver und Schrot in den Handel gebracht.

## 3. Beurteilung der Kaffeeersatzstoffe.

### a) Die Art der Rohstoffe.

Gegen die Verwendung von Rohstoffen, die zur Bereitung von Kaffeeersatzstoffen zweckentsprechend und nicht gesundheitsschädlich sind, lassen sich Bedenken nicht erheben. Anders, wenn beispielsweise giftige Unkrautsamen, wie die der Kornrade oder des Taumellolchs in Getreidekaffee hineingelangen. Die Erkennung verdorbener Rohstoffe kann häufig durch Rösten, Mahlen, sowie durch Vermischen mit unverdorbenen Ersatzstoffen sehr erschwert werden. Als verdorben gelten nach den „Vereinbarungen“ Kaffeeersatzstoffe, wenn sie z. B. mit Schimmelpilzen durchsetzt oder versauert, verbrannt oder aus verdorbenen Rohstoffen hergestellt sind.[1]) Nach § 10 des Nahrungsmittelgesetzes würde es strafbar sein, solche Ersatzstoffe herzustellen und in den Handel zu bringen.

### b) Die Art der Verpackung.

Meist kommen Kaffeeersatzstoffe in Originalverpackungen in den Handel, nur ganzkörniger Getreidekaffee wird lose verkauft. Für die Beurteilung der Verpackungsstoffe sind die Gesetze vom 14. Mai 1879, betreffend den Verkehr mit Nahrungsmitteln, Genußmitteln und Gebrauchsgegenständen und vom 5. Juli 1887, betreffend die Verwendung gesundheitsschädlicher Farben bei der Herstellung von Nahrungsmitteln, Genußmitteln und Gebrauchsgegenständen maßgebend.

### c) Die Bezeichnung der Kaffeeersatzstoffe.

Es liegt die Gefahr sehr nahe, daß Kaffeeersatzstoffe mit Aufschriften in den Verkehr gebracht werden, die so unbestimmt und zweideutig gewählt sind, daß dadurch die wirkliche Beschaffenheit der Ware verschleiert und beim Käufer der Gedanke erweckt wird, er habe es, wenn auch nicht mit echtem Kaffee, so doch wenigstens mit kaffeehaltigen Ersatzstoffen zu tun.

In einigen Ländern darf das Wort „Kaffee“ nur in Verbindung mit anderen, die Natur der Ersatzstoffe genau bezeichnenden Worten gebraucht werden. In Rumänien müssen

[1]) Vereinbarungen Heft III, S. 37.

alle Ersatzstoffe (Frankkaffee, Eichel-, Gersten-, Feigen-, Rübenkaffee) als „Cichorie" bezeichnet werden. So weit zu gehen, liegt für deutsche Verhältnisse kein Anlaß vor. Sofern in der Benennung das Ersatzmittel genau und ohne zu Mißdeutungen Veranlassung zu geben, bezeichnet ist, dürfte dem nichts entgegenstehen, das Wort „Kaffee" der Benennung des Ersatzmittels anzufügen, z. B. Malz-, Feigen-, Eichel-Kaffee. Handelt es sich um Ersatzstoffmischungen, so können diese als „Kaffeeersatz" bezw. „Kaffeezusatz" bezeichnet werden. Diese Bezeichnungen sind als hauptsächliche Aufschrift auf den Packeten anzubringen. Enthalten sie bestimmte Rohstoffnamen, so muß der Inhalt dem entsprechen; Feigenkaffee z. B. muß aus Feigen, Malzkaffee aus Malz hergestellt sein. Auch von dem als „Cichorie" bezeichneten Ersatzstoff des Kaffees ist zu fordern, daß er tatsächlich aus Cichorienwurzeln hergestellt ist. Gegenwärtig wird die Cichorie mit größeren oder kleineren Mengen Rübenmehl vermischt, weil Cichorie der Mehrzahl der Abnehmer zu bitter schmeckt. Ein Gewinn erwächst den Fabrikanten hierdurch nicht, da Cichorienwurzeln und Zuckerrüben beide in gedarrter Form annähernd gleichen Preis haben, mitunter sogar Zuckerrübenschnitte teurer sind, als Cichorienschnitte.

Handelt es sich um Ersatzstoffmischungen, so sind unter der Hauptbezeichnung die Rohstoffe genau anzugeben, die zur Herstellung Verwendung fanden. Sind einzelne Zusätze nur in geringem Maße gemacht, so soll der Name von dem Hauptbestandteil genommen werden. Die Namen von Orten und Ländern, sowie Phantasienamen aller Art sind nur als Nebenbezeichnung zulässig; eine große Anzahl derartiger Bezeichnungen ist gesetzlich geschützt[1]). Für den Wortschutz ausgeschlossen sind nur solche Bezeichnungen, die geeignet sind, den Schein zu erwecken, als handle es sich um echten Kaffee, z. B. „Kaffeemehl", „Kaffeeschrot", „Javamehl", „Mokkamehl" u. s. w. Insbesondere soll als „Kaffee-Mischung" nur eine Mischung von mehreren Sorten echten Kaffees bezeichnet werden. Jede Ersatzstoffpackung soll die Firma des Fabrikanten tragen.

Mischungen echten Bohnenkaffees mit Ersatzstoffen oder Ersatzstoffmischungen sind erlaubt, doch sind dieselben unzweideutig als „Kaffeeersatzmischungen" zu bezeichnen.[2])

---

[1]) Vergleiche das Verzeichnis der Wortzeichen. Teil F.

[2]) Vereinbarungen Heft III, S. 37.

### d) Wassergehalt der Kaffeeersatzstoffe.

Der Feigenkaffee sowie der größte Teil der in den Handel kommenden Cichorie wird, wie schon oben gesagt wurde, von den Abnehmern in feuchtem Zustande verlangt; man wünscht die Cichorie recht „fett“, d. h. naß, damit sie einen kräftigen Geruch und säuerlichen Geschmack besitzt. Eine Schädigung der Käufer findet durch diesen allgemein gewünschten Wasserzusatz nicht statt, da der Preis der feuchten Cichorie niedriger als der des trockenen Cichorienmehles oder Schrotes ist.

Für den Wassergehalt der Kaffeeersatzstoffe können bestimmte Grenzzahlen nicht aufgestellt werden. Nach den „Vereinbarungen“ können trockene Ersatzstoffe bis 12 % Wasser enthalten.

### e) Der Aschen- und Sandgehalt der Kaffeeersatzstoffe.

Von den Rohstoffen, die zur Herstellung der Kaffeeersatzstoffe dienen, sind namentlich die Wurzeln und Rüben mit erdigen Bestandteilen (Sand, Lehm) verunreinigt. Je nach der Bodenart, auf der sie gewachsen sind, und nach der Witterung während der Ernte haftet ihnen mehr oder weniger Erde an. Eine vollständige Entfernung derselben ist nur durch nasses Abbürsten jeder einzelnen Wurzel möglich und wird meist nicht ausgeführt; wohl aber ist zu fordern, daß die Hauptmenge der erdigen Verunreinigungen abgewaschen wird; kleine Mengen Erde bleiben dabei namentlich in den Winkeln der Wurzelhaare haften. Auch die übrigen Rohstoffe enthalten vielfach kleine Mengen erdiger Bestandteile.

Nach den „Vereinbarungen“ darf der Aschengehalt bei Ersatzstoffen aus Wurzeln bis 8 %, aus Früchten bis 4 % (aus Feigen bis 7 %), und der Sandgehalt bis $2^1/_2$ % bezw. 1 % betragen.

### f) Zusätze wertloser Stoffe zu Kaffeeersatzstoffen.

In betrügerischer Absicht sind den Kaffeeersatzstoffen völlig wertlose Beschwerungsmittel zugesetzt worden. Von diesen sind bekannt geworden: Sand, Erde, Ziegelmehl, Schwerspat, Schlacke, Ocker, Steinkohlenasche, ausgelaugte Zuckerrübenschnitzel, Torf, Eichenlohe, Sägemehl und Kaffeesatz. Namentlich früher sind derartige Verfälschungen wiederholt beobachtet worden; jetzt scheinen sie seltener geworden zu sein. Es bedarf kaum der Erwähnung, daß diese Zusätze als Täuschung und Übervorteilung des kaufenden Publikums auf Grund des Nahrungsmittelgesetzes und des Strafgesetzbuches (§ 263) zu beurteilen sind.

## g) Sonstige Zusätze zu Kaffeeersatzstoffen.

Der Cichorie pflegt man vielfach schon beim Rösten einen Zusatz von Pflanzenölen oder auch Speck und anderen Fetten zu geben, um dem fertigen Erzeugnis ein fettes, bei den Abnehmern beliebtes Aussehen zu verleihen.

Die deutsche Sachverständigenkommission hat sich dahin ausgesprochen, daß Zusätze von Mineralölen und Glycerin zu verwerfen sind. Nicht zu beanstanden sind dagegen Zusätze von Pflanzenölen, gerbsäurehaltigen Pflanzenstoffen oder Auszügen aus ihnen, von Kochsalz und von Alkalikarbonaten in kleinen Mengen, sowie von coffeïnhaltigen Pflanzenstoffen oder Auszügen aus ihnen, sofern durch diese letzteren Zusätze nicht echter Kaffee vorgetäuscht werden soll. Zusätze gesundheitsschädlicher Stoffe sind nach § 12 des Nahrungsmittelgesetzes strafbar, die Beimischung von Saccharin nach dem Süßstoffgesetz vom 7. Juli 1902 untersagt.

# C. Physiologische Wirkungen des Kaffees und seiner Ersatzstoffe.

Die gerösteten Kaffeebohnen wurden, wie bereits im chemischen Teil erwähnt, in Form eines Aufgusses schon vor mehreren Jahrhunderten in Arabien genossen; dieser Gebrauch läßt sich zum mindesten bis zur Zeit vor der Entdeckung Amerikas zurückverfolgen. Wie die Auffindung der anregenden und belebenden Eigenschaften der Kaffeebohnen und die Verwendung derselben nach vorherigem Rösten zu Genußzwecken erfolgte, ist nicht mit Sicherheit zu bestimmen. Die Sage läßt Ziegen die Entdecker des Kaffees sein; wahrscheinlich beabsichtigten damit die Araber zu einer Zeit, wo der Verbreitung des Kaffees mit Gewalt und Strafe entgegengetreten wurde, die Verantwortung für die Einführung des Kaffees von sich abzuwälzen. Ein Derwisch[1]) im glücklichen Arabien — so meldet die Sage — wurde einst durch das muntere Wesen seiner Ziegen, die von den Blättern, Blüten und Früchten des späteren Kaffeebaums gefressen hatten, veranlaßt, gleichfalls von den Früchten zu essen, wodurch er in einen der Trunkenheit ähnlichen Zustand verfiel. Auch nach anderen Überlieferungen[2]) sollen Hirten in Abessinien durch Beobachtungen an Tieren (Ziegen und Kamelen) auf die erregende, Schlaf und Müdigkeit verscheuchende Wirkung des Kaffees hingelenkt worden sein. Aber auch in anderen Ländern und Erdteilen, die mit Abessinien und

---

[1]) v. Bibra, Die narkotischen Genußmittel und der Mensch. Nürnberg 1855, S. 7.

[2]) Abhandlung des Faustus Nairon 1671, zitiert nach Nicolai, Deutsche Vierteljahrsschrift für öffentliche Gesundheitspflege 1901, S. 296.

Arabien wohl ohne jede Verbindung waren, hat man Pflanzen ausfindig gemacht, welche einen erregenden Einfluß auf das Gehirn besitzen, und verwendet sie alle, ohne Ausnahme, in geröstetem Zustand. So in China die Blätter des Theestrauchs, in Binnenafrika die Guru- oder Kolanüsse des *Cola acuminata* genannten Baums, welche jetzt als Sudankaffee auch zu uns eingeführt werden. Durch die Entdeckung Amerikas lernte man Völker kennen, die ebenfalls dem Gebrauch anregend wirkender Genußmittel huldigten: die Bewohner Chiles und anderer Teile Südamerikas dem Paraguaythee oder Mate, die Einwohner Brasiliens der Guarana oder der brasilianischen Schokolade (von *Paullinia sorbilis* oder *Paullinia Cupana*). Der Mate dient als Theeaufguß, die Guarana nach dem Anreiben mit Wasser und Versüßen mit Zucker als erfrischende Limonade. Auch der aus den gerösteten Bohnen des Kakaobaums hergestellte Kakao war bei der Eroberung Mexikos bereits ein verbreitetes und geschätztes Volksgetränk. So kann es nicht verwundern, daß seit jeher insbesondere die Wissenschaft die Wirkungen dieser Genußmittel, welche sich über die ganze Welt verbreitet haben, zu ergründen suchte. Auch für den Arzt war bei der zunehmenden Verbreitung der vorgenannten Getränke die Kenntnis ihres Einflusses auf den menschlichen Körper von Wichtigkeit.

Es mußte nun überraschen, daß in allen diesen, unter sich nicht verwandten Pflanzen der heißen Zone ein und derselbe chemische Stoff, das Coffeïn, in nicht unbeträchtlicher Menge durch die Analyse nachgewiesen worden ist; die Kakaobohne, welche Coffeïn allerdings nur in geringer Menge enthält, ist dafür reich an dem chemisch und physiologisch nahverwandten Theobromin. Weitere Pflanzen mit Coffeïngehalt hat man bis jetzt noch nicht gefunden; der Mensch scheint demnach alle coffeïnhaltigen Pflanzen der Erde aufgespürt und sich schon seit alters her zunutze gemacht zu haben. So wurde denn das Coffeïn als der Träger der Wirkungen dieser im großen ganzen gleichartig wirkenden Genußmittel und im besonderen des Kaffees angesehen, umsomehr, als die auf andere Weise anregend oder die narkotisch wirkenden Genußmittel (Kokablätter, Opium) ebenfalls einer bestimmten Pflanzenbase ihre Bedeutung als Genußmittel verdanken. Durch die Auffindung seiner nahen Verwandtschaft mit einem Produkt des Körperstoffwechsels, mit der Harnsäure, hat das Coffeïn ein weiteres physiologisches Interesse gewonnen.

Es hat sich ein langer Streit erhoben einmal darüber,

ob außer dem Coffeïn noch andere Bestandteile des Kaffees, wie das Kaffeeöl, die Gerbsäure, die Kalisalze und schließlich auch das Lösungsmittel selbst, das heiße Wasser, für die physiologische Beurteilung in Frage kommen, und dann, welches denn die Wirkung des Kaffees ist, die ihm dazu verholfen hat, Millionen von Menschen seinem Genuß zuzuführen und ihm Jahrhunderte oder Jahrtausende lang dauernd zu erhalten.

Zweifellos haben nicht nur beim Kaffee, sondern auch bei den übrigen aus geröstetem Material hergestellten Getränken die Menschen ursprünglich die rohen Pflanzenteile genossen; die hierbei empfundene, die Stimmung verbessernde und die Nerven erregende Wirkung kann sie erst dann dazu geführt haben, das Mittel noch angenehmer und schmackhafter zu gestalten durch Erzeugung eines Aromas oder eines besonderen, den leicht bitteren Geschmack der rohen Bohne verdeckenden Geschmacks. Nach Berichten von Reisenden wird noch heute in Arabien stellenweise ein Aufguß von ungerösteten Kaffeebohnen getrunken, wie auch einige Völkerstämme am Victoria-Nyansa gekochte Früchte des arabischen Kaffeebaums auf Märschen zu kauen pflegen.[1]) Die durch das Rösten entstehenden Stoffe dürften demnach eine untergeordnete Rolle gegenüber dem Coffeïn spielen. Zu vernachlässigen sind sie aber keineswegs, weil sie zum mindesten als Schmeck- und Riechstoffe anzusehen sind, deren Bedeutung für die Eßlust und für die Verdauung die neuere Physiologie selbst für das Tier durch das Experiment nachgewiesen hat. So pflegt der Kakao oder die Schokolade mit Gewürzen versetzt zu werden, um sie schmackhafter zu machen; schon die alten Mexikaner verwendeten hierzu die Vanille.

Es ist nun behauptet worden, der Kaffee verdanke seine Verbreitung dem Umstande, daß er ermögliche, dem Körper viel warmes Wasser zuzuführen. Abgesehen davon, daß dieses ebenso wie ein anderes Moment, hygienisch nicht einwandfreies Wasser durch Kaffeezusatz und Kochen zu Trinkzwecken brauchbar zu machen, die Ursache für die Weltstellung des Kaffees nicht sein kann, benutzen die Gallavölker[2]) eine Paste von zerstampften, gerösteten Bohnen und Fett als kraftspendende Nahrung auf Märschen. Auch

---

[1]) Nach einer Mitteilung des Herrn Privatdozenten Dr. W. Busse.

[2]) Zitiert nach Bernatzik-Vogl, Lehrbuch der Arzneimittellehre, 1900, S. 738.

die Guarana wird mit kühlem Wasser bereitet und als erfrischende Limonade getrunken.

Lange Zeit hat man angenommen, der Kaffee sei ein Nahrungsmittel, d. h. ein Stickstoffspender, oder ein Sparmittel, welches durch die Verbrennung seiner organischen Bestandteile den Körper instand setze, mit weniger stickstoffhaltiger Nahrung auszukommen, und bei sonst gleichbleibender Nahrungszufuhr mehr leisten zu können. Es ist aber schon ohne weiteres einleuchtend, daß man mit dem Aufguß des Kaffees einen Nähreffekt nicht erzielen kann. Wenn man aus 15 g (etwa 1 Lot) eine Tasse Kaffee bereitet, so genießt man nicht die gesamte Bohnenmasse im Aufguß, die allerdings Eiweißstoffe enthält, zu einem Viertel aber für die Ernährung untaugliche Rohfaser führt, sondern nur die in warmem Wasser löslichen Stoffe. Bei Arabern und Türken[1]) wird wohl auch der Kaffeesatz mit getrunken, indessen stellt dieser Gebrauch die Ausnahme dar. Das im Aufguß enthaltene stickstoffhaltige Coffeïn, dessen Menge in einer aus etwa 17 g Kaffee bereiteten, einer Tasse entsprechenden Flüssigkeitsmenge 0,10 bis 0,12 g[2]), nach neueren Untersuchungen[3]) schon in einer kleinen Tasse Kaffee von 150 ccm (aus etwa 7,5 g Kaffee) 0,1 g beträgt, würde — selbst wenn es Baumaterial für die Körpergewebe werden könnte — als Stickstoffquelle bei der täglich notwendigen Versorgung des Körpers mit 10 bis 18 g Stickstoff nicht in Betracht kommen; auch kann es als Kraftquelle nicht angesehen werden, weil es zum Teil chemisch unverändert[4]) den Körper durchwandert, zum Teil nach geringen chemischen Eingriffen[5]) denselben verläßt.

Auch die behauptete den Stoffwechsel verlangsamende Wirkung besitzt das Coffeïn nicht; eher erleidet der Stoffumsatz eine geringe Steigerung.[6])

Es verhält sich also bezüglich des Nährwerts der Kaffee verschieden vom Kakao, der nicht nur ein Genuß-, sondern

[1]) C. Voit, Untersuchungen über den Einfluß des Kochsalzes, des Kaffees u. s. w. auf den Stoffwechsel. München 1860, S. 145.

[2]) Aubert, Archiv für die gesamte Physiologie, Bd. 5, 1872, S. 597.

[3]) J. Katz, nach einer privaten Mitteilung von Herrn Dr. J. Katz in Leipzig.

[4]) E. Rost, Archiv für experimentelle Pathologie und Pharmakologie. Bd. 36, 1895 S. 56.

[5]) Bondzyński und Gottlieb, Archiv für experimentelle Pathologie und Pharmakologie. Bd. 36, 1895, S. 45.

[6]) C. Voit, Untersuchungen über den Einfluß des Kochsalzes, des Kaffees u. s. w. auf den Stoffwechsel. München 1860.

auch insbesondere infolge seines hohen Fettgehalts[1]) ein Nährmittel darstellt.

In der Hauptsache sind es die Wirkungen auf das Zentralnervensystem, auf die Muskeln und auf die Nieren, welche das Coffeïn zu einem geschätzten Arzneimittel machen. Dazu kommt, daß auch die Atmung, die Herztätigkeit und die Eigenwärme eine Beeinflussung erfahren. Alle Tätigkeitsäußerungen, die nach dem jetzigen Stand der Wissenschaft vom Coffeïn getroffen werden, erfahren durch dasselbe eine Anregung, die wohl bei Steigerung der eingeführten Menge in eine noch stärkere Reizung, z. B. krampfhafte Gefäßverengerung, Krampfzustände des ganzen Körpers beim Tier übergehen kann, die aber nicht, wie bei anderen Stoffen in eine Erschlaffung, Betäubung oder Lähmung umschlägt. Hierin liegt der eine grundsätzliche Unterschied gegenüber dem ebenfalls als Erregungsmittel geltenden Alkohol. Für die Erklärung der als wohltätig empfundenen Wirkungen des gewohnten täglichen Kaffees kommen diejenigen des Coffeïns auf das Zentralnervensystem und auf die Muskeln in Frage. Beim Menschen tritt die Erregung des Gehirns, beim Tier vorzugsweise die des Rückenmarks in den Vordergrund. Die belebenden und erregenden Wirkungen des Coffeïns machen sich beim Tier ganz besonders geltend, wenn dasselbe durch Alkohol schläfrig gemacht oder betäubt worden ist. Während ein unter Alkoholwirkung stehender, junger Hund fest schlief und nicht zu erwecken war, wurde der durch eine gleiche Gabe Weingeist behandelte, als Vergleichstier dienende Hund durch Coffeïn unruhig, richtete sich auf und versuchte, sich vom Ort zu bewegen; auch die Atmung wurde lebhafter und ausgiebiger.[2]) Das Coffeïn übte hier deutlich einen siegreichen Kampf gegen den Einfluß des Alkohols aus. Neuere geeignete Versuche[3]) haben dargetan, daß der Genuß von Coffeïn die Auffassung äußerer Eindrücke und die gewohnheitsmäßige geistige Verarbeitung derselben erleichtert. Diese leichte, aber deutliche Steigerung der Geschwindigkeit und Sicherheit in der Aufnahme und Verarbeitung geistiger Vorgänge unter Coffeïngebrauch machte sich besonders bei bestehender geistiger Ermüdung bemerkbar. Da eine Vorbedingung für den Eintritt des Schlafs der Abschluß des Gehirns von

---

[1]) Der sogenannte entfettete Kakao des Handels enthält noch etwa 25 bis 30 % Fett.

[2]) Binz, Archiv für experimentelle Pathologie und Pharmakologie. Bd. 9, 1878, S. 31.

[3]) Ach, Kraepelins Psychologische Arbeiten. Bd. 3, 1901, S. 203.

äußeren Reizen ist, so würde sich bei dem langsamen Vorübergehen dieser Coffeïnwirkung durch die größere Empfänglichkeit des Gehirns für äußere Eindrücke das erschwerte Eintreten des Schlafs nach Kaffeegenuß erklären lassen.

Die Einwirkung des Coffeïns auf die Muskeln ist ebenfalls vielfach experimentell untersucht worden. Auch auf diese Werkzeuge des Körpers übt das Coffeïn beim Tier und beim Menschen die nämliche Wirkung aus. Es steigert das Coffeïn die Muskelkraft[1] unter Erhöhung der Erregbarkeit; die Ausgiebigkeit der einzelnen Bewegungen nimmt zu[2], die Leistungsfähigkeit des Muskels wird gesteigert, die Muskelenergie wird besser ausgenutzt. Da bei willkürlichen Muskelbewegungen das Zentralnervensystem früher und stärker ermüdet als die Muskeln, so verbindet sich beim Coffeïn die Wirkung aufs Gehirn günstig mit der unmittelbaren Beeinflussung der Muskeln. Bei völlig erschöpftem Körper trat diese Wirkung auf die Muskelleistung nicht ein; eine Vorbedingung für diese Wirkung nach Kaffeeaufguß und ebenso nach Coffeïn ist in Versuchen an Menschen das Vorhandensein reichlicher Nahrungsstoffe oder gleichzeitiger Zufuhr solcher, wie Milch oder Zucker, gewesen. Auch in diesen Muskelversuchen mit Coffeïn trat die im täglichen Leben bei Kaffeegenuß so oft beobachtete verschiedene Empfänglichkeit der einzelnen Personen deutlich in die Erscheinung.

Die wissenschaftlichen Untersuchungen haben also eine gesicherte Unterlage für das Verständnis der Wirkungen des Kaffees durch Feststellung des Wirkungsbildes des Coffeïns gegeben. „Wenn durch das Nervensystem infolge körperlicher Ermüdung und Erschöpfung der Willensreiz nur träge zu den Muskeln fortgeleitet wird, und wenn diese nur schwer den Rest ihrer potentiellen Energie in Arbeit umzusetzen imstande sind, so beseitigt das Coffeïn einerseits die verstärkten Widerstände im Zentralnervensystem, dessen Erregbarkeit es erhöht, und disponiert andererseits die Muskeln, leichter aus dem erschlafften in den verkürzten Zustand überzugehen“[3].

[1]) Dreser, Archiv für experimentelle Pathologie und Pharmakologie. Bd. 27, 1890, S. 50.

[2]) W. Koch, Ergographische Studien. Dissertation Marburg 1894. Hoch und Kraepelin, Kraepelin's Psychologische Arbeiten. Bd. 1, 1896, S. 378. Schumburg, Archiv für Physiologie 1899. Supplementband S. 289.

[3]) Schmiedeberg, Grundriß der Pharmakologie, 1902, S. 88.

Wenn nun aber auch die Wirkung des Coffeïns in den Wirkungen des Kaffees deutlich zu erkennen ist, so ist sie doch mit ihnen nicht identisch. Die mit dem Namen Kaffeeöl[1]) belegten flüchtigen Röstprodukte üben, wie auch das Theeöl, eine gleichfalls erregende Wirkung aus und zwar ebenfalls auf das Gehirn und auf die Atmung[2]). Sowohl am normalen wie am alkoholbetäubten Hund, als auch am Menschen, trat eine Steigerung der Größe der Atmung, bedingt durch eine Zunahme der Häufigkeit der Atemzüge, auf. Diese Atmungsaufbesserung zeigten die Versuchspersonen nach Aufnahme des coffeïnfreien Destillats der gerösteten Bohnen besonders dann, wenn sie einige Stunden vorher ohne Nahrung geblieben waren. Das Kaffeeöl ist aber nach vielen Erfahrungen geeignet, einen empfindlichen Magen zu belästigen oder nicht unwesentlich zu reizen; auch ist es wahrscheinlich, daß der Kaffee infolge des Gehalts an Kaffeeöl bei vielen Menschen leicht abführend wirkt. In beiden Fällen wird dann in der Regel der ebenfalls Coffeïn- haltige Thee, dem das Kaffeeöl fehlt und der reichlich Gerbsäure enthält, vertragen. Es scheint also im Kaffee die Kaffeegerbsäure ihre physiologische Wirkung nicht entfalten zu können. Die in dem Kaffeeaufguß vorhandenen Kaliumsalze sind trotz der immer wieder auftauchenden gegenteiligen Behauptungen in dem Wirkungsbild des Kaffees ebenso ohne Bedeutung wie in dem Fleischextrakt und in den Kartoffeln, in denen sie sich in reichlicher Menge finden. Daß das warme Wasser, in dem die löslichen Kaffeebestandteile genossen werden, bei Zufuhr größerer Mengen nicht ohne Einfluß auf den Körper ist, bedarf nur der Erwähnung.

Die verschiedene Reaktion der einzelnen Menschen auf den Kaffee ist schon erwähnt worden. Jedenfalls muß man sich hüten, eine an sich oder anderen Personen beobachtete Wirkung des Kaffees verallgemeinern zu wollen.

## Die hygienische Beurteilung des Kaffeetrinkens.

Nach dem statistischen Jahrbuch für das Deutsche Reich[3]) betrug der Jahresverbrauch im deutschen Zollgebiet:

---

[1]) Neuerdings hat E. Erdmann dem Furfuralkohol im Kaffeeöl einen Anteil bei der Kaffeewirkung zugeschrieben. Archiv für experimentelle Pathologie und Pharmakologie. Bd. 48. 1902, S. 233. Vergleiche im übrigen auch den chemischen Teil.

[2]) Binz, Archiv für experimentelle Pathologie und Pharmakologie, Bd. 9, 1878, S. 31. — Binz, Centralblatt für innere Medizin. 1900, S. 1169. — Archangelsky, Archives internationales de pharmacodynamie et de thérapie, Bd. 7, 1900, S. 405.

[3]) 22. Jahrgang, 1901, S. 160.

| | für Kaffee | | für Thee | |
|---|---|---|---|---|
| | im Ganzen Tonnen = 1000 kg | auf den Kopf kg | im Ganzen Tonnen = 1000 kg | auf den Kopf kg |
| 1836—1840 | 26 600 | 1,01 | 122 | 0,004 |
| 1841—1845 | 35 373 | 1,25 | 137 | 0,004 |
| 1846—1850 | 39 810 | 1,34 | 172 | 0,01 |
| 1851—1855 | 49 054 | 1,57 | 621 | 0,02 |
| 1856—1860 | 59 770 | 1,79 | 646 | 0,02 |
| 1861—1865 | 65 924 | 1,87 | 637 | 0,02 |
| 1866—1870 | 82 827 | 2,20 | 748 | 0,02 |
| 1871—1875 | 93 249 | 2,27 | 1018 | 0,02 |
| 1876—1880 | 101 366 | 2,33 | 1381 | 0,03 |
| 1881—1885 | 110 907 | 2,44 | 1564 | 0,03 |
| 1886—1890 | 114 263 | 2,38 | 1912 | 0,04 |
| 1891—1895 | 122 897 | 2,41 | 2614 | 0,05 |
| 1896—1900 | 146 851 | 2,69 | 2833 | 0,05 |

Während also in den letzten fünf Jahren auf den Kopf der Bevölkerung 2,69 kg Kaffee jährlich entfallen, beträgt die entsprechende Menge für Thee nur 50 g.

In Österreich[1]) soll der Kaffeeverbrauch in den letzten 50 Jahren um mehr als das Fünffache zugenommen haben. Die Gesamterzeugung der Erde kann man auf etwa 650 000 Tonnen veranschlagen[1]).

Die Art der Bereitung des Kaffees, die Mengen des verwendeten Kaffees und Wassers schwanken sehr: in Deutschland nimmt man 13—20 g auf $^1/_5$ l Wasser, in Wien zur Bereitung des sogenannten Piccolokaffees 30 g, in Arabien angeblich 80 g auf die gleiche Wassermenge[2]).

Nach Untersuchungen von J. Katz[3]) gingen von dem Coffeïngehalt des Kaffees bis zu rund 95 % in die Aufgußflüssigkeit über[4]).

Im Mittel zahlreicher Untersuchungen hat der rohe und geröstete Kaffee etwa folgende Zusammensetzung:[5])

[1]) Zitiert nach Bernatzik-Vogl, Lehrbuch der Arzneimittellehre. 1900, S. 739.

[2]) König, Die menschlichen Nahrungs- und Genußmittel III. Aufl. 1893, S. 1043.

[3]) Vergleiche S. 115.

[4]) Vergleiche Chemischer Teil S. 79.

[5]) Nach Vereinbarungen zur einheitlichen Untersuchung von Nahrungs- und Genußmitteln, Heft III, 1902, S. 26.

| | Wasser | Eiweißstoffe | Coffeïn | Fett u. Öl (Ätherextrakt) | Rohrzucker | Gerbsäure | Stickstoffreie Extraktstoffe | Rohfaser | Asche |
|---|---|---|---|---|---|---|---|---|---|
| | % | % | % | % | % | % | % | % | % |
| Roh . . . | 11,35 | 11,89 | 1,29 | 12,34 | 8,39 | 6,42 | 18,11 | 26,16 | 4,05 |
| Geröstet | 1,73 | 13,77 | 1,27 | 13,92 | 1,23 | 4,69 | 32,39 | 26,31 | 4,69 |

Es hat gar nichts Überraschendes, daß ein Getränk, welches das arzneilich wirksame Coffeïn in solchen Mengen enthält, in allen Fällen nicht als harmlos bezeichnet werden kann. Fehlt auch bis jetzt jeder tiefere Einblick in das Zustandekommen und das eigentliche Wesen der Coffeïnwirkung, so kann die tagtägliche Anreizung des Nervensystems keineswegs ohne alle Folgen für dasselbe verlaufend gedacht werden. Wie bei allen Reizmitteln, so läßt auch beim Coffeïn die Wirkung allmählich etwas nach; ohne gleichzeitige Abnutzung der auf Coffeïn reagierenden Gehirnteile kann dieser Eingriff nicht gedacht werden. Es macht sich aber hier ein weiterer Vorzug des Kaffees vor den weingeistigen Getränken, dem Morphium u. s. w., darin geltend, daß eine Gewöhnung des Menschen nicht eintritt und einem Übermaß durch die steigende Erregung, Beunruhigung und Angst vorgebeugt wird. Die Wirkungen übermäßigen Kaffeegenusses sind hinreichend bekannt. Auch die in den Fachschriften niedergelegten Selbstbeobachtungen nach Aufnahme größerer Mengen Kaffee und absichtliche Vergiftungen zeigen die hohe Wirksamkeit und Giftigkeit. Eine Frau übergoß 250 g frisch und leicht gebrannten, fein gemahlenen Kaffee mit $^1/_2$ l siedendem Wasser, ließ das Gemisch 5 Minuten lang kochen, preßte es durch ein wollenes Gewebe und trank diese Lösung, mit der sie sich schätzungsweise 3,2 g Coffeïn zuführte, auf einmal. Bei völlig klarem Bewußtsein trat höchste seelische Angst, Herzklopfen, mühsame und rasche Atmung, Unruhe, Schlaflosigkeit, Zittern und krampfartige Empfindungen in den Hals- und Nackenmuskeln ein. Auch Erbrechen und Diarrhöe folgten. Erst nach 3 Stunden ließ der schwere Zustand allmählich nach, nach 24 Stunden war er völligem Wohlbefinden gewichen.[1]) Auch in den vom amtlichen Deutschen Arzneibuch fest-

[1]) Curschmann, Deutsche Klinik 1873, S. 377, zitiert nach Binz, Vorlesungen über Pharmakologie, II. Aufl., 1891, S. 206.

gelegten Höchstgaben, die der Arzt ohne weiteres bei einer Verordnung von Coffeïn nicht überschreiten darf, kommt die starke Wirksamkeit dieses Stoffs zum Ausdruck. Bei einmaliger Gabe beträgt die Höchstgrenze 0,5 g, bei Verteilung des Coffeïns über einen Tag 1,5 g.

Ein Getränk, welches bei Verwendung kleiner Mengen doch schon die Anfänge der geschilderten Vergiftungswirkungen des Coffeïns in sich trägt, eignet sich nicht zum Genuß für Kinder, nervöse und herzkranke Personen. Es ist deshalb ziemlich allgemein üblich, Kindern, die überdies eines nervenanregenden Genußmittels nicht bedürfen, Kaffee vorzuenthalten. Dies stößt umsoweniger auf Schwierigkeit, als Kinder im allgemeinen starken, schwarzen Kaffee zurückweisen.

Wesentlich anders ist der Gebrauch des Kaffees bei Erwachsenen zu beurteilen, die dieses Anregungsmittel täglich oder nur vorübergehend zur Anspannung ihrer geistigen Fähigkeiten in Ermüdungszuständen zu sich nehmen. Es hat zu jeder Zeit und wohl bei allen Völkern Mittel gegeben, deren sich die Menschen zur Anspannung oder Beruhigung und Betäubung ihrer Nerven bedienten. Das Bedürfnis nach solchen Mitteln kann kaum noch bestritten werden. Der Kaffee ist den weingeistigen Getränken nicht gleich zu beurteilen. In gewissen Fällen mag es empfehlenswert sein, eine kurze Anspannung der geistigen Kräfte durch ein Glas Bier oder Wein zu ermöglichen, weil diese Reizung in Folge des bei Alkoholgenuß sich einstellenden Beruhigungs und Ermüdungsgefühls, das zu einem erwünschten Zustand von Ermattung oder Schlaf führt, nicht über eine gewisse Grenze hinaus getrieben werden kann. Jedoch im allgemeinen kann es nur als ein Vorteil vom Standpunkt des Volkswohls bezeichnet werden, wenn es dem Kaffee — wie vielfach von zuverlässiger Seite behauptet wird — gelungen ist, den übermäßigen Genuß weingeistiger Getränke einzuschränken. Trotzdem könnte aber eine Aufklärung in dem Sinne nur zum Nutzen des Publikums ausschlagen, daß auch der Kaffeeaufguß nur als ein Anregungsmittel beurteilt werden darf und daher auch nur als ein Anregungsmittel genommen werden sollte und daß ihm jeder Nährwert abgeht, wie solcher z. B. der früher gebräuchlichen Mehlsuppe innewohnt.

Der Kaffee, in Form der gemahlenen Bohnen oder eines Aufgusses, wird in der Haus- und Volksmedizin teils als Arzneimittel, teils als Zusatzmittel zu Arzneien verwendet. Wegen seines Gehalts an ätherischen Ölen wird das Pulver zum vorläufigen Verband bei Wunden benutzt, ein Gebrauch, der nicht zu befürworten ist. Auch als Schnupfpulver findet der Kaffee Verwendung. Zur Verdeckung des unangenehmen und bitteren Geschmacks mancher Arzneien, wie Ricinusöl oder Chinin, ist der Kaffeeaufguß geeignet. Häufig gelingt es, Kinder, Kranke oder Genesende zur Aufnahme größerer Mengen von Milch durch Vermischen mit Kaffee zu bewegen. Am wenigsten sicher ist die ihm vom Publikum zugeschriebene stopfende Wirkung. Als Belebungsmittel bei Ohnmachten, Erfrierungen, beim Alkoholrausch wird er viel gebraucht; auch bei anderen das Zentralnervensystem lähmenden Giften, wie Morphium, ist er ein zweckmäßiges erstes Arzneimittel. Wegen seines Gerbsäuregehalts kann er bei Vergiftung mit Morphium (Opium) und anderen giftigen Pflanzenbasen (Alkaloiden) als am schnellsten zu erlangendes und giftbindendes Gegengift benutzt werden.

Die beträchtliche Zunahme des Verbrauchs an Kaffee (vergleiche Tabelle S. 119) ist nicht zum wenigsten durch seine Verwendung bei der großen Masse der Bevölkerung bedingt. In diesen Kreisen ist aber von jeher der Kaffee nicht als Anregungsmittel im Gebrauch gewesen; hier spielt er vielmehr in sehr verdünntem Aufguß überwiegend die Rolle eines Vermittlers für die Aufnahme von Wasser in schmackhafter Form und von Nährstoffen, sei es, daß der Kaffeeaufguß Träger von Nährstoffen wird, oder daß er die Aufnahme von Nahrungsmitteln erleichtert.

Von diesem Gesichtspunkt aus ist die Volksgewohnheit, den Kaffee mit Milch oder Sahne zu versetzen und mit Zucker zu versüßen, zweckmäßig. Breiten Bevölkerungsschichten ermöglicht der Kaffee als dünner, reichlich genossener Aufguß die Aufnahme der zu ihrer Ernährung erforderlichen Mengen trockener Kost. Die Nahrung der Bewohner mancher Gebirgsgegenden, welche im wesentlichen aus Kartoffeln mit Leinöl, Salz oder Hering und aus Brot besteht, wäre wohl kaum auf die Dauer genießbar ohne gleichzeitige Zufuhr reichlicher Mengen eines schmackhaften, warmen Getränks, wie es ein dünner Kaffee ist, zumal wenn er auch zu und nach den Mittag- und Abendmahlzeiten, zum Löschen des Durstes dient. Hier macht sich der Wert des Kaffeegetränks in der Hauptsache als Geschmacksmittel und als ein Mittel geltend, diejenigen Mengen von Wasser dem Körper zuzuführen, welche der Mensch schon unter den alltäglichen Verhältnissen nötig hat. Ähnlich zu beurteilen sind diejenigen Fälle, in welchen der Mensch bei Verrichtung seiner Arbeit das Bedürfnis nach einer gesteigerten Wasseraufnahme empfindet, indem der

Kaffee imstande ist, diese Mengen Wasser trinkbar zu machen. Wenn Kesselheizer, Glasbläser während ihrer Arbeitszeit bei hohen Außentemperaturen einen dünnen Kaffeeaufguß literweise zu sich nehmen, oder wenn Soldaten auf Märschen reichlich Kaffee genießen, kann weniger von einer Wirkung des Kaffees als von der des Wassers gesprochen werden. Bei Versuchen in der städtischen Gasanstalt zu Leipzig verweigerten Kesselheizer sehr bald reines Wasser; die in Form selbst des leichtesten Bieres gebotene Flüssigkeit machte sie müde und arbeitsunfähig; ein Kaffeeaufguß von etwa 6 g Bohnen auf 1 l Wasser erwies sich dagegen als das beste Mittel, Wasser in schmackhafter Form beinahe in beliebiger Menge zur Ausgleichung des durch das starke Schwitzen bedingten Wasserverlustes zuzuführen.

Es lag nahe, daß die Industrie hier eingriff, indem sie durch Herrichtung von anderen billigeren Pflanzen und Pflanzenteilen, welche in einen Aufguß gleichfalls aromatische und bitter schmeckende Stoffe, aber kein Coffeïn, übergehen lassen, Ersatzstoffe dem Kaffee an die Seite zu stellen suchte. Von diesen Surrogaten erwartet das Publikum gar nicht, daß ihnen Wirkungen zur Anspannung der geistigen und körperlichen Kräfte innewohnen, oder daß sie zu heilenden oder diätetischen Zwecken Verwendung finden können. In den breiten Schichten des Volkes wird es sich deshalb beim Uebergang vom Kaffee zum gerösteten Getreide oder einem anderen Ersatzstoff überhaupt nicht um ein Aufgeben der dem starken Kaffee hauptsächlich infolge seines Coffeïngehalts zukommenden Wirkungen handeln, während in den übrigen Kreisen, welche den Kaffee mehr oder weniger ausschließlich als nervenanregendes Mittel schätzen, die Ersatzstoffe sich kaum einbürgern werden, weil sie infolge des Fehlens des Coffeïns kein vollwertiges Surrogat des Kaffees darstellen.

Ist sich das Publikum dieser Tatsachen bewußt, so ist gegen die Ausbreitung der Verwendung der Kaffeeersatzstoffe keinerlei hygienisches Bedenken zu erheben. Voraussetzung ist natürlich, daß die zu den Surrogaten verwendeten Materialien gut und unverfälscht sind.

Ein Vergleich zwischen den physiologischen Wirkungen des Bohnenkaffees und seiner sogenannten Ersatzstoffe ist zur Zeit noch nicht möglich, da die bis jetzt hierüber vorliegenden Untersuchungen einen Einblick in das Wirkungsbild der Kaffeeersatzstoffe noch nicht ermöglichen. Früher[1])

[1]) v. Bibra, Der Kaffee und seine Surrogate. München 1858.

hat man den Aufguß von Cichorie als widerwärtig schmeckendes, nur ungern genommenes Getränk bezeichnet; allein schon der steigende Verbrauch dieses Ersatzstoffes zeigt, daß diese Beurteilung als widerlegt gelten kann. Neuerdings wird behauptet, daß die Getreidekaffees dieselben Wirkungen wie ein annähernd coffeïnfreier Kaffeeaufguß besitzen, besonders wenn sie, wie der Kathreinersche Malzkaffee, mit dem stark gerbsäurehaltigen und schwach coffeïnhaltigen Fleisch der Kaffeefrucht behandelt seien.[1])

Jedenfalls muß man die Ersatzmittel des Kaffees, gleichgültig, welchen Namen sie führen, im wesentlichen als unter sich gleichwertig betrachten; sie haben einen bitteren Geschmack, verleihen dem Aufguß ein mehr oder weniger starkes Aroma und eine dunkle Farbe, derentwegen auch in Kaffeehäusern und in den Haushaltungen ein geringer Surrogatzusatz als Färbemittel zum Kaffee beliebt ist. Auch der Kathreinersche Malzkaffee, der Coffeïn in sehr geringer Menge durch Imprägnierung der Gerstenmalzkörner mit coffeïnhaltigem Kaffeefruchtfleisch enthält, kann nicht Anspruch auf den Namen eines wirklichen Ersatzmittels des Kaffees erheben in dem Sinne, daß ihm die bei dem Bohnenkaffee so geschätzten anregenden Wirkungen innewohnen.

Da ein hygienisches und volkswirtschaftliches Interesse, den Verbrauch coffeïnhaltiger Genußmittel zu steigern, nicht vorliegt, sollte den Bemühungen, die Ersatzstoffe aus einheimischen Produkten auf Kosten des Bohnenkaffees auszubreiten, kein Widerstand entgegengesetzt werden.

Im deutschen Zollgebiet[2]) betrug die Einfuhr und Ausfuhr von Kaffeesurrogaten, außer Cichorien:

| | Januar bis März | | |
|---|---|---|---|
| | 1902 | 1901 | 1900 |
| Einfuhr . . . . . . . . . . . . . . | 39 dz[3]) | 44 dz | 51 dz |
| Ausfuhr . . . . . . . . . . . . . | 2210 dz | 1877 dz | 1757 dz |

[1]) Nicolai, Der Kaffee und seine Ersatzmittel. Hygienische Studie, Vierteljahrsschrift für öffentliche Gesundheitspflege 1901, S. 294.

[2]) Monatliche Nachweise über den auswärtigen Handel des deutschen Zollgebiets. März 1902, S. 160 u. 163.

[3]) 1 dz (Doppelzentner) = 100 kg.

Desgleichen die Einfuhr und Ausfuhr von Cichorien (gebrannt oder gemahlen):

| | Januar bis März | | |
|---|---|---|---|
| | 1902 | 1901 | 1900 |
| Einfuhr . . . . . . . . . . . . . . . | 4376 dz | 4877 dz | 4787 dz |
| Ausfuhr . . . . . . . . . . . . . . . | 1222 dz | 2008 dz | 3590 dz |

# D. Gesetzliche Bestimmungen, Verordnungen, Erlasse über Kaffee und Kaffeeersatzstoffe.

---

## Deutsches Reich.

**Deutsches Reich.** Verordnung, betreffend das Verbot von Maschinen zur Herstellung künstlicher Kaffeebohnen. Vom 1. Februar 1891. Veröffentlichungen des Kaiserlichen Gesundheitsamtes 1891, S. 97.

Wir Wilhelm, von Gottes Gnaden Deutscher Kaiser, König von Preußen etc. verordnen im Namen des Reichs auf Grund des § 6 des Gesetzes, betreffend den Verkehr mit Nahrungsmitteln etc., vom 14. Mai 1879, nach erfolgter Zustimmung des Bundesrats, was folgt:

Das gewerbsmäßige Herstellen, Verkaufen und Feilhalten von Maschinen, welche zur Herstellung künstlicher Kaffeebohnen bestimmt sind, ist verboten.

Gegenwärtige Verordnung tritt mit dem Tage ihrer Verkündung in Kraft.

Urkundlich unter Unserer Höchsteigenhändigen Unterschrift und beigedrucktem Kaiserlichen Insiegel.

Gegeben Berlin im Schloß, den 1. Februar 1891.

(L. S.) Wilhelm.

**Preußen.** Rundschreiben der Königl. preußischen Minister der geistlichen etc. Angelegenheiten und für Handel und Gewerbe, betreffend Kunstkaffee. Vom 14. Juni 1889. Veröffentlichungen des Kaiserlichen Gesundheitsamtes 1889, S. 538.

Die Königlichen Regierungspräsidenten und Königlichen Regierungen, sowie der Königliche Polizeipräsident zu Berlin werden darauf aufmerksam gemacht, daß durch die Firma J. Heckhausen & Weies in Cöln a. Rh. unter dem Namen „Gassens Kunstkaffee“ künstliche Kaffeebohnen in den Handel gebracht werden, die den gebrannten natürlichen so ähnlich sind, daß eine betrügerische Beimengung zu den letzteren stattfinden kann. Es wird deshalb ersucht, die zuständigen Behörden mit entsprechender Benachrichtigung zu versehen, damit im Falle der Verwendung jener Bohnen zu betrügerischen Zwecken auf Grund des § 10 des Nahrungsmittelgesetzes vom 14. Mai 1879 eingeschritten werden könne.

**Preußen.** Ministerial-Erlaß, den Vertrieb des Gassenschen Kunstkaffees betreffend. Vom 3. Januar 1890. Veröffentlichungen des Kaiserlichen Gesundheitsamtes 1890, S. 217.

Unter Bezugnahme auf den Erlaß vom 14. Juni 1889 (siehe oben) werden die Königlichen Regierungspräsidenten mit Ausnahme des Königlichen Regierungspräsidenten zu Cöln beauftragt, vor dem Vertriebe des Gassenschen Kunstkaffees mit Hinweisung auf die einschlägigen Vorschriften des Nahrungsmittelgesetzes in geeigneter Weise öffentlich zu warnen.

**Preußen.** Reg.-Bez. Oppeln. Bekanntmachung, betreffend Gassens Kunstkaffee. Vom 19. Januar 1890. Veröffentlichungen des Kaiserlichen Gesundheitsamtes 1891, S. 312.

Der Regierungspräsident zu Oppeln warnt vor dem Ankauf und Vertriebe des Gassenschen Kunstkaffees unter Hinweis auf die Strafbestimmungen der §§ 10 und 11 des Gesetzes, betreffend den Verkehr mit Nahrungs- und Genußmitteln.

**Preußen.** Berlin. Bekanntmachung, Kaffee und Kaffeesurrogate betreffend. Vom 15. Oktober 1895. Veröffentlichungen des Kaiserlichen Gesundheitsamtes 1895, S. 910.

Die Übelstände, welche sich in letzter Zeit im Verkehr mit Kaffee und Kaffeesurrogaten herausgestellt haben, geben mir Veranlassung, in folgendem die Resultate zu veröffentlichen, welche die Untersuchung einiger, besonders eifrig angepriesener Präparate ergeben hat.

1. Kathreiners Malzkaffee und der Kneippsche und Franksche Malzkaffee sind mit Zucker überzogene, mäßig gebrannte und schwach gemälzte Gerste, enthalten keine Spur von Stoffen, welche dem Kaffee eigen sind, haben weder heilende noch diätetische Wirkung und sind für den Preis von 0,40 *M.* pro Kilogramm herstellbar.

2. Unter dem Namen „Viktoria-Kaffee“ werden gebrannte und teilweise geschrotete Gerste, unter dem Namen „Kaffeeschrot“ die Abfälle schwach gebrannter Zuckerrüben und Cichorienwurzeln in den Handel gebracht.

3. Die gezuckerten Kaffeesorten, wie sie von Zuntz sel. Ww. und vielen anderen Firmen, mit oder ohne Deklaration des Zuckerzusatzes, auf den Markt gebracht werden, enthalten vielfach nicht allein Zucker, sondern auch mehr oder weniger Umwandlungsprodukte desselben, sowie mitunter erhebliche Mengen an Wasser des zur Zuckerung benutzten Sirups.

Die sogenannte Glasierung des Kaffees dient keineswegs lediglich dem Zwecke, das Aroma des Kaffees zu konservieren, sondern gewährt dem Fabrikanten den doppelten Vorteil, eine künstlich beschwerte und weniger stark gebrannte Ware verkaufen zu können, welche mit heißem Wasser keine höheren Extrakte ergibt, als ohne Zuckerzusatz gebrannter Kaffee.

Der Polizei-Präsident.
von Windheim.

**Preußen.** Berlin. Bekanntmachung, in bleihaltigen Metallfolien verpackte Kaffeepräparate betreffend. Vom 8. August 1894. Veröffentlichungen des Kaiserlichen Gesundheitsamtes 1895, S. 363.

Es ist zu meiner Kenntnis gekommen, daß Kaffeepräparate, sog. Kaffee-Essenzen, in den Verkehr gebracht werden, welche in 90% Blei enthaltenden Metallfolien verpackt sind. Ich mache darauf aufmerksam, daß eine solche Verpackung von Genußmitteln in hohem Grade gesundheitsschädlich ist, und daß gegen Verkäufer und Fabrikanten derartig verpackter Genußmittel auf Grund der gesetzlichen Bestimmungen wird vorgegangen werden.

Der Polizei-Präsident.
I. V.: Friedheim.

**Preußen.** Berlin. Bekanntmachung, betreffend Kathreiners Malzkaffee. Vom 1. Oktober 1896. Veröffentlichungen des Kaiserlichen Gesundheitsamtes 1896, S. 882.

Im Anschluß an meine Bekanntmachung vom 15. Oktober v. J. wird hierdurch zur Kenntnis gebracht, daß bei einer neuerdings von dem Reichs-Gesundheitsamt angestellten Untersuchung größerer Proben von Kathreiners Kneipp-Malzkaffee kleine Mengen von Kaffeebestandteilen, nämlich Coffeïn und Kaffeegerbsäure, nachgewiesen sind.

Der Polizei-Präsident.
von Windheim.

**Preußen.** Barmen. Aus der Polizeiverordnung, betreffend den Verkehr mit Bier, Branntwein, Butter, konservierten Nahrungsmitteln, Essig, Kaffee, Käse, Milch und Wurst. Vom 3. August 1897. Veröffentlichungen des Kaiserlichen Gesundheitsamtes 1899, S. 405.

Kaffee.

§. 6. Bei feilgehaltenem oder zum Verkauf kommendem gebrannten Kaffee darf der Gehalt an Zucker (Karamel) höchstens 3 % betragen.

**Hessen.** Darmstadt. Bekanntmachung, betreffend den Verkauf von gebranntem Kaffee. Vom 25. Februar 1896. Veröffentlichungen des Kaiserlichen Gesundheitsamtes 1896, S. 317.

Es ist die Beobachtung gemacht worden, daß gebrannte Kaffeesorten, welche durch Zusätze, wie Zucker, glasiert oder durch Zusätze, wie Fette, Pflanzenöle oder Mineralöle, glänzend gemacht werden, um dadurch dem Kaffee ein schöneres Aussehen zu geben, ohne weitere Bezeichnung und Angabe dieses Umstandes in den Handel kommen.

Die Verkäufer von gebranntem Kaffee machen wir daher darauf aufmerksam, daß die Verwendung von Zusätzen jeglicher Art bei Herstellung von gebranntem Kaffee, ohne nähere Angabe des Verschönerungsmittels, im Sinne des Nahrungsmittelgesetzes vom 14. Mai 1879 als eine Verfälschung zu betrachten ist, weil durch die Art der Herstellung einerseits eine Gewichtsvermehrung des Kaffees bewirkt wird, und weil andererseits durch solche Verschönerungsmittel geringe Kaffeesorten ohne Qualitätsverbesserung den besseren Sorten ähnlich gemacht werden.

Gegen diejenigen Händler, welche in Zukunft derartig gebrannten Kaffee ohne entsprechende Bezeichnung feilhalten oder verkaufen, werden wir auf Grund des Reichsgesetzes vom 14. Mai 1879, betreffend den Verkehr mit Nahrungsmitteln, Genußmitteln und Gebrauchsgegenständen vorgehen.

Großherzogliches Polizeiamt Darmstadt.
Fey.

## Österreich.

Erlaß des Ministeriums des Innern an alle politischen Landesbehörden, Z. ad 14661 ex 1890, betreffend die verschärfte sanitäre Überwachung der Fabrikation von Kaffeesurrogaten. Vom 1. Februar 1891. Veröffentlichungen des Kaiserlichen Gesundheitsamtes 1891, S. 530.

Bei verschiedenen Anlässen wurde die Wahrnehmung gemacht, daß die Bereitung sogenannter Surrogate von Nahrungs- und Genußmitteln, insbesondere auch bei der Erzeugung von Kaffeesurrogaten, entgegen den bestehenden gesetzlichen Bestimmungen und jenen der Ministerialverordnung vom 1. Mai 1896, R. G. B. No. 54, nicht selten in einer in sanitärer Beziehung nicht unbedenklichen Weise stattfindet, und daß somit die im Sinne der gedachten Bestimmungen zu pflegende sanitätspolizeiliche Aufsicht nur mangelhaft geübt wird.

Die k. k. . . . . . . wird daher in Folge Anregung seitens des Obersten Sanitätsrates beauftragt, die auf die Bereitung und den Verkehr mit den oben bezeichneten Artikeln Bezug habenden Vorschriften strengstens zu handhaben und dafür Sorge zu tragen, daß seitens der Amtsärzte anlässlich der von ihnen vorzunehmenden Revisionen und periodischen Bereisungen den betreffenden Fabrikationsstätten besondere Aufmerksamkeit zugewendet, Unzukömmlichkeiten sofort abgestellt und überhaupt auf strikte Beobachtung der bezüglichen gesetzlichen Anordnungen gedrungen werde.

Sollten bedeutendere sanitäre Übelstände zur Wahrnehmung gelangen, so ist in solchen Fällen unverweilt eine ordnungsmäßige kommissionelle Erhebung einzuleiten und auf Grund des Ergebnisses derselben sofort auch das Erforderliche zu veranlassen.

Die bei Handhabung dieser Vorschriften gemachten Wahrnehmungen sind alljährlich im Ergänzungsberichte des Jahres-Sanitätsberichtes zur Darstellung zu bringen.

## Schweiz.

**Kanton St. Gallen.** Aus der Verordnung, betreffend den Verkehr mit Lebensmitteln. Vom 1. Juni 1895. Die schweizerische Lebensmittelgesetzgebung. Bern 1899, S. 593.

Kolonialwaren.

Art. 41. Unter der Bezeichnung Kaffee, Thee, Pfeffer, Zimt, Safran, Gewürznelken, Muskatnuß etc. darf nur das reine, unvermischte Naturprodukt oder das aus demselben ohne irgend welchen Zusatz durch mechanische Zerkleinerung erhaltene Pulver zum Verkauf gebracht werden.

Art. 42. Die Fabrikation und der Verkauf von Präparaten, welche in der äußeren Form das Naturprodukt nachahmen (künstliche Kaffeebohnen, Pfefferkörner etc.), ist verboten.

Art. 43. Mischungen von Kaffee mit Ersatzmitteln (Surrogaten) und diese Ersatzmittel selbst, wie Cichorie, geröstetes Getreide, Feigen etc., müssen ihrer Zusammensetzung gemäß und so benannt sein, daß der Käufer über die Natur des Produktes nicht im unklaren sein kann.

**Kanton Luzern.** Aus der Verordnung, betreffend Lebensmitteluntersuchung. Vom 17. November 1893. Ebenda, S. 591.

§ 19. Normativzahlen. Kaffee soll nicht mehr als 4 % Asche hinterlassen (ausnahmsweise für Mokka 8 %).

Künstliche Färbung wird als Fälschung betrachtet. Mischungen des Kaffees mit Ersatzmitteln sind in keinerlei Täuschung zulassender Weise zu bezeichnen.

**Kanton Graubünden.** Aus der Ausführungsverordnung zum Gesetz über die staatliche Kontrolle von Lebens- und Genußmitteln. Vom 12. Februar 1897. Ebenda, S. 593.

Kolonialwaren.

§ 24. Kaffee, Thee und Gewürze dürfen nur als reine Naturprodukte oder in gemahlenem Zustande ohne irgend welche Zusätze verkauft werden. Kaffeesurrogate (Cichorien, Feigen, Getreide, Malz, Eicheln etc.) und Gemische derselben mit Kaffee sollen ihrer Herkunft gemäß deklariert werden.

**Kanton Bern.** Aus der Verordnung, betreffend den Verkehr mit Kaffee, Kakao, Thee und Gewürzen. Vom 19. März 1890. Ebenda, S. 589.

§ 1. Unter der Bezeichnung Kaffee, Thee, Kakao, Gewürze, wie Pfeffer, Safran, Gewürznelken, Zimt u. s. w., darf nur das reine Naturprodukt oder das aus demselben ohne irgend welche Zusätze hergestellte Erzeugnis des betreffenden Namens in den Verkehr gebracht werden.

§ 2. Jedes Auffärben der zum Verkaufe bestimmten Kaffeebohnen, auch wenn dazu unschädliche Stoffe verwendet werden, ist verboten.

Der gemahlene Kaffee des Handels darf keine fremden Bestandteile enthalten.

Mischungen des Kaffees mit Ersatzmitteln (Surrogaten) sind ihrer Zusammensetzung gemäß zu bezeichnen.

Alle Ersatzmittel des Kaffees dürfen nur unter Bezeichnungen, welche ihrer Zusammensetzung entsprechen und über die Natur der Ware keine Täuschung zulassen, in den Handel kommen.

**Kanton Zürich.** Aus der Verordnung, betreffend die Bezeichnung von Kaffeesurrogaten. Vom 31. Dezember 1896. Ebenda, S. 589.

§ 1. Die mit Kaffeesurrogaten handelnden Firmen werden angewiesen, auf den Etiketten etc. nach folgender Vorschrift die Bezeichnung ihrer Kaffeesurrogate durchzuführen:

Wenn ein Kaffeesurrogat nur einen Hauptbestandteil enthält, so ist derselbe als Titel und Aufschrift zu verwenden, z. B. Cichorienkaffee, Malzkaffee etc.

Wenn dasselbe eine Mischung aus mehreren Bestandteilen ist, so muß der Haupttitel „Kaffeesurrogat" lauten; außerdem sind entweder die hauptsächlichsten Bestandteile auf der Etikette anzugeben oder alle Bestandteile der Gesundheitsbehörde zu nennen.

§ 2. Übertretungen dieser Vorschrift unterliegen den Strafbestimmungen des Gesetzes, betreffend die öffentliche Gesundheitspflege und die Lebensmittelpolizei vom 10. Dezember 1876.

**Kanton Glarus.** Aus der Verordnung, betreffend Anforderungen an Lebensmittel und Getränke. Vom 28. Januar 1885 und 14. April 1886, ergänzt 1892. Ebenda, S. 591.

Spezereiwaren.

Sämtliche hierunter verstandene Artikel dürfen nur in unvermischtem, unverdorbenem Zustande zum Verkauf kommen. Mit Surrogaten vermischte Waren, sowie die Surrogate selbst sind ihrem Ursprung und ihrer Darstellungsweise gemäß zu bezeichnen; diese Bezeichnung muß auch auf einer eventuellen Originalverpackung leicht sichtbar sein.

Die Beurteilung dieser Artikel, sowie auch einer eventuell gesundheitsschädlichen Verpackung ist Sache des Chemikers.

**Kanton Zug.** Aus dem Regulativ für den Kantonschemiker. Vom 10. April 1882. Ebenda, S. 592.

II. Normativzahlen. Kaffee, gemahlen, soll nicht mehr als 5 % Asche enthalten.

**Kanton Thurgau.** Aus der Vollziehungsverordnung zum Gesetz über die öffentliche Gesundheitspflege und Lebensmittelpolizei. Vom 28. November 1891. Ebenda, S. 594.

Verkauf von Kaffee, Thee und Gewürzen.

§ 58. Unter der Bezeichnung Kaffee, Thee, Pfeffer, Zimt, Safran etc. darf nur das reine Naturprodukt oder das aus demselben ohne irgend welchen Zusatz hergestellte Pulver in den Verkehr gebracht werden.

§ 59. Der Verkauf auch mit unschädlichen Stoffen aufgefärbter Kaffeebohnen ist verboten.

§ 60. Mischungen des Kaffees mit Ersatzmitteln (Surrogaten) sind ihrer Zusammensetzung gemäß zu bezeichnen.

§ 61. Sollte havarierter oder schon mit Wasser ausgezogener Thee oder Kaffee, für sich allein oder mit reiner Ware vermischt, zum Verkauf kommen, so ist derselbe genau diesem Umstande gemäß zu bezeichnen.

**Kanton Wallis.** Aus den Ausführungsbestimmungen, betreffend die Polizeiverordnung über den Verkauf von Nahrungsmitteln und Getränken. Vom 16. Mai 1883. Ebenda, S. 595.

Spezerei- und Kolonialwaren.

Art. 17. Die Spezerei- und die Kolonialwaren überhaupt dürfen nur in reinem unvermischten Zustande verkauft werden.

**Kanton Genf.** Aus der Verordnung, betreffend Nahrungsmittel und Getränke. Vom 26. April 1889, abgeändert am 21. April 1893. Ebenda, S. 595.

Kaffee.

Art. 66. Jeder frische, gebrannte, oder gebrannte und gemahlene Kaffee, in dem das Vorhandensein eines oder mehrerer fremder Bestandteile nachgewiesen ist, wird als verfälscht betrachtet.

Jeder geröstete Pflanzenstoff, der dazu bestimmt ist, den natürlichen Kaffee zu ersetzen, wie Gerste, Roggen, Samen von Hülsenfrüchten, Eicheln u. s. w., darf nur unter der besonderen Bezeichnung: gebrannte Gerste, gebrannte Eicheln u. s. w. verkauft werden.

## Belgien.

Verordnung, den Verkauf von Kaffee betreffend. Vom 28. September 1891. Veröffentlichungen des Kaiserlichen Gesundheitsamtes 1892, S. 413.

Art. 1. Es ist verboten, unter dem Namen „Kaffee“ etwas anderes zu verkaufen, feilzuhalten, zum Zwecke des Verkaufs zu lagern oder zu versenden, als den enthülsten Samen des Kaffeebaumes, sei er einfach getrocknet (grüner Kaffee), geröstet oder nach dem Rösten gemahlen.

Art. 2. Insbesondere ist es verboten, unter der Bezeichnung „Kaffee“ zu verkaufen, feilzuhalten, zum Zwecke des Verkaufs zu lagern oder zu versenden:

1. Kaffee, dem Wasser zugefügt wurde (angefeuchteter Kaffee), oder dem ein Teil seiner wesentlichen Bestandteile entzogen worden ist,
2. Fremdartige Stoffe, sei es daß sie mit Kaffee gemengt sind oder nicht, oder daß sie mit dessen wesentlichen Bestandteilen versetzt wurden und sich entweder in Pulverform oder in Bohnenform vorfinden, die denen des Kaffees äußerlich ähnlich sind.

Art. 3. Befeuchteter oder teilweise ausgelaugter Kaffee, mit unbearbeitetem Kaffee vermischt oder nicht, darf nur unter einer Bezeichnung verkauft, feilgehalten, zum Zwecke des Verkaufs gelagert oder versendet werden, die unzweideutig die vorgenommene Behandlungsweise zum Ausdruck bringt. Als befeuchteter Kaffee wird derjenige geröstete Kaffee angesehen, der bei 100° C. mehr als 5% seines Gewichts verliert.

Die Kaffeeersatzstoffe, wie Cichorie, Getreidesamen und Hülsenfruchtsamen, Feigen, Eicheln, Datteln u. s. w. oder Mischungen des Kaffees mit seinen Ersatzstoffen oder irgend welchen fremden Stoffen, sollen nur unter einer Bezeichnung verkauft, feilgehalten, zum Zwecke des Verkaufs gelagert oder versendet werden, in welcher weder das Wort „Kaffee“, noch zusammengesetzte und homonyme Ableitungen desselben, noch Namen der Ursprungsorte des echten Kaffees enthalten sind. Besitzen diese Erzeugnisse Körnerform, so müssen sie cylindrisch geformt werden.

Art. 4. Die im vorstehenden Artikel vorgesehenen Bezeichnungen sollen auf den Fässern, Säcken und Behältern, in welchen der bearbeitete, nachgemachte oder vermischte Kaffee verkauft, feilgehalten, zum Zwecke des Verkaufs gelagert oder versendet wird, in gut lesbaren Buchstaben von angemessener Größe angebracht sein.

Art. 5. Bei Versendung der in Art. 3 erwähnten Erzeugnisse müssen die Fakturen, Frachtbriefe oder Konnossemente für jede einzelne Sendung die Angabe enthalten, daß die Versandware nicht als echter und natürlicher Kaffee, sondern als irgendein gemäß den Bestimmungen des Art. 3 benanntes Erzeugnis verkauft wird.

Art. 6. Die Übertretung der Bestimmungen dieses Erlasses wird mit den in Art. 6 und 7 des Gesetzes vom 4. August 1890 angedrohten Strafen geahndet, unbeschadet der Anwendung der durch das Strafgesetzbuch festgesetzten Strafen.

Art. 7. Der Minister der Landwirtschaft, Industrie und öffentlichen Arbeiten wird mit der Durchführung des gegenwärtigen Erlasses beauftragt, der mit dem 1. November 1891 in Kraft zu treten hat.

Leopold.

Auslegung der Königlichen Verordnung vom 28. September 1891, betreffend den Handel mit Kaffee. Vom 24. Juli 1894. Veröffentlichungen des Kaiserlichen Gesundheitsamtes 1894, S. 867.

Herr Gouverneur!

Einige Bestimmungen des Königlichen Erlasses vom 28. September 1891, betreffend den Handel mit Kaffee, sind seitens der Interessenten zum Gegenstand von Anfragen über die Auslegung derselben gemacht worden. Es ist diesen in folgendem Sinne geantwortet worden:

Der erste Artikel verbietet, unter dem Namen „Kaffee“ etwas anderes zu verkaufen, als den enthülsten Samen des Kaffeebaumes.

Dabei wird man jedoch im Kaffee die Anwesenheit einer kleinen Menge, etwa 1 oder 2 %, von Bestandteilen der Kaffeefruchtschale (insbesondere die hornige Schale) zulassen müssen, die selbst bei sorgfältiger Enthülsung der Bohne zurückbleiben kann. Gewisse minderwertige Sorten des Ausschußkaffees, als Bruch oder Abfallware bezeichnet, enthalten oft eine beträchtliche Menge fremdartiger Stoffe, wie Bruchstücke der Fruchtschalen, Teile von Fruchtstielen, von Zweigen stammende Holzstückchen, Steinchen und Staub. Nach Art. 3 und 4 können diese Gemenge nur unter einer Bezeichnung verkauft, feilgehalten werden u. s. w., die mit gut lesbaren Buchstaben auf den Behältern angebracht ist und das Wort „Kaffee" nicht oder zum wenigsten nur als Nebenbezeichnung enthält, wie beispielsweise in folgenden Worten „Von Kaffeebruch herrührend", oder einfach „Kaffee" mit dem Zusatz „Bruch- und Abfallware", und zwar sollen diese Bezeichnungen auf der am meisten in die Augen fallenden Stelle der Aufschrift angebracht sein.

Ich habe bereits bekannt gegeben, daß es im allgemeinen zulässig ist, den Verkauf des mit fremdartigen Stoffen vermischten Kaffees oder selbst der Kaffeeersatzstoffe unter Bezeichnungen zu gestatten, in denen das Wort „Kaffee" und zusammengesetzte oder homonyme Ableitungen desselben oder auch die Namen der Ursprungsorte des echten Kaffees vorkommen, jedoch nur in Nebenbezeichnungen (sous-titre) wie „mit Kaffeegeschmack, geeignet zum Ersatz des Kaffees" u. s. w. Der beschädigte und der Abfallkaffee, auch Bruchkaffee oder Triage genannt, ebenso der nicht ausgelesene Rohkaffee, können ohne besondere Aufschrift verkauft werden, wenn sie von allen Beimischungen frei sind, die der enthülsten Kaffeebohne fremd sind. Es ist unbedingt verboten, Kaffee zu verkaufen oder feilzuhalten, der verfaulte, verdorbene und schlecht riechende Bohnen oder eine große Zahl verschimmelter Bohnen enthält.

Die Färbung des Kaffees mit Hülfe einer sehr geringen Menge unschädlicher Stoffe ist in gleicher Weise zu gestatten, wie ein leichtes Glasieren oder Appretieren mit Fett oder Zucker. Doch soll das Verhältnis der auf diese Weise dem Kaffee zugeführten fremden Stoffe 1 % des Gesamtgewichtes der Ware nicht überschreiten.

Königliche Verordnung, betreffend den Handel mit Cichorie. Vom 18. November 1894. Veröffentlichungen des Kaiserlichen Gesundheitsamtes 1895, S. 124.

Art. 1. Es ist verboten, unter der Bezeichnung „Cichorie" irgend ein anderes Erzeugnis zu verkaufen, zum Verkauf zu stellen, für den Verkauf im Besitz zu halten oder zu befördern, als die Wurzel der wilden Cichorie, die entsprechend gereinigt, geröstet, fein gekörnt (in Griesform), oder mehr oder weniger fein gepulvert und zum Schutze gegen jedes Übermaß von Feuchtigkeit konserviert ist, ohne einen Zusatz fremder Stoffe oder eine Entziehung von wesentlichen Bestandteilen erfahren zu haben.

Als vorstehenden Forderungen nicht entsprechend wird namentlich angesehen:

a) Cichorie, die bei 100° C. mehr als 15 % ihres Gewichtes verliert;

b) Cichorie, die, bei dieser Temperatur getrocknet, mehr als 10 % Mineralbestandteile (Asche) — bei pulverisierter

Ware — und mehr als 8 % — bei körniger Ware — hinterläßt;

c) Cichorie, deren Gehalt an in kochendem Wasser löslichen Bestandteilen weniger als 50 % (auf Trockensubstanz berechnet) beträgt.

Wenn die Cichorie in Packeten oder Umhüllungen verpackt ist, auf denen das Gewicht der Ware angegeben ist, so darf der Wassergehalt bei der Lieferung 15 % übersteigen, wenn das Gesamtgewicht der Ware gleichzeitig in mindestens dem gleichen Verhältnis das auf der Umhüllung angegebene Gewicht übersteigt.

Der Zusatz von fett- oder zuckerhaltigen Stoffen ist bis zur Höhe von 2 % statthaft.

Art. 2. Die Erzeugnisse, die den in Art. 1 festgesetzten Bedingungen nicht entsprechen, dürfen nur unter einer Bezeichnung verkauft, zum Verkauf gestellt, für den Verkauf in Besitz gehalten oder befördert werden, welche die an der normalen Zusammensetzung der Ware vorgenommene Veränderung erkennen läßt.

Diese Bezeichnung muß in leicht lesbaren Schriftzeichen auf den die Ware enthaltenden Behältern angegeben sein. Auch soll sie beim Versand in die Fakturen und Frachtbriefe oder Konnossemente eingetragen werden.

Art. 3. Die Säcke oder Behälter, in denen Cichorie zum Verkauf feilgehalten oder in denen sie von den Fabrikanten und Großhändlern oder Zwischenhändlern (marchands en demi-gros) geliefert wird, müssen in deutlichen Schriftzeichen den Namen oder die Handelsfirma, sowie den Wohnort des Fabrikanten oder Verkäufers, oder wenigstens ein ordnungsmäßig eingetragenes Warenzeichen aufweisen.

Art. 4. Die Übertretung der Bestimmungen dieser Verordnung wird mit den durch das Gesetz vom 4. August 1890 vorgesehenen Strafen belegt, unbeschadet der Anwendung der durch das Strafgesetzbuch festgelegten Strafen.

Art. 5. Unser Minister für Landwirtschaft, Industrie und öffentliche Arbeiten ist mit der Ausführung dieser Verordnung, die am 1. März 1895 in Kraft tritt, beauftragt.

Erlaß, betreffend den Handel mit Cichorie. Vom 31. Dezember 1894. Veröffentlichungen des Kaiserlichen Gesundheitsamtes 1895, S. 372.

An die Herren Gouverneure der Provinzen!

Einige Cichorienfabrikanten haben bei mir angefragt, welche Verfahren sie einführen sollen, um Erzeugnisse zu erhalten, die den in der Königlichen Verordnung vom 18. November 1894 festgesetzten Bedingungen entsprechen, namentlich betreffs der Aschen- und Feuchtigkeitsverhältnisse. Ich habe sie darauf aufmerksam machen lassen, daß es nicht Sache der Regierung sein kann, auf Mittel zu sinnen, um Erzeugnisse herzustellen, welche den Anforderungen der Verordnung entsprechen. Es liegt vielmehr den Fabrikanten allein ob, ein passendes Verfahren zur Reinigung der Wurzeln und Schalen aufzufinden und die Grenze festzustellen, bis zu der kleine Schalen mit Schalen von gewöhnlicher Größe vermischt werden können, ohne eine übermäßige Vermehrung des Gehaltes an Asche befürchten zu müssen; ferner die Bedingungen festzustellen, unter denen die Lagerung und Aufbewahrung der gebrannten und gemahlenen Cichorie ohne Gefahr einer allzu großen Feuchtigkeitsaufnahme bewerkstelligt werden kann, die ihrerseits das Verbot nach sich ziehen würde, die Ware unter der einfachen Bezeichnung „Cichorie“ zum Verkauf zu stellen.

Man hat auch angefragt, ob in Ausführung des Art. 2 der Verordnung Cichorie, die bei 100° C. mehr als 15 % ihres Gewichtes verliert, in den Handel gebracht werden kann unter der Bezeichnung „fette“ oder „wieder fett gemachte“ Cichorie, eine Benennung, die in gewissen Landesteilen für besondere, verhältnismäßig feuchte Sorten von Cichorie üblich ist. Diese Anfrage ist zustimmend beantwortet worden. Die Erfahrung wird lehren, ob es erforderlich sein wird, für Cichorie, welche die eine oder andere der obengenannten Bezeichnungen trägt, einen Höchstgehalt an Feuchtigkeit (z. B. 20 %) festzusetzen.

Der Art. 3 der Verordnung besagt, dass die Säcke oder Behälter, in denen die Cichorie zum Verkauf gestellt oder in denen sie von den Fabrikanten, den Groß- oder Zwischenhändlern (marchands en demi-gros) geliefert wird, in deutlichen Schriftzeichen den Namen oder die Handelsfirma, sowie den Wohnort des Fabrikanten oder des Verkäufers, oder wenigstens ein ordnungsmäßig eingetragenes Warenzeichen aufweisen sollen. Es muß bemerkt werden, daß diese Bestimmung sich nicht auf die Lieferung im Kleinhandel bezieht. Der Händler, welcher Cichorie lose, nicht in Packeten, verkauft, ist nicht verpflichtet, die Ware in Umhüllungen zu liefern, die seinen Namen oder seine Firma (marque) oder den Namen oder die Firma des Fabrikanten tragen.

Es mag hier daran erinnert werden, daß nach den Bestimmungen der Verordnung über den Handel mit Kaffee kein Ersatzstoff dieses Genußmittels eine Benennung erhalten darf, die das Wort „Kaffee“, seine Ableitungen, Zusammensetzungen oder Homonyme oder die Namen der Herkunftsorte des natürlichen Kaffees aufweist. Daher sind die Bezeichnungen „Kaffee-Cichorie“, „inländischer Kaffee“, „Simili-Kaffee“, „Mokka-Cichorie“ u. s. w., für Cichorie verboten.

Auch mag noch hervorgehoben werden, daß die Verordnung betreffend die Gerätschaften, Gefäße u. s. w., die in der Industrie und dem Handel mit Nahrungsmitteln verwendet werden, ausdrücklich untersagt, diese Waren in Zinnfolien zu hüllen, die mehr als 1 % Blei, Antimon oder Arsenik oder Quecksilber, auch nicht in Spuren, enthalten.

Ich ersuche Sie, Herr Gouverneur, diesen Erlaß in das Mémorial administratif eintragen zu lassen.

Der Minister für Landwirtschaft, Industrie und öffentliche Arbeiten.
Léon de Bruyn.

Ministerial-Erlasse zur Auslegung der Königlichen Verordnung vom 28. September 1891, betreffend den Handel mit Kaffee. Vom 24. Dezember 1894 und 2. Oktober 1895. Veröffentlichungen des Kaiserlichen Gesundheitsamtes 1896, S. 246 u. 247.

Erlaß vom 24. Dezember 1894.

Herr Gouverneur!

Mein Rundschreiben vom 24. Juli 1894, betreffend die Auslegung der Königlichen Verordnung vom 28. September 1891 über den Handel mit Kaffee, enthielt am Ende des dritten Abschnittes folgenden Satz:

Bruch oder Abfälle von Kaffee, auch „café brisé“ oder „triages de café“ genannt, ebenso wie nicht ausgelesener Kaffee oder Rohkaffee („café non trié“, „café d'origine“), dürfen ohne Aufschrift verkauft werden, wenn sie nur geschälte Kaffeebohnen, andere Bestandteile des Kaffeebaumes dagegen nicht enthalten.

Aus dieser Bestimmung und dem vorhergehenden Texte des genannten Rundschreibens geht hervor, daß nicht ausgelesener oder Rohkaffee, welcher außer geschälten Kaffeebohnen eine, den höchsten zulässigen Gehalt von 1 bis 2% übersteigende Menge anderweitiger Beimengungen (Bruchstücke von Schalen, Trümmer von Stielen, Splitter von Zweigen, kleine Steinchen u. s. w.) enthält, für den Verkauf, das Feilhalten, für seine Aufbewahrung oder den Transport zum Verkaufe eine Aufschrift tragen muß, wie z. B. „fèves non triées, café d'origine“ oder „fèves brutes de café“, in welcher das Wort „Kaffee“ nur als Nebenbezeichnung und in verhältnismäßig wenig auffallenden Buchstaben oder garnicht enthalten sein darf.

Der Wortlaut der Aufschrift muß außerdem in die Fakturen und Frachtbriefe aufgenommen werden.

Der auf Grund von Mustern, Typen, Bezeichnungen oder Beschreibungen betriebene Großhandel mit Rohkaffee, welcher in Folge unvollkommener Reinigung an den Ursprungsorten mehr als 1 bis 2% Verunreinigungen enthält, ist diesen Bestimmungen nicht unterworfen. Solange diese Ware noch nicht Gegenstand des Kleinhandels ist, d. h. solange sie noch nicht den Konsumenten geliefert oder angeboten wird, kann sie als ein rohes oder noch in Zubereitung begriffenes Produkt angesehen werden, welches für den Verkauf unter dem Namen Kaffee nicht vollständig vorbereitet ist. Man kann überdies vernünftigerweise nicht verlangen, daß aus dem Ursprungslande eingeführte Kaffeeballen von ihrem Eintreffen in Belgien an und ehe sie in die Verlesungs- und Sortierungsstätte gelangt sind, vorkommenden Falles mit einer Aufschrift versehen seien, welche über den Grad ihrer Verunreinigungen Aufschluß gibt.

Dem unvollständig gereinigten Kaffee kann man in dieser Beziehung den durch Regen- oder Seewasser beschädigten („havarierten“) grünen Kaffee gleichstellen, welcher durch diese Einflüsse einen ungewöhnlichen Feuchtigkeitsgehalt erlangt hat. Bevor solcher Kaffee den Konsumenten im Kleinhandel angeboten wird, ist er als eine Ware anzusehen, welche ihrer endgültigen Zubereitung noch nicht unterworfen worden ist. Der Händler hat überdies selbst ein Interesse daran, den Kaffee so gut als möglich zu trocknen, um seine Haltbarkeit zu sichern.

Nichtsdestoweniger darf im Kleinhandel der Feuchtigkeitsgehalt des grünen Kaffees die zulässige Grenze nicht überschreiten. Nur unter dieser Bedingung ist es auch gestattet, den Kaffee unter Mithülfe von Wasser aufzuquellen, um ihm ein besseres Aussehen zu verleihen.

Man hat bei mir angefragt, in welchen Fällen Kaffeeproben als „verdorben“ („gâtés ou corrompus“) zu bezeichnen seien und damit unter den Art. 561, 20 des Code pénal fallen.

Meiner Ansicht nach sind nur solche Waren als durch die gesetzliche Bestimmung betroffen zu erachten, welche in dem Grade verdorben sind, daß sie offenbar schädliche oder die Gesundheit gefährdende Eigenschaften besitzen. So habe ich schon den Kaffee erwähnt, welcher eine große Zahl stark verschimmelter oder im Zustande fauliger Gärung begriffener Bohnen enthält.

Gleichfalls habe ich die Aufsichtsbeamten bereits seit geraumer Zeit in Kenntnis setzen lassen, daß es nicht ihre Aufgabe sei, sämtlichen havarierten Kaffee vom Verbrauche auszuschließen, da gewisse Havarien von geringer Bedeutung sind, andere vor der Feilbietung des Kaffees zum großen Teile wieder beseitigt werden können. Kaffee, welcher Havarie erlitten hat oder Spuren davon an sich trägt, ist einfach als minderwertig anzusehen. Das Gleiche gilt für gewisse Sorten nicht ausgelesene und Rohkaffees und für gewisse Abfallprodukte der Auslese, welche mehr oder weniger verdorbene, zusammengeschrumpfte oder dunkelgefärbte Bohnen enthalten, an denen jedoch nicht im geringsten schädliche Eigenschaften nachzuweisen sind. Es handelt sich dabei um einfache Fragen der Beschaffenheit, in welchen die Behörde mit den auf die Verfälschung und Verdorbenheit bezüglichen gesetzlichen Bestimmungen und Verordnungen nicht vorzugehen hat.

Ich ersuche Sie u. s. w.

Der Minister der Landwirtschaft, Industrie und öffentlichen Arbeiten.
Léon de Bruyn.

Erlaß vom 2. Oktober 1895.

Herr Gouverneur!

In Verfolg meiner Rundschreiben vom 24. Juli und vom 24. Dezember 1894, betreffend die Auslegung der Königlichen Verordnung vom 28. September 1891 über den Handel mit Kaffee, beehre ich mich, Ihnen von einigen neueren Erläuterungen Kenntnis zu geben, welche die Bestimmungen der genannten Verordnung in neuester Zeit nach sich gezogen haben.

Dem Wortlaute der Bestimmung gemäß darf der Feuchtigkeitsgehalt des gebrannten Kaffees 5 % nicht übersteigen. Diese Grenze wurde bis jetzt stets als genügend weit erachtet, um die Aufbewahrung des gebrannten Kaffees in den Lagerräumen zu gestatten. Jedoch darf meines Erachtens ausnahmsweise in denjenigen Fällen, in denen gebrannter Kaffee einen Feuchtigkeitsgehalt von 5 % und einen Bruchteil aufweist, der Bruchteil als noch zulässig anerkannt werden.

Der normale Feuchtigkeitsgehalt des grünen Kaffees beträgt nach dem Urteil der Sachverständigen höchstens 12 %. Der normale Aschengehalt des grünen Kaffees geht über 5 % nicht hinaus, derjenige des gebrannten Kaffees nicht über 6 %.

Es ist gestattet worden, dem Kaffee während des Brennens eine geringe Menge (höchstens 1%) Fett zuzusetzen. Dabei ist wohl zu beachten, daß diese Erlaubnis sich ausschließlich auf den Gebrauch von Speisefetten, nicht aber auf Produkte, wie Paraffin, Vaseline oder Glycerin erstreckt.

Der Minister der Landwirtschaft und öffentlichen Arbeiten.
Léon de Bruyn.

Königlicher Beschluß, betreffend den Handel mit Kaffee. Vom 30. November 1898. Deutsches Handelsarchiv 1899, S. 60.

Art. 1. Der Art. 3 des Königlichen Beschlusses vom 28. September 1891 wird wie folgt ergänzt:

„Jedoch ist das Färben des Kaffees mittelst ungefährlicher Stoffe, sowie das Überziehen mit Speisefetten oder Zucker zulässig, sofern die auf diese Weise dem Kaffee hinzugesetzten Fremdstoffe 1 % des Gesamtgewichtes der Ware nicht übersteigen. Der mit anderen ungefährlichen Stoffen als Farbstoffen, Speisefetten und Zucker, beispielsweise Gummilack, bereitete Kaffee kann verkauft, zum Verkauf gestellt, zum Verkauf oder zur Lieferung in Besitz gehalten oder versendet werden, wenn auf der Aufschrift in gut lesbarer Schrift die Art des beigemengten Stoffs angegeben ist, beispielsweise „Mit Gummilack überzogener Kaffee". Das Überziehen mit Kohlenwasserstoffverbindungen (Vaseline, Paraffin u. s. w.) wird als gesundheitsschädlich angesehen und ist daher verboten."

Art. 2. Der Minister für Landwirtschaft und öffentliche Arbeiten ist mit der Ausführung des gegenwärtigen Beschlusses beauftragt, der mit dem 1. Januar 1899 in Kraft treten soll.

## Italien.

Aus dem Reglement für den inneren Verkehr, betreffend die sanitäre Überwachung der Nahrungsmittel, Getränke und der häuslichen Gebrauchsgegenstände. Vom 3. August 1890. Veröffentlichungen des Kaiserlichen Gesundheitsamtes 1890, S. 708.

XXI. Kaffee.

Art. 155. Es ist verboten, eine körnige oder pulverförmige Substanz, welche nicht ausschließlich von Produkten des Kaffeebaums (Coffea arabica) stammt, als Kaffee zu bezeichnen oder unter dieser Bezeichnung zu verkaufen.

Art. 156. Verboten ist der Verkauf

a) von rohem Kaffee in mit schädlichen Farben gefärbten Bohnen;

b) von geröstetem oder gemahlenem Kaffee, welcher beschädigt oder mit ausgezogenem Kaffeepulver oder mit fremden Pulvern vermischt ist.

Art. 157. Kaffeeersatzmittel und Mischungen solcher mit Kaffee dürfen keine schädlichen Stoffe enthalten und sollen mit Aufschriften in den Handel gebracht werden, welche die Beschaffenheit der zu ihrer Bereitung verwandten Stoffe angeben; sie dürfen niemals die Form der Kaffeebohnen haben. Die genannten Bezeichnungen müssen in den Büchern, auf Fakturen, Ladescheinen u. s. w. wiederholt werden.

## Rumänien.

Aus der Königlichen Verordnung, betreffend die gesundheitliche Überwachung der Herstellung von Nahrungsmitteln und Getränken und den Handel mit Nahrungsmitteln und Getränken. Vom 11. September 1895. Veröffentlichungen des Kaiserlichen Gesundheitsamtes 1896, S. 127.

Titel XIII. Kaffee, Thee, Kakao, Schokolade.

Art. 134. Unter der Bezeichnung Kaffee darf kein anderes Produkt verkauft und zum Verkauf ausgestellt, zwecks Verkauf aufbewahrt oder versendet werden, als die geschälten Bohnen (die gereinigten Fruchtsamen) des arabischen Kaffeebaumes. Sie können als getrocknete (grüner Kaffee) oder gebrannte oder, nach dem Brennen, als gemahlene Bohnen in den Handel gebracht werden.

Der Kaffee enthält wenigstens 1 % Coffeïn.

Art. 135. Es ist verboten zu verkaufen, zum Verkauf auszustellen und in den Gewölben und Niederlagen der Kaufleute aufzubewahren:

a) Havarierten Kaffee, solchen, der mehr als 12 % Wasser enthält und beim Brennen in einer Temperatur von 100° C. mehr als 5 % seines Gewichts verliert; Kaffee, dessen Asche mehr als 0,60 % Chlor enthält; guten Kaffee mit verdorbenem vermischt;

b) Kaffee, der einen Teil seiner Hauptbestandteile verloren, gebrannten, gestoßenen, gemahlenen Kaffee, dem ein Teil seiner löslichen Hauptbestandteile entzogen ist; guten gemahlenen oder gestoßenen Kaffee, aber mit solchem vermischt, dem ein Teil seiner Hauptbestandteile entzogen ist;

c) gebrannten und gestoßenen oder gemahlenen Kaffee, vermischt mit fremden Bestandteilen irgend welcher Art und irgend welchen Ursprungs; Kaffee, der mehr als 4,5 % Asche enthält;

d) Nachahmungen von Kaffeebohnen, künstlich hergestellte Bohnen in Form und Farbe der Kaffeebohnen, Mischungen von gutem, echtem Kaffee mit solchen Verfälschungen (künstlichen Nachahmungen);

e) künstlich gefärbten Kaffee;

f) mit irgend einem Öl getränkten Kaffee;

g) gebrannten, künstlich mit Zucker durchsetzten Kaffee;

h) in Gärung gewesenen, mit Schmarotzern bedeckten oder anderswie verdorbenen Kaffee.

Kaffee, welcher in der in diesem Artikel ausgeführten Weise verdorben oder gefälscht wurde, ist zu beschlagnahmen und der Verfälscher zwecks Bestrafung nach den Bestimmungen des Strafgesetzbuches und des Sanitätsgesetzes gerichtlich zu verfolgen.

Art. 136. Als Kaffeesurrogate dürfen mit der Bezeichnung Cichorie verkauft und zum Verkauf ausgestellt werden:

„Frank-Kaffee, Eichel-, Gersten-, Feigen-, Rübenkaffee", wenn sie so verpackt sind, daß sich ihre wahre Natur erkennen läßt. Es ist unter allen Umständen verboten, solche Produkte oder die Mischung von gestoßenem Kaffee und Kaffeesurrogaten als gestoßenen Kaffee zu verkaufen. Diese Kaffeesurrogate müssen von giftigen Stoffen frei sein, und dürfen nicht mehr als 5 % unorganische Körper und nur bis zu 14 % Wasser enthalten.

# E. Rechtsprechung.

## Zusammenstellung der dem Kaiserlichen Gesundheitsamte zugegangenen Urteile, betreffend Kaffee und dessen Ersatzmittel. [1])

### I. Havarierter und verdorbener Kaffee.

1. Urteil des Landgerichts Stettin vom 26. Januar 1888. (Verurteilung aus § 11 Nahrungsmittelgesetzes zu 50 M Geldstrafe. Der fragliche Kaffee war durch Seewasser ausgelaugt, dann zu stark gebrannt worden, sowie mit verkohltem Bindfaden, Holz u. s. w. vermengt.)

2. Urteil des Landgerichts Stargard i. P. vom 27. Februar 1890. (Verurteilung aus § $10^2$ Nahrungsmittelgesetzes zu 100 M. Der Kaffee war durch Seewasser ausgelaugt und vor dem Brennen mit Zucker bestreut worden.)

3. Urteil des Landgerichts München I vom 7. Juni 1900. (Freisprechung. Es war Schiffsfegsel, welcher nur angegraute und angeschimmelte, keineswegs völlig zerfallene oder durch Schimmel zerstörte Bohnen enthielt, und welcher durch Röstung bezw. Sieben vom Schimmel und von Fremdkörpern befreit war, geringwertigen Kaffeesorten beigemengt worden. Diese Mischung wurde weder als verfälscht noch als verdorben erachtet.)

### II. Aufgequollener Kaffee („Fabrik-Menado").

4. Urteil des Reichsgerichts vom 5. Februar 1894. Verwerfung der von den Angeklagten gegen das Urteil des Landgerichts Dortmund vom 3. November 1893 eingelegten Revision aus folgenden Gründen:

Daß die Angeklagten brasilianischen Kaffeesorten durch Aufquellen und Färben den Anschein einer besseren Beschaffenheit gegeben haben, bestreitet die Revision nicht und ist im Urteile festgestellt; daß sie dies zum Zwecke der Täuschung im Handel

---

[1]) Die Urteile sind in den Veröffentlichungen des Kaiserlichen Gesundheitsamtes — Verlag von Julius Springer in Berlin — 1890 S. 690, sowie in den Beilagen dazu „Auszüge aus gerichtlichen Entscheidungen, betreffend den Verkehr mit Nahrungsmitteln u. s. w.", Bd. II, S. 90*, Bd. III, S. 47*, Bd. IV S. 101*, Bd. V, S. 216* veröffentlicht.

und Verkehr getan haben, folgert das angefochtene Urteil aus den Umständen, die einen anderen Zweck dieses Verfahrens nicht denkbar erscheinen lassen. Dies ist nicht, wie die Revision meint, eine rein negative Begründung, sondern die positiven Anhaltspunkte sind offenbar darin gefunden worden, daß die Angeklagten Inhaber oder Mitinhaber von Geschäften sind, die sich mit dem Engrosverkaufe von Kaffee an Detailgeschäfte befassen, und daß sie in ihren Geschäften die fragliche Behandlung von Kaffeebohnen betrieben, wie eingangs der Entscheidungsgründe festgestellt ist; endlich in der weiteren Feststellung, daß sie so behandelten Kaffee an die Detailhändler abgaben, von denen ihn die Konsumenten in der Meinung kauften, seine Beschaffenheit entspreche der besseren Farbe und ansehnlicheren Größe und Form der Bohnen.

Auch die Feststellung, daß die Angeklagten sich dieser Wirkung auf das Publikum bewußt waren, ist von der Revision vergeblich angegriffen. Daraus, daß die vorgenommene Verfälschung seit Jahren allgemein — was doch nur heißen kann bei vielen Kaffeehändlern — üblich war, folgt nicht, daß sie in gutem Glauben geschah; daß sie dem Publikum bekannt gewesen, wird im Urteile ausdrücklich verneint. Es kann keinem Zweifel unterliegen, daß die Bekanntschaft der Angeklagten mit den Ansichten der Konsumenten von den Kennzeichen eines besseren oder weniger guten Kaffees als die Quelle jenes Bewußtseins erachtet wurde.

5. Urteil des Reichsgerichts vom 7. März 1895. Die Revision der Staatsanwaltschaft gegen das Urteil des Landgerichts zu Bochum vom 12. November 1894, soweit dieselbe den Angeklagten W. betrifft, wurde verworfen. Dagegen wurde das vorbezeichnete Urteil, soweit es den Angeklagten E. betrifft, aufgehoben und diese Sache zur anderweiten Verhandlung und Entscheidung an die Vorinstanz zurückverwiesen.

Gründe:

Der in § $10^2$ des Gesetzes vom 14. Mai 1879 vorgesehene Begriff der Verfälschung eines Nahrungs- oder Genußmittels wird erfüllt, wenn dem letzteren der Schein einer besseren Beschaffenheit verliehen wird, wenn die mit der Ware vorgenommene Veränderung des äußeren Aussehens der Ware den Schluß auf ein besseres Wesen, auf eine mehrwertige Qualität derselben gestattet. Wird daher durch jene Veränderung die Ware selbst verbessert und somit mehrwertig gemacht, so kann von einer Verfälschung nicht mehr die Rede sein, da ihr nicht der Schein einer besseren Beschaffenheit, sondern in Wirklichkeit ein besseres Wesen beigelegt worden ist. Daß mit der Einwirkung auf die Ware bezweckt wird, dieselbe besser verkäuflich zu machen, ist für sich allein nicht entscheidend. Es muß vielmehr hinzutreten, daß der Käufer durch das bessere äußere Aussehen zu der Annahme eines besseren Wesens, als die Ware in Wirklichkeit besaß, bestimmt wurde. Da nun im vorliegenden Falle das Urteil bezüglich des Angeklagten W. festgestellt hat, daß derselbe durch seine Brennmethode die Qualität des Kaffees verbessert, den Zusatz von Ocker aber nur gemacht hat, um den Kaffee verkäuflich zu machen, lediglich um ihm eine bessere Farbe zu verleihen, so liegt seiner Freisprechung ein Irrtum über den Begriff der Verfälschung nicht zu Grunde, und mußte daher in dieser Richtung die Revision der Staatsanwaltschaft verworfen werden.

Anders ist die Sachlage bezüglich des Angeklagten E. Dieser hat bei sogenanntem Fabrik-Menado, das heißt Kaffee, welcher in den Seeplätzen wegen schlechterer Beschaffenheit oder weil er mit Seewasser getränkt und der deshalb, um ihm ein besseres Aussehen zu geben, durch Erhitzung in einer Trommel aufgequollen worden war, durch Brennen desselben die Aufquellung wieder beseitigt und bei dieser Einwirkung den Kaffee, um ihn verkäuflich zu machen, mit Ocker gefärbt. Welches der weitere Zweck der Färbung dieser minderwertigen und ohne Färbung unverkäuflichen Kaffeesorte gewesen, und ob nicht insbesondere die Verdeckung der schlechteren Beschaffenheit des Fabrik-Menado bezweckt worden, darüber spricht sich das Urteil nicht mit der nötigen Klarheit aus. Allerdings erklärt der Vorderrichter, daß, „da beide Angeklagte den mit Ocker gefärbten Kaffee . . . lediglich zu dem seiner ursprünglichen Qualität entsprechenden Preise verkauft haben, nicht angenommen werden könne, daß die Angeklagten beabsichtigten, dem Kaffee den Anschein einer besseren Qualität zu beschaffen". Indes abgesehen davon, daß wenigstens nach dem Inhalte der im Sitzungsprotokolle wiedergegebenen Zeugenaussagen der Angeklagte E. für den von ihm verkauften schlechten Fabrik-Menado-Kaffee sich denselben Preis — 1,35 ℳ pro Pfund — hat zahlen lassen, wie der Angeklagte W. für den von ihm abgesetzten Kaffee, schließt die Tatsache, daß ein Kaufmann seine Ware für einen der Qualität entsprechenden Preis verkauft, noch keineswegs den bei der Herstellung verfolgten Zweck, den Käufer in den Irrtum zu versetzen, daß er eine bessere Qualität als die wirklich vorhandene erhält, aus, zumal dann nicht, wenn die Ware sonst überhaupt nicht verkäuflich ist. Das den Angeklagten E. freisprechende Urteil ist daher gegenüber der Anklage, die davon ausgeht, daß der Angeklagte E. wissentlich Nahrungs- oder Genußmittel, die verfälscht worden, unter Verschweigung dieses Umstandes verkauft hat, ohne rechtsirrtumsfreie Begründung geblieben und mußte somit aufgehoben werden.

6. Urteil des Reichsgerichts vom 15. Juni 1896. Verwerfung der von der Staatsanwaltschaft gegen das Urteil des Landgerichts zu Cöln vom 7. März 1896 eingelegten Revision aus folgenden Gründen:

Das erstinstanzliche Urteil ist von der zutreffenden Auffassung des Begriffs des „Verfälschens" eines Nahrungsmittels im Sinne des § 10 des Gesetzes vom 14. Mai 1879 ausgegangen, daß die bloße Verbesserung des äußeren Aussehens einer Ware noch nicht genügt, daß vielmehr, wenn objektiv eine Verfälschung angenommen werden soll, durch jene Veränderung der Ware den ihr innewohnenden Eigenschaften, ihrem Wesen und Werte ein besserer Schein beigelegt sein muß, als beides in Wirklichkeit vorhanden war. Hiervon ausgehend hat der Vorderrichter dieses letztere Erfordernis bei der durch die Angeklagten vorgenommenen Herstellung des Fabrik-Menados und des Färbens des Kaffees mit Ocker verneint. Die Begründung ist ausschließlich tatsächlicher Natur. Denn die Annahme einerseits, daß bei der Herstellung des Fabrik-Menados die Entfernung der dem Kaffee anklebenden Schälchen und die Vermeidung unangenehmer Rückstände beim Brennen bezweckt wird, daß der hierbei von den Angeklagten dem Kaffee gegebene Wasserzusatz aber „zu geringfügig" gewesen und im Laufe der Fabrikation wieder beseitigt worden sei, andererseits, daß das Färben des Kaffees eine bloße Verbesserung des äußeren Aussehens gebildet habe, läßt ohne Rechtsirrtum den Schluß zu, daß durch jene Handlungen dem Kaffee der Schein eines höheren Wertes nicht beigelegt worden. Mit Unrecht behauptet die Revision, daß das Urteil allgemein anerkenne, in dem Färben schlechterer Sorten Kaffee könne eine Verfälschung im Sinne des § 10 l. c. gefunden werden. Das Urteil hat dem von ihm ausgesprochenen Anerkenntnisse die Einschränkung hinzugefügt, daß das Färben geschehe, um den schlechteren Sorten das Aussehen einer besseren zu geben. Da dieser Zweck vom Vorderrichter verneint worden, so lag für ihn auch keine Veranlassung vor, noch zu prüfen, ob diejenigen Sorten, die von den Angeklagten gefärbt worden, bessere oder schlechtere Sorten gewesen sind. Im übrigen hat das angegriffene Urteil nirgends ausgesprochen, daß jede Herstellung des Fabrik-Menados und jedes Färben von Kaffee straflos sei, vielmehr in Übereinstimmung mit dem Gutachten der Sachverständigen nur dasjenige Herstellungsverfahren und Färben seinem Ausspruche zu Grunde gelegt, das von dem Angeklagten betätigt worden ist.

7. Urteil des Landgerichts Dortmund vom 3. November 1893. (Verurteilung aus § 10[1] Nahrungsmittelgesetzes zu 300 ℳ. Vergleiche oben Urteil zu 4.)

8. Urteil des Landgerichts Duisburg vom 20. September 1894. (Freisprechung.) Die Angeklagten Sch. hatten unter der Bezeichnung „Gelb-Menado-Fabrikkaffee“ eine Kaffeesorte in den Handel gebracht, welche sie in folgender Weise hergestellt hatten:

Die Santos-Bohnen wurden zuerst ausgelesen, schlechtere und namentlich schwarze Bohnen sowie Staub und Schmutz etc. wurden entfernt und sodann die als gut befundenen Bohnen in eine verschließbare Trommel geschüttet und darin in ihrer eigenen Feuchtigkeit erwärmt. Hierauf kam der Kaffee auf größere Holzbehälter, woselbst er durch Übergießen mit in Wasser aufgeschwemmtem Ocker gefärbt wurde, um dann wieder in rotierende Ledertrommeln zum Glätten eingefüllt zu werden. Nach dieser Behandlung wurde er schließlich wieder auf offene Holzböden zum Trocknen ausgelegt.

Auch das von dem Angeklagten v. G., der den Kaffee mit dem Namen „Fabrik-Menado“ in den Handel gebracht, beobachtete Verfahren war ein ähnliches. Nachdem gleich wie bei der erstgenannten Firma die Santos-Bohnen ausgesucht, wurden sie mit Wasser angefeuchtet, damit so die Bohnen vollständig rein werden und sich die um die einzelnen Bohnen befindlichen dünnen Häutchen ablösen. Hierauf wurden sie in einer Trommel erwärmt und im weiteren gerade so wie bei dem Sch.'schen Verfahren behandelt.

Der Beweis einer Nachahmung oder Verfälschung wurde demnach als nicht erbracht angesehen.

Besonders aber lag der vom Gesetz verlangte böse Wille, daß die Nachahmung oder Verfälschung zum Zwecke der Täuschung im Handel und Verkehr geschehen, nicht vor.

Wenn das Reichsgericht erst kürzlich in einem ähnlichen Falle (Urteil vom 5. Februar 1894) zu der entgegengesetzten Entscheidung gelangt ist, so kam es dazu durch die in jenem Falle besonders notwendig gewordene Annahme von der bösen Absicht der Fabrikanten. Im vorliegenden Falle fehlte jeder Anhalt und Grund zu einer derartigen Annahme. Der kleine Kreis der Konsumenten, welcher den Kaffee gekauft, kaufte ihn ein unter einer Benennung, die auf eine Kenntnis der vorgenommenen Bearbeitung schließen lassen mußte. In dem dem Reichsgericht zur Revisionsentscheidung vorgelegenen Falle ist ausdrücklich verneint, daß das Publikum eine Ahnung von der vorgenommenen Veränderung gehabt. Außerdem erhielt es geringwertige kleine, mißfarbige Kaffeebohnen, wogegen im vorliegenden Falle nur ausgesuchte, gute Ware verwandt worden, die ihm zu einem gleichwertigen und angemessenen Preise abgegeben ist.

9. Urteil des Landgerichts Cöln vom 7. März 1896. (Freisprechung. Vergleiche oben Urteil zu 6.)

## III. Gefärbter Kaffee.[1])

10. Urteil des Reichsgerichts vom 11. Februar 1895. Verwerfung der Revision der Staatsanwaltschaft gegen das Urteil des Landgerichts zu Bochum vom 16. November 1894.

Gründe:

Der Beschwerde wegen Verletzung des § 10[1] des Gesetzes vom 14. Mai 1879 durch Nichtanwendung konnte keine Folge gegeben werden. Richtig ist, daß der dort vorgesehene Begriff der Verfälschung eines Nahrungs- oder Genußmittels auch dann erfüllt wird, wenn der Ware der Schein einer besseren Beschaffenheit verliehen wird. Unter dieser Beschaffenheit ist aber nicht zu verstehen das bloße Aussehen der Ware ohne Rücksicht auf deren eigenes Wesen, sondern es muß gegenteils das äußere Ansehen den Schluß auf ein besseres Wesen, auf eine Qualität, die mehrwertig ist als die in Wirklichkeit vorhandene, berechtigt erscheinen lassen. Diese Rechtsauffassung geht aus den Motiven zu dem Entwurfe des Nahrungsmittelgesetzes unzweideutig hervor. Es wird dort hervorgehoben, daß von einer strafbaren Handlung nur dann die Rede sein könne, wenn das der Ware gegebene Aussehen dem Schein der Wahrheit nicht entspricht, und ausgeführt, daß dieser Mangel an Übereinstimmung zwischen beiden Momenten entweder dadurch geschehen kann, daß der Ware der Anschein einer besseren Beschaffenheit gegeben wird, als ihrem Wesen entspricht, oder dadurch, daß eine Verschlechterung, welche in ihrem Wesen eingetreten ist, verheimlicht, verdeckt oder nicht erkennbar gemacht wird. Als Beispiel wird angeführt, wenn bereits gebrauchten Theeblättern durch Färben oder Bestäuben das Aussehen noch nicht gebrauchter gegeben wird. (Drucksachen des Reichstags 1879, vierte Legislatur-Periode II. Session No. 7, S. 20.) Immer also muß dem minderwertigen Wesen der Ware der Schein einer mehrwertigen und daher besseren ihr innewohnenden Eigenschaft, das heißt Beschaffenheit beigelegt werden. Das Urteil hat nun festgestellt, daß der Angeklagte dem von ihm im gebrannten Zustande verkauften Kaffee einen Zusatz von 1 Theelöffel Ocker auf 150 Pfund Kaffee gegeben hat einerseits, um die Verflüchtigung des Aromas durch die Poren der Kaffeebohnen zu verhindern, anderseits um dem Kaffee ein besseres gleichmäßiges Aussehen zu geben. Der erste Zweck, der, wenn dessen Erreichung erwiesen wird, den Kaffee nur verbessern würde, kommt hier nicht

---

[1]) Vergleiche auch Urteile zu II.

in Frage. Aus der zweiten Erwägung aber kann nur der Schluß gezogen werden, daß nicht über das Wesen des Kaffees und seinen Wert getäuscht, sondern daß nur das Aussehen an sich verbessert werden sollte und verbessert worden ist. Daß der Vorderrichter von dieser Ansicht ausgeht, ist sowohl daraus zu entnehmen, daß er dem Kaffee und gerade dem besseren in seinem ursprünglichen Zustande ein unansehnliches, zerstückeltes Äußere beilegt und hervorhebt, daß nur, um dieses Äußere zu verbessern, nicht also um dem Kaffee den Anschein besserer Qualität zu verleihen, die Portoriko- und Guatemala-Kaffees bereits gefärbt exportiert werden, als auch aus der ferneren Ausführung, daß der Wert des Kaffees überhaupt nicht nach dem Aussehen, sondern nach dem Geruch und Geschmack zu beurteilen ist. Der Vorderrichter konnte daher ohne Rechtsirrtum die Frage, ob der Angeklagte durch den Ockerzusatz dem Kaffee den Schein einer besseren Beschaffenheit hat verleihen wollen, verneinen, und die staatsanwaltliche Revision zieht mit Unrecht den Schluß, daß, weil die Färbung des Kaffees zu dem Zwecke vorgenommen worden, um der Ware ein besseres gleichmäßiges Aussehen zu geben, schon deshalb der Ware der trügerische Anschein einer höherwertigen und besseren Beschaffenheit verliehen werden sollte. Zuzugeben ist, daß, wenn es sich darum handelt, ob der Ware der Schein einer besseren Beschaffenheit verliehen, der Standpunkt des kaufenden Publikums, wenn auch nicht entscheidet, so doch zu berücksichtigen ist. Nicht zu übersehen ist aber gleichzeitig, daß für den Tatbestand der fraglichen Strafvorschrift auch das Bewußtsein des Täters erforderlich ist, daß er nicht bloß das äussere Ansehen der Ware verändert, sondern daß er durch die Änderung der Ware selbst in ihrem Wesen und Werte einen besseren Schein beigelegt hat, als beides in Wirklichkeit vorhanden war.

Die Revision war daher zu verwerfen.

11. Urteil des Reichsgerichts vom 4. März 1895. Verwerfung der vom Angeklagten gegen das Urteil des Landgerichts Düsseldorf vom 28. Dezember 1894 eingelegten Revision aus folgenden Gründen:

. . . . . . Die materiellrechtliche Rüge anlangend, so ist es richtig, daß, wenn das Urteil in dem dort vorfindlichen Satze: „Wesentlich ist jede Einwirkung auf die Ware selbst, welche darauf hinausläuft, deren Verkäuflichkeit zu heben," den Begriff der Verfälschung von Nahrungs- oder Genußmitteln im Sinne des § 10 des Gesetzes vom 14. Mai 1879 als erfüllt angesehen hätte, eine rechtsirrtümliche Auffassung vorliegen würde. Vielmehr ist Erfordernis jenes Tatbestandmerkmals, daß der Ware der Schein einer besseren Beschaffenheit verliehen wird, als sie in Wirklichkeit besitzt, und es ist deshalb ferner notwendig, daß die Einwirkung auf die Ware zum Zwecke einer besseren Verkäuflichkeit derselben eine solche ist, daß durch sie der Schein eines besseren, mehrwertigen Wesens der Ware hervorgerufen wird. Von diesen Gesichtspunkten ist aber auch das Urteil ausgegangen. Denn es stellt vorliegend fest, daß unter dem brasilianischen Kaffee, um den es sich handelt, viele dürre Bohnen befindlich, daß diese nicht vollständig gut sind und daß deshalb das von dem Angeklagten bewirkte Färben des Kaffees mit Ocker und Öl den Zweck verfolgte, dem Kaffee „den Schein einer besseren, nämlich die gleichmäßige Färbung besserer

Sorten zu geben," daß ferner die dürren Bohnen in dem brasilianischen Kaffee stets etwa 10 bis 15 % ausmachen und diese „tatsächlich nicht voll gleichwertig seien mit den nicht dürren Bohnen", und daß endlich durch das Färben auch den dürren Bohnen der Anschein normaler Beschaffenheit gegeben werde, so daß die Meinung entstehe, die innere Beschaffenheit entspreche dem äußeren Aussehen. Hierdurch ist unzweideutig als erwiesen angesehen, daß dem gefärbten Kaffee ein äußeres Aussehen gegeben worden, welches den Schluss auf eine mehrwertige Qualität desselben berechtigte. Ebensowenig ist ein Rechtsirrtum erkenntlich, wenn das Urteil aus den von ihm aufgeführten und in der Revision wiederholten Tatsachen die Täuschungsabsicht des Angeklagten gefolgert hat. Die von letzterem gewählte Bezeichnung des Kaffees mit W. 8, W. 6 u. s. w. sollte, wie das Urteil feststellt, „die Wiener Röstart, das heißt reinen Kaffee kenntlich machen". Ob ihm die beabsichtigte Täuschung in jedem Einzelfalle gelungen, ist gleichgültig. Das Handeln zum Zwecke der Täuschung genügte. Dadurch ferner, daß der Angeklagte die teueren Sorten Kaffee garnicht färbte, der geringsten Sorte aber, der sogen. Triage, eine erheblich größere Menge Farbstoff zusetzte, verlieh er der minderwertigen Sorte den Schein des höheren Werts, und nichts steht entgegen, hieraus den Schluß zu ziehen, daß diese Täuschung auch bezweckt worden. Der Tatbestand der Verfälschung endlich ist, wie oben ausgeführt, rechtsirrtumfrei festgestellt, das Bedenken der Revision, daß die Unterlassung einer auf den Ockerzusatz beim Rösten hinweisenden Bezeichnung nur dann einen Schluß auf die Täuschungsabsicht des Angeklagten gestattet hätte, wenn die Verfälschung des Kaffees selbständig nachgewiesen wäre, hat daher seine Stütze verloren. Der Angeklagte hat in der heutigen Verhandlung auf das Urteil dieses Senats vom 11. Februar cr. in der Strafsache gegen H. Bezug genommen, welches ebenfalls das Färben des Kaffees mit Ocker zum Gegenstande gehabt hat, und durch welches die gegen das erstinstanzlich freisprechende Urteil gerichtete Revision verworfen worden. Der Angeklagte übersieht indes, daß nach jener erstrichterlichen Feststellung die Färbung des dort in Frage gekommenen Kaffees mit Ocker in einer Menge von 1 Theelöffel auf 150 Pfund Kaffee den ausschließlichen Zweck verfolgte, das Aussehen des Kaffees zu bessern, nicht aber dem Kaffee den Anschein einer besseren Qualität zu verleihen, daß dort auch von minderwertigen dürren Bohnen, die einen Prozentsatz desselben bildeten und die durch das Färben den Anschein normaler Beschaffenheit erhielten, keine Rede ist, während vorliegend das Gegenteil festgestellt worden, insbesondere daß die Färbung des hier in Rede stehenden brasilianischen Kaffees mit 3 Eßlöffel Ocker auf 120 Pfund Kaffee bezweckte, ihm den Schein einer besseren, also mehrwertigen Sorte Kaffee zu geben und daß auch die Bezeichnung des Kaffees mit „Wiener Röstart" den Glauben erwecken sollte, es sei nur reiner Kaffee geröstet. Ob für die tatsächliche Seite der in früheren oder in diesem Falle vom Vorderrichter getroffenen Feststellungen noch weitere Umstände hätten herangezogen werden können, wie z. B. der für den gefärbten Kaffee geforderte Preis im Verhältnisse zum Werte desselben Kaffees in ungefärbtem Zustande, entzieht sich der Nachprüfung in dieser Instanz. Die rechtliche Beurteilung geht in beiden diesseitigen Urteilen von dem allein maßgebenden Gesichtspunkte aus, daß eine Verfälschung eines Nahrungs- oder Genußmittels dann vorliegt, wenn durch die Einwirkung auf die Ware der Schein eines besseren mehrwertigen Wesens, als sie in Wirklichkeit besitzt, hervorgerufen wird.

12. Urteil des Landgerichts Dortmund vom 16. Juni 1894. (Freisprechung. Der Kaffee war in der Weise geröstet worden, daß auf 100 bis 150 Pfund Kaffee etwa 50 Gramm Ocker beigemischt wurden. Dies geschah, um zu verhüten, daß die Bohnen beim Rösten Flecke bekommen und so von dem Publikum in Folge ihres häßlichen Aussehens nicht leicht gekauft werden. Das Gericht nahm mit dem Gutachter Dr. N. an, daß eine Verfälschung im Sinne des § 10 Nahrungsmittelgesetzes überhaupt nicht vorliege, da das von den Angeklagten angewandte Verfahren nicht ein Erzeugnis hervorbringe, welches in seinen Eigenschaften vom ersten, nicht veränderten Erzeugnis „wesentlich" abweiche.) (Vergleiche Entscheidungen des Reichsgerichts Bd. 16, S. 437.)

13. Urteil des Landgerichts Düsseldorf vom 28. Dezember 1894. (Verurteilung aus § 10[1, 2] Nahrungsmittelgesetzes zu 200 ℳ. Vergleiche oben Urteil zu 11.)

14. Urteil des Landgerichts Hamburg vom 26. Oktober 1897. (Verurteilung aus § 10[1, 2] Nahrungsmittelgesetzes zu 300 ℳ. Der Kaffee enthielt zur Hälfte verkohlte, mit Eisenocker gefärbte Bohnen.)

15. Urteil desselben Gerichts vom 7. Februar 1899. (Freisprechung mangels Täuschungsabsicht. Es ließ sich nicht feststellen, daß der grün gefärbte Santos-Kaffee unter dem Namen einer wertvolleren Kaffeesorte feilgehalten war.)

## IV. Glasierter Kaffee.[1]

16. Urteil des Landgerichts I Berlin vom 21. September 1896. (Freisprechung. Der Kaffee war unter Zusatz von Sirup gebrannt. Den Käufern wurde dies jedoch mitgeteilt.)

17. Urteil des Landgerichts Dortmund vom 11. November 1889. (Freisprechung. Der zu 0,90 ℳ für das Pfund feilgehaltene, mit Zucker geröstete Abfall-Kaffee wurde nicht als verdorben, verfälscht oder nachgemacht erachtet.)

## V. Kaffee mit Kaffeesatz.

18. Urteil des Landgerichts Frankfurt a. M. vom 22. Oktober 1894. (Verurteilung aus § 11 Nahrungsmittelgesetzes zu 25 ℳ. Der Kaffee bestand größtenteils aus gereinigtem, aber bereits gebrauchtem Kaffeesatze.)

## VI. Künstlicher Kaffee.

19. Urteil des Landgerichts I Berlin vom 21. September 1896. (Freisprechung. Der Angeklagte brachte unter der Bezeichnung „Viktoria-Malzkaffee — Bester Kaffeeersatz" 2 Sorten von Kaffeesurrogaten in den Handel. Die eine bestand aus gebranntem Gerstenmalz, die andere aus gebranntem Roggenmalz. Er unterwarf die Gersten- oder Roggenkörner einem Keimungsprozesse, unterbrach diesen zu bestimmter Zeit, reinigte das so bereitete

[1]) Vergleiche oben Urteil zu 2 u. 10.

Malz und brannte es in derselben Weise, wie Kaffee geröstet wird. Das Pfund Malzkaffee verkaufte er zu 0,20 bezw. 0,30 ℳ.)

20. Urteil des Landgerichts II Berlin vom 7. Juli 1896. (Verurteilung aus § 10² Nahrungsmittelgesetzes zu 15 ℳ. Der Angeklagte hielt unter der Bezeichnung „Viktoria-Malzkaffee" Erzeugnisse aus gemälztem Roggen bezw. Gerste feil. Das Gericht nahm an, daß jene Bezeichnung geeignet sei, im Publikum den Irrtum zu erwecken, als ob das Fabrikat aus Kaffeebohnen mit einem Malzzusatz hergestellt sei; es hätte auf der Verpackung erkennbar gemacht werden müssen, dass sie nicht Kaffee, sondern ein Ersatzmittel aus Roggen- bezw. Gerstenmalz enthalte.)

21. Urteil desselben Gerichts vom 4. Dezember 1897. (Freisprechung. Der Angeklagte stellte zwei Ersatzmittel für Kaffee her, das eine ausschließlich aus gemischter Gerste, das andere ausschließlich aus gemalztem Roggen. Diese Ersatzmittel verkaufte er unter dem Namen „Viktoria-Malzkaffee" zu verschiedenen Preisen, je nach den Preisen der betreffenden Getreideart und in Tüten von verschiedener Farbe, auf denen das Präparat „bester Kaffee-ersatz" bezeichnet wurde.

Der Gerichtshof hat nicht angenommen, daß die Bezeichnung Malzkaffee für das Präparat zur Täuschung des Publikums geeignet war. Nach dem Gutachten der Sachverständigen werde unter Kaffee jetzt allgemein ein Produkt verstanden, das durch Rösten aus Vegetabilien hergestellt ist, und die Verbindung von Wörtern wie Malz, Eichel, Feigen mit dem Worte Kaffee lasse deutlich erkennen, daß das Produkt nicht aus den Früchten des Kaffeebaumes hergestellt ist. Das Publikum nehme vielmehr bei solchen Warenbezeichnungen an, daß es sich um ein Ersatzmittel für den natürlichen Kaffee aus anderen Früchten, als aus denen des Kaffeebaumes handelt.)

22. Urteil des Landgerichts Altona vom 24. Oktober 1890. (Freisprechung. Der Angeklagte hatte eine Mischung von Kaffeebohnen mit Kunstkaffee, nach seinen Angaben im Verhältnis von $1^1/_2$ Pfund : 1 Pfund, nach dem Gutachten des Untersuchungsamtes in Kiel im Verhältnis von 65 % : 35 %, verkauft. In dem Laden befanden sich zwei Plakate mit der Aufschrift „Gebrannter Melange-Kaffee vorzüglicher Mischung unter Zusatz von Kunstkaffee per Pfund nur 1,20 ℳ, 1,30 ℳ und 1,40 ℳ", die Tüten, in welchen die Mischung abgegeben wurde, enthielten in Blauschrift, später in Stempeldruck die Bezeichnung „mit Kunstkaffee", außerdem war der Kommis angewiesen, den Kunden bei Abgabe des Kaffees zu sagen, daß derselbe mit Kunstkaffee gemischt sei. Dies ist in einer Anzahl von Fällen geschehen, in den zwei unter Anklage stehenden Fällen, welche den Verkauf von je $^1/_2$ Pfund Kaffee zu 1,20 ℳ. pro Pfund am 18. Mai und 9. Juni betrafen, unterblieben. In dem einen derselben war der Angeklagte abwesend, in dem anderen im Laden anderweitig beschäftigt. In dem letzteren Falle war der Gerichtshof der Ansicht, daß der Angeklagte verzeihlicherweise auf die Verkaufsverhandlungen nicht geachtet oder angenommen hat, daß die Käuferin, eine Geschäftskundin, ohnehin darüber unterrichtet sei, was sie erhalten habe.)

23. Urteil desselben Gerichts vom 13. März 1891. (Verwerfung der Berufung des Angeklagten gegen das schöffengerichtliche Urteil, durch welches aus § 10¹˒ ² Nahrungsmittelgesetzes auf 90 ℳ und Veröffentlichung erkannt war. Der Angeklagte hatte 25 Pfund gebrannten Bruchkaffee zum Preise von 90 Pf. für das Pfund verkauft, welcher

zu 17,4 % aus Kunstkaffeebruch, d. h. zerbrochenen künstlichen Kaffeebohnen, bestand. Der Angabe des Angeklagten entgegen, daß die Surrogatteile in Folge gemeinsamen Gebrauchs der Brenner und Kühlsiebe für den Kaffee und die Surrogate ohne Absicht seinerseits in den Kaffee gelangt sind, nahm das Gericht eine wissentliche Verfälschung des letzteren an, da die Form des Kunstkaffees derjenigen des natürlichen Bruchs möglichst genau nachgebildet war, die Kunstbohnen ihre normale Farbe zeigten und in großer Menge beigemengt waren.)

24. Urteil desselben Gerichts vom 2. Juni 1891. (Verurteilung aus §§ 10¹, 15, 16 Nahrungsmittelgesetzes zu 200 ℳ. Der Verurteilte hatte Kaffeesurrogate in Form künstlicher Kaffeebohnen hergestellt. Gemahlenes Korn wurde unter geringem Zusatz anderer Stoffe mit Wasser durchgeknetet, dieser Mehlteig in die Form von Kaffeebohnen gepreßt und die Mehlteigbohnen geröstet, so daß sie das Äußere gut gerösteter Kaffeebohnen annahmen. Die Mehlteigbohnen enthielten in den geringeren Sorten gar keine, in den teuersten 10 bis 20 % Teile, die aus echten Kaffeebohnen herrührten. Behufs Verwendung, insbesondere um sich in Wasser zu lösen, müssen die Mehlteigbohnen zunächst wieder gemahlen werden. Das Erzeugnis wurde teils als Kunstkaffee, teils als Kaffee mit Zusatz, teils als Mischkaffee feilgehalten. Das Gericht nahm an, daß „Mischkaffee“ im Gegensatz zu Kaffee „mit Zusatz“ oder „Kaffee mit Kunstkaffee“ nur eine Mischung natürlicher Kaffeesorten genannt werden darf. Wenn der Kaffeemakler bekunde, daß die Krämer zu A. mit „Mischkaffee“ oder „Melangekaffee“ auch die Mischung mit Surrogaten bezeichneten, so weise dies nur auf eine verwerfliche, dem Sprach- und reellen Handelsgebrauch widerstreitende Übung hin. Von gleicher Anschauung wie das Gericht sei offenbar die Kaiserliche Verordnung vom 1. Februar 1891 ausgegangen, welche das gewerbsmäßige Herstellen u. s. w. von Maschinen verbiete, die zur Herstellung künstlicher Kaffeebohnen bestimmt seien. Dieselbe müsse als ohne weiteres durch die Natur der Sache gegeben erachten, daß solche Maschinen zur Fälschung von Nahrungs- oder Genußmitteln bestimmt sind.)

25. Urteil desselben Gerichts vom 25. März 1892. (Freisprechung. Der Angeklagte hatte in den Zeitungen seinen „Bohnenkaffee mit Zusatz“ zum Verkauf angeboten. Dieser „Bohnenkaffee mit Zusatz“ bestand aus einem Teil natürlicher Kaffeebohnen, vermischt mit etwa 20 bis 30 % künstlicher, aus Mehlteig und Kleister hergestellter Bohnen. Daß der „Bohnenkaffee mit Zusatz“ so beschaffen sei, daß der Zusatz aus künstlichen Mehlteigbohnen in dem Umfang von 20 bis 30 % bestehe, hatte der Angeklagte verschwiegen. Das Gericht nahm an, aus dem Ausdruck „Bohnenkaffee mit Zusatz“ sei zu entnehmen, daß der Kaffee einen in anderen Stoffen als Kaffee bestehenden Zusatz enthalte. Ob dieser Zusatz in aus Mehlteig hergestellten künstlichen Kaffeebohnen oder aus sonstigen Stoffen bestanden habe, mache keinen Unterschied.)

26. Urteil des Landgerichts Essen vom 14. Oktober 1889. (Freisprechung, weil nicht erwiesen sei, daß die Angeklagte von dem Zusatze künstlicher Kaffeebohnen Kenntnis gehabt habe.)

27. Urteil des Landgerichts Limburg vom 10. Oktober 1887. (Verurteilung aus § 10¹, ² Nahrungsmittelgesetzes und § 263 Strafgesetzbuches zu 3 Wochen Gefängnis und 200 ℳ. Der Verurteilte hatte den Kaffeebohnen gebrannte Kochbohnen zugesetzt und das Gemisch als Kaffee verkauft.)

28. Urteil des Landgerichts München II vom 30. April 1892. (Freisprechung. Der Angeklagte M. hatte gemahlenen Kaffee, welcher mit Stärkekörnern vermischt war, feilgehalten. Er hatte diesen Kaffee, welchen er von dem Kaufmann W. in Pf. in kleinen Päckchen als „Mischung“ zu 1,20 bis 1,30 ℳ für das Pfund erhalten, wiederholt an zwei Hausfrauen in denselben Päckchen zu 5 Pf. für jedes Päckchen verabfolgt; von der Beimischung fremder Bestandteile hatte er den Käuferinnen nichts mitgeteilt, weil er dieselbe angeblich selbst nicht gekannt hatte. Diese Behauptung blieb nach Annahme des Gerichts unwiderlegt. Unter dem Worte „Mischung“ sei nicht unbedingt und unter allen Umständen dasselbe, wie unter „Fälschung“ zu verstehen, da es auch gemischten Kaffee gebe, welcher aus einer Mischung von gutem und minder gutem, aber immerhin echtem Kaffee bestehe und daher nicht als gefälscht betrachtet werden könne. Die ihm selbst gewordene Mitteilung, daß der Kaffee ein „gemischter“ sei, habe der Angeklagte auch seinen Käufern gemacht, welche übrigens schon aus dem billigen Preise hätten ersehen können, daß sie keinen nur „guten“ Bohnenkaffee erhalten würden. Andererseits sei der Preis von 1,20 bis 1,30 ℳ für das Pfund Kaffee keineswegs geeignet gewesen, M. zu der Annahme zu führen, er bekomme nicht nur „gemischten“, sondern „gefälschten, mit Surrogaten versetzten“ Kaffee.

Eine Fahrlässigkeit im Sinne des § 11 Nahrungsmittelgesetzes lag nach Annahme des Gerichts nicht vor, weil M. schon nach der geringen Menge des zunächst zum eigenen Gebrauche bezogenen Kaffees, welche einige Pfund im Jahre betrugen, keinen Anlaß gehabt habe, sich durch kostspielige und umständliche Untersuchung der Sendungen, welche jahrelang seitens der Abnehmer unbeanstandet geblieben wären, von der Echtheit der Ware zu überzeugen, und er im vollen Vertrauen auf die Reellität des langjährigen Geschäftsfreundes den Kaffee als „Mischung“ übernommen und wieder abgegeben habe.)

29. Urteil des Landgerichts Hamburg vom 21. Januar 1891. (Verurteilung aus § $10^1$ Nahrungsmittelgesetzes zu 20 ℳ. Der Angeklagte hatte als Schiffsproviant gebrannten und gemahlenen Kaffee geliefert, welcher zu $^1/_4$—$^1/_6$ des Gewichts mit gebranntem Getreide vermischt war.)

30. Urteil desselben Gerichts vom 1. Juni 1891. (Verwerfung der Berufung des Angeklagten gegen das schöffengerichtliche Urteil, durch welches aus §§ $10^{1, 2}$, 15, 16 Nahrungsmittelgesetzes auf 150 ℳ, Einziehung und Veröffentlichung erkannt war. Der Verurteilte hatte als Kaffee eine Mischung feilgehalten, welche zu 18 % nachgemachte Bohnen enthielt.)

## VII. Cichorien.

31. Urteil des Kammergerichts zu Berlin vom 16. Mai 1898. Verwerfung der von der Staatsanwaltschaft gegen das Urteil des Landgerichts I Berlin vom 31. Januar 1898 eingelegten Revision aus folgenden Gründen:

Die Revision macht zunächst geltend, daß eine Verfälschung bei der Cichorienfabrikation nicht nur durch Nichtentziehen erdiger Verunreinigungen, sondern auch durch Zusetzen solcher Verunreinigung mittelst Beimischung unvollkommen gereinigter Rohmaterialien begangen werden kann. Ein wesentlicher Unterschied ist zwischen den beiden Arten der Verfälschung nicht zu finden.

In beiden Fällen wird verunreinigtes Rohmaterial vorausgesetzt, und wenn diesem Rohmaterial die erdige Verunreinigung nicht entzogen wird, dann wird es eben ungereinigt zugesetzt. Eine Verfälschung im Sinne des § 10 Nahrungsmittelgesetzes kann nur, wie der Vorderrichter zutreffend ausführt, in der Zurücklassung eines größeren als normalen Prozentsatzes von Sand in den Cichorienfabrikaten gefunden werden (vergleiche Urteil des Reichsgerichts vom 31. Januar 1888, Rechtsprechung des Reichsgerichts Bd. X S. 64). Diese Zurücklassung muß aber stets eine absichtliche sein, um sich als eine Verfälschung im Sinne des § $10^1$ a. a. O. darzustellen. Daß ein Vergehen gegen § 10 a. a. O. nur vorsätzlich verübt werden kann, liegt im Begriffe. Es kann daher ganz dahingestellt bleiben, welcher Prozentsatz Sandgehalt als der normale für die Cichorienfabrikate anzusehen ist, denn selbst wenn dieser normale Prozentsatz in vorliegendem Falle überschritten sein sollte, würde eine Verfälschung im Sinne des § $10^1$ a. a. O. nur dann vorliegen, wenn der Angeklagte die Überschreitung des normalen Prozentsatzes vorsätzlich herbeigeführt hätte. Der Vorderrichter hat aber festgestellt, daß der Angeklagte gar nicht in der Lage war, eine weitere Entziehung von Sand herbeizuführen, als dies schon durch die Wäsche geschehen war, daß er also die Überschreitung eines bestimmten Prozentsatzes von Sandgehalt nicht vorsätzlich herbeigeführt hat. Damit entfällt der Tatbestand des Vergehens gegen § $10^1$ a. a. O. Der Vorderrichter hat auch das Vorhandensein des Tatbestandes des Vergehens wider § $10^2$ l. c. ohne Rechtsirrtum verneint. Voraussetzung des Tatbestandes dieses Vergehens ist, daß derjenige, der Nahrungs- oder Genußmittel verkauft oder feilhält, w e i ß, daß sie verdorben, nachgemacht oder verfälscht sind. Wenn der Vorderrichter nun ohne Rechtsirrtum verneint hat, daß der Angeklagte die von ihm verkauften Cichorienfabrikate verfälscht hat, dann entfällt von selbst der Tatbestand des § $10^2$ a. a. O. Die Ausführungen des Vorderrichters, welche dahin gehen, daß der Angeklagte sich auch dann des Vergehens wider § $10^2$ a. a. O. nicht schuldig gemacht hat, wenn man auch annehmen müßte, daß ein Cichorienfabrikat, wie das in Rede stehende sich als eine Verfälschung darstellt, können deshalb unberücksichtigt bleiben, da schon durch die vorgedachten Feststellungen die Entscheidung getragen wird.

32. Urteil des Landgerichts I Berlin vom 31. Januar 1898. (Verwerfung der von der Staatsanwaltschaft gegen das freisprechende Urteil des Schöffengerichts eingelegten Berufung.) Der Angeklagte bezog zur Cichorienfabrikation das erforderliche Rohmaterial, die Cichorienwurzeln, von den Landwirten, welche diese Wurzel bauen. Dieses Rohmaterial, welches öfters aus geschäftlichen Rücksichten bis 6 Monate lang aufbewahrt werden muß, bevor es weiter verarbeitet werden kann, wurde in Magazinen gelagert, deren Fenster geöffnet bleiben, um eine weitere Austrocknung der Wurzeln zu befördern. Aus den Magazinen kamen die Wurzeln in Trommeln, welche in gemauerten Öfen laufen, um geröstet zu werden. Die gerösteten Wurzeln wurden in mit Steinfliesen versehene Räume, deren Luken zum Zweck besserer Luftzirkulation geöffnet bleiben, abgekühlt. Alsdann kamen die gerösteten Wurzeln unter Zusatz nötiger Ingredienzien in einen sogenannten Kollergang, wo sie gemahlen werden. Von hier aus wurde die Masse durch Elevatoren in die Mühle befördert, wo sie völlig zerkleinert wird.

Das so entstandene Cichorienmehl oder Pulver wurde alsdann in kistenförmigen Behältern aufbewahrt, aus denen die Arbeiter die Masse entnahmen, um sie in die Verpackungen zu bringen, in welchen die Cichorienfabrikate, welche nach der Art der Zusätze, der Feinheit des Kerns und des Feuchtigkeitsgehalts verschiedene Qualität haben, verkauft zu werden pflegen.

Dr. Wo. hat nun begutachtet, daß das Cichorienfabrikat einen Sandgehalt von 3,95 % aufwies. Dr. Wo. hat demzufolge aus verschiedenen Geschäften Cichorienfabrikate des Angeklagten untersuchen lassen und dabei festgestellt, daß dieselben 3,8, 4,0, 2,9, 2,7, 2,7, 2,6, 2,5, 2,04, 1,6 und 1,3 % Sandgehalt aufwiesen.

Da Dr. Wo., welcher früher das öffentliche Nahrungsmitteluntersuchungsamt für die Provinz Schleswig-Holstein geleitet hat, bei der Untersuchung zahlreicher, aus Lübecker, Braunschweiger und Schleswig-Holsteiner Fabriken herrührender Cichorienfabrikate gefunden hat, daß die meisten dieser Fabrikate einen nicht höheren Sandgehalt als 2 % aufwiesen, und ein solcher Prozentsatz den im Großherzogtum Baden aufgestellten und auch von dem Verein bayerischer Vertreter der angewandten Chemie angenommenen Normen entspricht, so hat derselbe die Fabrikate des Angeklagten, welche einen 2 % übersteigenden Prozentsatz an Sand aufwiesen, als verfälscht beanstandet. Er geht hierbei von der Voraussetzung aus, daß das Nahrungsmittelgesetz den Fabrikanten die Verpflichtung auflegt, nur unverfälschte Nahrungsmittel herzustellen und in den Verkehr zu bringen, und daß eine Fälschung nicht nur mittelst Entnehmens oder Zusetzens von Stoffen, sondern auch mittelst Nichtentziehens von Stoffen verübt werden kann, falls durch eine dieser Manipulationen das betreffende Nahrungsmittel verschlechtert wird.

Der als Sachverständiger vernommene G., welcher selbst früher lange Zeit hindurch eine Cichorienfabrik geleitet hat, bezeichnete die oben geschilderte Fabrikationsmethode als rationell und durchaus üblich und ein Fabrikat, welches sogar 4 % Sandgehalt aufweist, noch als tadellos. Die Reinigung der Wurzeln könne nur im großen durch Maschinen erfolgen, nicht aber im einzelnen. Der den Wurzeln anhaftende Sand hafte durch das Darren und Rösten immer fester an den Wurzeln und nehme auch deren Farbe an, sodaß er nicht einmal zu bemerken, geschweige denn völlig zu entfernen sei.

Auch der gerichtliche Sachverständige Dr. B., welcher wiederholt den Betrieb von Cichorienfabriken aus eigener Anschauung kennen gelernt hat, sprach sich für die Ansicht des Angeklagten und gegen das Gutachten des Dr. Wo. aus. Er führte aus, daß sich der Gehalt an Asche und Sand nach dem Boden richte, auf welchem die Wurzel gewachsen, sodaß die größere Schwere des Bodens auch einen höheren Gehalt an Asche und Sand bedinge. Hierzu komme, daß die Cichorienwurzel vorzugsweise auf Ton- und Lehmboden wachse und beide Erdarten in Jahren, welche größere Niederschlagsmengen gehabt, vermöge ihrer erhöhten Feuchtigkeit und Konsistenz in größerer Masse und mit bedeutenderer Festigkeit an den aus dem Boden gezogenen Wurzeln haften blieben als in trockenen Jahren. Durch die stattfindende Reinigung könnten naturgemäß nur die größeren und oberflächlich anhaftenden Erdpartikeln entfernt werden, während die in den Riefen und Wurzeln, sowie an den Wurzelauswüchsen haftenden kleineren Erdmassen an den Wurzeln in dünner Schicht kleben blieben. Diese geringeren Erdmassen verbänden sich aber durch das Darren und Rösten enger mit den Wurzeln und erhielten — besonders durch das Brennen — die gleiche Farbe, wie die Wurzeln selbst, sodaß sie von ihnen nicht zu unterscheiden wären. Unter diesen Umständen und da der Fabrikant auch nicht immer die Bodenbeschaffenheit des Ursprungsortes seiner Ware sowie die Witterungsverhältnisse, unter denen die Wurzel gewachsen sei, zu wissen in der Lage sei, könne er den Prozentsatz an Sand, den seine Ware enthalten würde bezw. enthielte, und insbesondere dessen Mindestgrenze weder vorher genau wissen, noch später mit Sicherheit selbst bestimmen. Er könne daher eine Cichorie, die bis zu 4 % Sand aufweise, noch nicht als verfälscht bezeichnen.

Bei der Sachlage hat das Berufungsgericht dem Sachverständigen Dr. Wo. als richtig zwar zugeben können, daß in dem Falle, wenn ein Fabrikant von Nahrungs- und Genußmitteln bezw. Gebrauchsgegenständen die Möglichkeit hat, denselben Stoffe, welche diese Gegenstände verschlechtern, zu entziehen, und dies absichtlich unterläßt, derselbe sich einer Verfälschung im Sinne des Nahrungsmittelgesetzes schuldig machen würde. Im vorliegenden Falle aber ist eine derartige Handlungsweise des Angeklagten gar nicht erwiesen. Derselbe ist, wie nach den übereinstimmenden Gutachten des Kaufmanns G. und des Dr. B., welche mit Rücksicht auf die praktische Erfahrung beider den Vorzug vor dem Gutachten des Dr. Wo. verdienen, gar nicht in der Lage, bei dem Ankauf bereits gewaschener und gedarrter Cichorienwurzeln zu prüfen, welchen Sandgehalt die aus denselben hergestellten Fabrikate aufweisen werden, und deshalb auch nicht in der Lage, Vorkehrungen zu treffen, durch welche eine weitere Entziehung von Sand, als dies schon durch die Wäsche geschehen, herbeigeführt werden könnte. Das Berufungsgericht hat deshalb im vorliegenden Falle, wo nach dem Gutachten zweier praktisch erfahrener Sachverständigen eine rationelle, reelle und der üblichen Herstellungsweise entsprechende Fabrikation stattfand, eine Verfälschung durch nicht genügende Sandentziehung nicht anzunehmen vermocht, zumal der größere oder geringere Sandgehalt der Cichorienfabrikate in erster Reihe von der Beschaffenheit des Bodens, auf dem die Wurzeln gewachsen sind, von klimatischen Einflüssen und schließlich von dem Zufall abhängt, ob die Fabrikate aus den oberen oder aus den unteren und deshalb infolge des allmählichen Zubodensinkens des in der Masse befindlichen Sandes sandreicher gewordenen Schichten der Behälter, in denen das Cichorienpulver aufbewahrt wird, entnommen sind.

Der Umstand, daß im Großherzogtum Baden gesetzlich und in Bayern durch die Beschlüsse des Vereins bayerischer Vertreter der angewandten Chemie privatim geringere Prozente von Sandgehalt als Norm hingestellt sind, ändere an der oben vertretenen Ansicht des Berufungsgerichts nichts, da weder die gesetzlichen badischen Bestimmungen noch die Beschlüsse eines bayerischen Sachverständigen-Vereins für Preussen bindende Kraft haben, in Preussen selbst aber ein geringster zulässiger Prozentsatz von Sandgehalt gesetzlich oder anderweitig nicht fixiert und auch durch reichsgesetzliche Bestimmungen nicht festgesetzt ist. — (Vergleiche oben Urteil zu 31.)

# F. Eingetragene Wortzeichen für Kaffee und Kaffeeersatzstoffe.

| Lauf. No. | Eingetr. No. | Tag der An-meld. | Tag der Ein-trag. | Eingetragenes Wortzeichen. | Waren-verzeichnis. | Fabrikant. | Wohnort des Fabrikanten. |
|---|---|---|---|---|---|---|---|
| 1 | 2038 | 1.10.94 | 22.1.95 | Hansa. | Kaffee. | Franz Kathreiners Nchf. | München. |
| 2 | 3174 | 1.10.94 | 22.2.95 | Kathreiners Kneipp-Malz-Kaffee. | Malz-Kaffee. | Kathreiners Malz-Kaffeefabr. m. b. H. | München. |
| 3 | 3286 | 1.10.94 | 25.2.95 | Kneipp. | Malz- und Getreide-Kaffee. | Kathreiners Malz-Kaffeefabr. m. b. H. | München. |
| 4 | 3588 | 1.10.94 | 4.3.95 | Echter Dr. Lutzescher Gesundheits-Kaffee. | Gesundheits-Kaffee. | Krause & Co. | Nordhausen. |
| 5 | 3653 | 19.11.94 | 6.3.95 | Echt Heinr. Franck Söhne. | Kaffeeersatzst. | Heinr. Franck Söhne. | Ludwigsburg. |
| 6 | 3661 | 19.11.94 | 6.3.95 | Sano. | Kaffeeersatzst. | Heinr. Franck Söhne. | Ludwigsburg. |
| 7 | 4058 | 30.10.94 | 15.3.95 | Mazawattee. | Kaffee und Kaffeeersatzst. | Densham & Sons. | London. |
| 8 | 4803 | 19.11.94 | 4.4.95 | Franckmühle. | Kaffeeersatzst | Heinr. Franck Söhne. | Ludwigsburg. |
| 9 | 5094 | 19.11.94 | 11.4.95 | Franck. | Kaffeeersatzst. | Heinr. Franck Söhne. | Ludwigsburg. |
| 10 | 5134 | 1.10.94 | 13.4.95 | Echt Scheuers Doppel Ritter. | Cichorienfabrikate. | Georg Jos Scheuer. | Fürth (Bayern). |
| 11 | 5229 | 17.12.94 | 16.4.95 | Doppel-Franck. | Kaffeeersatzst. | Heinr. Franck Söhne. | Ludwigsburg. |
| 12 | 5230 | 22.12.94 | 16.4.95 | Franck-Malz-Kaffee | Kaffeeersatzst. | Heinr. Franck Söhne. | Ludwigsburg. |
| 13 | 5251 | 22.12.94 | 17.4.95 | Dr. Katsch. | Kaffeeersatzst. | Heinr. Franck Söhne. | Ludwigsburg. |
| 14 | 6445 | 14.1.95 | 14.5.95 | Hansa. | Kaffeeersatzst. | Franz Kathreiners Nchf. | München. |
| 15 | 6676 | 10.12.94 | 22.5.95 | Windmühlen-Kaffee (Kaffee-Surrogat). | Kaffeeersatzst. | Cäsar Teichmann. | Erfurt. |
| 16 | 6728 | 4.1.95 | 24.5.95 | Farmer. | Kaffeeersatzst. | Daniel Völcker. | Lahr i. B. |
| 17 | 7104 | 4.1.95 | 7.6.95 | Völcker. | Kaffeeersatzst. | Daniel Völcker. | Lahr i. B. |
| 18 | 7310 | 17.12.94 | 14.6.95 | Franek. | Kaffeeersatzst. | Heinr. Franck Söhne. | Ludwigsburg. |
| 19 | 7805 | 17.12.94 | 29.6.95 | Frank. | Kaffeeersatzst. | Heinr. Franck Söhne. | Ludwigsburg. |
| 20 | 8338 | 13.4.95 | 15.7.95 | Kneipp-Malz-Kaffee. | Malz- und Getreidekaffee | Kathreiners Malz-Kaffeefabr. m. b. H. | München. |
| 21 | 8875 | 18.2.95 | 20.8.95 | Victoria Melange. | Geröstete Kaffeebohnen. | P. H. Inhoffen. | Bonn. |
| 22 | 10018 | 6.5.95 | 3.10.95 | Sanjana. | Kaffee, Kaffee-Konserven und Kaffeeersatzst. | Portway Brothers. | London. |
| 23 | 10093 | 14.3.95 | 10.10.95 | Lora. | Kaffeeersatzst. | Kaffeefabrik Fortuna G. m. b. H. | Cöln a. Rh. |

| Lauf. No. | Eingetr. No. | Tag der An-meld. | Tag der Ein-trag. | Eingetragenes Wortzeichen | Waren-verzeichnis. | Fabrikant | Wohnort des Fabrikanten |
|---|---|---|---|---|---|---|---|
| 24 | 10287 | 4.4.95 | 17.10 95 | Franck-Kaffee Kaffee-Zusatz. | Kaffeeersatzst. | Heinr. Franck Söhne. | Ludwigsburg. |
| 25 | 10771 | 20 6.95 | 5.11.95 | Wolffs gebrannter Kaffee | Gebrannter Kaffee. | J. Wolff & Co. | Ludwigshafen a. Rh. |
| 26 | 11091 | 18.6.95 | 13.11.95 | Malco. | Malzkaffee. | Kathreiners Malz-Kaffeefabr. m. b. H. | München. |
| 27 | 11092 | 18 6.95 | 13.11.95 | Malcao. | Malzkaffee. | Kathreiners Malz-Kaffeefabr. m. b. H. | München. |
| 28 | 11095 | 14.9.95 | 13.11.95 | Kathreiners Malzkaffee. | Malzkaffee. | Kathreiners Malz-Kaffeefabr. m. b. H. | München. |
| 29 | 11098 | 24.7.95 | 13.11.95 | Trampler. | Kaffeeersatzst. | C. Trampler | Lahr. |
| 30 | 11662 | 12.10.95 | 4.12.95 | Selika. | Kaffeeersatzst. | Joh. Gottl. Hauswaldt. | Magdeburg (Neustadt). |
| 31 | 11663 | 12.10.95 | 4.12.95 | Echt Hauswald. | Kaffeeersatzst. | Joh. Gottl. Hauswaldt. | Magdeburg (Neustadt). |
| 32 | 11664 | 12.10.95 | 4.12.95 | Wald. | Kaffeeersatzst. | Joh. Gottl. Hauswaldt. | Magdeburg (Neustadt). |
| 33 | 11670 | 12.10.95 | 4.12.95 | Echt Hauswaldt. | Kaffeeersatzst. | Joh. Gottl. Hauswaldt. | Magdeburg (Neustadt). |
| 34 | 12042 | 25.10.95 | 17.12.95 | Storch-Kaffee. | Kaffee. | Wilh. Schmitz-Scholl. | Mülheim a. Ruhr. |
| 35 | 12048 | 3.9.95 | 17.12.95 | Kavasana. | Kaffeeersatzst. und Kaffeepräparate all. Art. | Max Freund. | Breslau. Taschenstraße 19. |
| 36 | 12050 | 23.8.95 | 17.12.95 | Pfarrer Kneipp. | Kaffeeersatzst. | Kathreiners Malz-Kaffeefabr. m. b. H. | München. |
| 37 | 12687 | 13.7.95 | 9.1.96 | Kaiser Franz-Kaffee-Surrogat. | Kaffeeersatzst. | 1. Oberschlesische Cichorienfabrik Alfred Fröhlich. | Ratibor. |
| 38 | 12693 | 15.10.95 | 9.1.96 | Fritz Onkels Eichel-Getreide-Kaffee. | Eichel-getreidekaffee. | Elise Bollhagen geb. Ehlers. | Neusanitz. |
| 39 | 12694 | 17.12.94 | 9.1.96 | Kathreiner. | Kaffee, roh, gebrannt und Feigenkaffee | Franz Kathreiners Nchf. | München |
| 40 | 12754 | 5.11.95 | 10.1.96 | Monopol. | Kaffeeersatzst. | 1. Oberschlesische Cichorienfabrik Alfred Fröhlich. | Ratibor. |
| 41 | 13128 | 14.12.95 | 22.1.96 | Frauenlob. | Getreide-Malzkaffee und Kaffeeersatzst. | Westdeutsche Mühlenwerke G. m. b. H. | Duisburg |
| 42 | 14905 | 30.1.96 | 19.3.96 | Tengelmanns Plantagen-Kaffee | Kaffee | Emil Tengelmann. | Bochum. |
| 43 | 14906 | 11.1.96 | 19.3.96 | Kaiser-Mischung. | Kaffee | E. Schombart. | Duisburg. |
| 44 | 14907 | 15.11.95 | 19.3.96 | Phönix. | Kaffee | Peter Batsche. | Düsseldorf. |
| 45 | 15432 | 18.2.96 | 8.4.96 | The Quisisana Company. | Kaffee | The Quisisana Company | Berlin. Leipzigerstraße 59. |
| 46 | 16221 | 7.3.96 | 5.5.96 | Roever-Caffee. | Kaffee | Julius Roever | Braunschweig. |
| 47 | 16983 | 2.4.96 | 3.6.96 | Hansa-Kaffee-Rösterei. | Kaffee | Franz Kathreiners Nchf. | München. |
| 48 | 17421 | 28.2 96 | 19 6.96 | Brillant-Kaffee mit der Hand. | Bohnenkaffee | Deutsche Kaffee-Import-Gesellsch. Willy Schwab & Co. | Cöln. |

| I auf. No. | Eingetr. No. | Tag der An-meld. | Tag der Ein-trag. | Eingetragenes Wortzeichen. | Waren-verzeichnis | Fabrikant. | Wohnort des Fabrikanten |
|---|---|---|---|---|---|---|---|
| 49 | 17984 | 7.5.96 | 15.7.96 | Trinke Natur-Röstkaffee | Gerösteter Kaffee. | Ferd. Gothot. | Mülheim a. d. Ruhr. |
| 50 | 18348 | 6.5.96 | 31.7.96 | Bageela. | Kaffee. | Harry Trüller. | Celle. |
| 51 | 18354 | 6.5.96 | 31.7.96 | Trula. | Kaffee. | Harry Trüller. | Celle. |
| 52 | 19519 | 2.9.96 | 5.10.96 | Thilo & von Döhren. | Kaffeeersatzst. | Thilo & v. Döhren. | Wandsbek. |
| 53 | 19521 | 4.9.96 | 6.10.96 | Echter Brandt. | Kaffeeersatzst. | Robert Brandt. | Magdeburg. |
| 54 | 19993 | 14.8.96 | 27.10.96 | Tip-Top. | Kaffee, Kaffeeersatzst. Kaffee-Essenz., Korn-Kaffees. | P. H. Hubert. | Lübeck. |
| 55 | 20056 | 23.9.96 | 29.10.96 | H. Kaiser. | Kaffee. | Hermann Kaiser. | Viersen. |
| 56 | 20058 | 23.9.96 | 29.10.96 | Hermann Kaiser. | Kaffee. | Herm. Kaiser. | Viersen. |
| 57 | 20060 | 23.9.96 | 29.10.96 | Kaisers Kaffee-Geschäft. | Kaffee. | Herm. Kaiser. | Viersen. |
| 58 | 20528 | 28.10.96 | 19.11.96 | Natrogat. | Kaffeeersatzst. | Herrmann Arnold. | Chemnitz. |
| 59 | 20601 | 19.10.96 | 23.11.96 | Ki.-Ko.-Ka. | Kaffeeersatzst. | Kietz & Co. | Cöln. |
| 60 | 20798 | 10.11.96 | 2.12.96 | Hercules-Kaffee. | Kaffee. | F. & H. Kauert. | Crefeld. |
| 61 | 20969 | 9.11.96 | 10.12.96 | A. Pennitz. | Kaffee und Kaffeeersatzst. | A. Pennitz. | Berlin, Rosenthalerstraße 59. |
| 62 | 21138 | 8.10.96 | 18.12.96 | „Arabi." | Kaffeegewürz. | Kasseler Hafer-Kakao-Fabrik Hausen & Co. | Cassel. |
| 63 | 21141 | 2.11.96 | 18.12.96 | Mokka-Gewürz. | Kaffeegewürz. | Rahmer & Krüger. | Cassel. |
| 64 | 21668 | 5.9.96 | 20.1.97 | Rothenburger Erker. | Kaffee, Kaffeeersatzst. | Kathreiners Malz-Kaffeefabr. m. b. H. | München. |
| 65 | 21793 | 3.9.96 | 27.1.97 | Kaffee mit dem Bären. | Gebrannte Kaffees. | P. H. Inhoffen. | Bonn. |
| 66 | 21796 | 9.9.96 | 27.1.97 | Bären-Kaffee. | Gebrannte Kaffees. | P. H. Inhoffen. | Bonn. |
| 67 | 22766 | 1.2.97 | 11.3.97 | Franckonia. | Kaffeeersatzst. | Heinr. Franck Söhne. | Ludwigsburg. |
| 68 | 22778 | 15.1.97 | 12.3.97 | Komet. | Gerösteter Kaffee. | Deutsche Kaffee-Röstwerke G. m. b. H. | Ludwigshafen a. Rh. |
| 69 | 22819 | 29.6.96 | 13.3.97 | Lindes Kaffee-Würze. | Kaffeezusätze. | Gebr. Linde. | Dortmund. |
| 70 | 23434 | 4.1.95 | 7.4.97 | Le Planteur. | Kaffeeersatzst. | Daniel Völcker. | Lahr. |
| 71 | 24654 | 12.4.97 | 25.5.97 | Hildebrands. | Kaffee, Kaffeeersatz und -Zusätze | Theod. Hildebrand & Sohn. | Berlin N., Pankstr. 18. |
| 72 | 24714 | 8.3.97 | 29.5.97 | Echter Brandt-Kaffee, Bester Kaffeezusatz. | Kaffeeersatzst. | Rob. Brandt. | Magdeburg. |
| 73 | 24726 | 18.2.97 | 29.5.97 | Meteor. | Kaffee, Kaffeeersatzst. | Harry Trüller. | Celle. |
| 74 | 24958 | 26.4.97 | 11.6.97 | Delta. | Kaffee. | Ackermann & Co. | Cöln a. Rh. |
| 75 | 25312 | 10.6.97 | 28.6.97 | Pfarrer Sebastian Kneipp. | Kaffeeersatzst. | Kathreiners Malz-Kaffeefbr. G.m.b.H. | München. |
| 76 | 25366 | 24.5.97 | 30.6.97 | Jungfer. | Kaffee. | Ad. Richter & Co. | Hamburg. |
| 77 | 25414 | 31.5.97 | 2.7.97 | Sterntor Kaffee. | Kaffee. | Jos. Oberdörffer. | Bonn a. Rh. |
| 78 | 25505 | 26.5.97 | 7.7.97 | Tosetti. | Kaffee. | Import-Gesellsch. Tosetti G. m. b. H. | Cassel. |

| Lauf. No. | Eingetr. No. | Tag der An-meld. | Tag der Ein-trag. | Eingetragenes Wortzeichen | Waren-verzeichnis | Fabrikant | Wohnort des Fabrikanten. |
|---|---|---|---|---|---|---|---|
| 79 | 25560 | 3.6.97 | 9.7.97 | Tiroler Kanzler Feigenkaffee. | Feigenkaffee. | Bruno Stäblein. | Pasing bei München. |
| 80 | 26111 | 18.6.97 | 27.8.97 | Ceres. | Kaffeeersatzst. | A. Stern. | Saar-gemünd. |
| 81 | 26372 | 3.5.97 | 9.9.97 | Delta. | Kaffee. | Ackermann & Co. | Cöln a. Rh. |
| 82 | 26725 | 26.8.97 | 24.9.97 | Dulcemona. | Kaffee | Aston & Co. | London. |
| 83 | 26840 | 14.7.97 | 29.9.97 | Münchener Kindl. | Feigenkaffee. | Franz Kathreiners Nachf., G. m. b. H. | München. |
| 84 | 26887 | 15.10.96 | 1.10.97 | Victoria-Kaffee. | Gebrannte natürliche Kaffeebohnen. | P. H. Inhoffen. | Bonn. |
| 85 | 27796 | 4.10.97 | 25.11.97 | Marly. | Kaffee, Cichorien und Kaffeeersatzst. | A. Pennitz. | Berlin, Ro-senthaler-straße 59. |
| 86 | 28861 | 3.11.97 | 3.2.98 | Vulkan-Kaffee. | Kaffee. | Jos. Hecking. | Crefeld. |
| 87 | 28424 | 15.7.97 | 6.1.98 | Falke. | Kaffee- und Kaffeeersatzst. | Joh. Schenk. | Meiderich. |
| 88 | 28952 | 22.12.97 | 9.2.98 | Tropon. | Kaffeeersatzst. | Dr. Freiherr v. Bodenhausen. | Berlin, Tau-benstr. 46. |
| 89 | 27860 | 11.10.97 | 29.11.97 | Kränzchen. | Gebrannter bezw. geröstet. Kaffee, Ge-treidekaffee u. alle den Namen Kaffee füh-renden Misch-ungen und Kaffeeersatzst. | Wilh. Schwenckert. | Magde-burg. |
| 90 | 28953 | 8.12.97 | 9.2.98 | Nectar. | Kaffee und Kaffeeersatzst. | Poulton & Co. | Dresden-A. |
| 91 | 29613 | 7.2.98 | 21.3.98 | Amrita. | Kaffee und Kaffeeersatzst. | Poulton & Co. | Dresden-A. |
| 92 | 30128 | 5.11.97 | 15.4.98 | Schwert-Kaffee | Kaffee. | A. Wolckenhauer Nchf. | Hamburg. |
| 93 | 30392 | 10.2.98 | 28.4.98 | Matador. | Kaffee und Kaffeeersatzst. | Harry Trüller. | Celle i. H. |
| 94 | 30443 | 14.1.98 | 30.4.98 | Bonner Union-Kaffee. | Kaffee. | Jos. Abraham. | Bonn. |
| 95 | 30741 | 14.3.98 | 13.5.98 | Negus. | Kaffee. | Scholler & Mayer. | Straßburg i. Els. |
| 96 | 30831 | 13.11.97 | 18.5.98 | Pfeilring. | Kaffeeersatzst. | Benno Jaffé & Darmstädter. | Martini-kenfelde bei Berlin. |
| 97 | 31096 | 16.2.98 | 1.6.98 | Hohenzollern-Melange. | Kaffee. | J. Koux. | M.-Gladbach. |
| 98 | 31097 | 2.2.98 | 1.6.98 | Colonia-Kaffee. | Kaffee. | Kaffee Groß-Rösterei „Colonia", H. Abels. | Cöln a. Rh. |
| 99 | 31186 | 5.4.98 | 6.6.98 | Schäfers Kaffee. | Kaffee, roh u. geröstet. | Alb. Schäfer. | Höhscheid-Solingen. |
| 100 | 31424 | 17.1.98 | 14.6.98 | Bonna-Kaffee. | Kaffees. | Dampfkaffee-brennerei „Bonna". Müller & Wouters. | Bonn. |
| 101 | 31498 | 16.4.98 | 18.6.98 | Otten-Kaffeeersatz. | Cichorien. | H. Otten. | Norden. |
| 102 | 31537 | 18.3.98 | 21.6.98 | Tropon. | Kaffeeersatzst. | „Tropon", G. m. b. H. | Berlin, Tauben-straße 46. |
| 103 | 32364 | 5.3.98 | 12.8.98 | Mit dem Degen. | Kaffee. | Hugo Degenhard. | Gelsen-kirchen. |

| Lauf. No. | Eingetr. No. | Tag der An-meld. | Tag der Ein-trag | Eingetragenes Wortzeichen | Waren-verzeichnis. | Fabrikant | Wohnort des Fabrikanten. |
|---|---|---|---|---|---|---|---|
| 104 | 32463 | 9.6.98 | 24.8.98 | Kondor. | Kaffee. | G.Behrmann & Co, G. m. b. H. | Burgsteinfurt i. W. |
| 105 | 32493 | 1.7.98 | 27.8.98 | Johann Gottlieb. | Cichorien. | Joh. Gottl. Hauswaldt. | Magdeburg (Neustadt). |
| 106 | 32583 | 13.6.98 | 3.9.98 | Fürsten-Kaffee. | Gebrannter Kaffee. | Dampfkaffeebrennerei Victoria Ed. Schlingschröder & Co. | Bonn. |
| 107 | 32613 | 8.7.98 | 5.9.98 | Nährolin. | Kaffee. | Edwin Hering. | Dresden-A. Amalienstraße 23. |
| 108 | 33278 | 30.6.98 | 8.10.98 | Goldina. | Kaffee. | Franz Abels. | Crefeld, Evertstr. 33. |
| 109 | 33402 | 27.7.98 | 13.10.98 | Pascha. | Feig.-Kaffee u. Kaffeeersatzst. | Gebr. Hofer. | Freising. |
| 110 | 33707 | 26.8.98 | 25.10.98 | Stefanie Feigen-Kaffee. | Feigenkaffee. | Bruno Stäblein. | Pasing bei München. |
| 111 | 34068 | 17.9.98 | 12.11.98 | Joachimsthals Dauer-Kaffee. | Geröst. Kaffee mit harzartigem Überzug. | Joachimsthal & Co. | Berlin, Monbijouplatz 1. |
| 112 | 34204 | 18.8.98 | 18.11.98 | Congolia. | Kaffee. | Wölber & Zimmermann. | Hamburg, Rödingsmarkt 24. |
| 113 | 34348 | 9.9.98 | 24.11.98 | Cellensia. | Kaffee und Kaffeeersatzst. | Harry Trüller. | Celle i. H. |
| 114 | 34585 | 1.11.98 | 2.12.98 | Harry. | Kaffee. | Harry Trüller. | Celle i. H. |
| 115 | 34814 | 27.9.98 | 13.12.98 | Holbutko. | Kaffee. | Otto Arlt. | Görlitz. |
| 116 | 34818 | 10.7.98 | 13.12.98 | C. F. M. Engelhardts Konsum-Kaffee. | Kaffee. | Adam Seelmann. | Offenbach a. M. |
| 117 | 35044 | 2.11.98 | 24.12.98 | Kessler. | Kaffeeersatzst. | Kessler & Co. | Gelnhausen. |
| 118 | 35045 | 23.11.98 | 24.12.98 | Kessler & Komp. | Kaffeeersatzst. Kaffee-Essenz. | Kessler & Co. | Gelnhausen. |
| 119 | 35130 | 1.9.98 | 3.1.99 | Carola. | Kaffee und Kaffeeersatzst. | C. Kühn. | Berlin, Schwedterstraße 33. |
| 120 | 35424 | 1.12.98 | 13.1.99 | Rajah. | Kaffee. | Cultuur Maatschappy Parakan Salak de Parveng-Koeda (Java). | Brüssel. |
| 121 | 35690 | 15.12.98 | 28.1.99 | Hassan-Kaffee. | Kaffee. | Wwe. Hassan. | Frankfurt a. M. |
| 122 | 35801 | 21.12.98 | 2.2.99 | Juwel. | Kaffee. | C. Hok. | Frankfurt a. M. |
| 123 | 35972 | 14.12.98 | 13.2.99 | Idels Kaffee. | Kaffee. | F. W. Idel. | Elberfeld. |
| 124 | 36006 | 23.12.98 | 14.2.99 | Richters Kaffee mit dem Richter. | Kaffee. | Adolf Richter & Co. | Hamburg, Schleusenstraße 9. |
| 125 | 36288 | 31.1.99 | 25.2.99 | Kiaro. | Kaffee. | F. A. Föllen. | Bremen. |
| 126 | 36329 | 16.1.99 | 28.2.99 | Triumph-Kaffee. | Kaffee. | Franz Zentis. | Aachen. |
| 127 | 36445 | 6.12.98 | 6.3.99 | Erica. | Kaffee. | Harry Trüller. | Celle i. H. |
| 128 | 36446 | 6.12.98 | 6.3.99 | Cellonia. | Kaffee. | Harry Trüller. | Celle i. H. |
| 129 | 36541 | 22.8.98 | 10.3.99 | Dir. Wegeners künstlich. Nährkaffee. | Kaffeeersatzst. | Hans Wegener. | Mainleus b. Kulmbach i. Bayern. |

| Lauf. No. | Eingetr. No. | Tag der An-meld. | Tag der Ein-trag | Eingetragenes Wortzeichen | Waren-verzeichnis | Fabrikant | Wohnort des Fabrikanten. |
|---|---|---|---|---|---|---|---|
| 130 | 36551 | 10.1.99 | 11.3.99 | Lenitose. | Kaffee und Kaffeeersatzst. | Bauer & Co. | Berlin, Adalbertstraße 40. |
| 131 | 36689 | 22.12.98 | 20.3.99 | Agrippina. | Kaffee. | Rondorf & Becker. | Cöln. |
| 132 | 36741 | 27.1.99 | 22.3.99 | Cellini. | Kaffee. | Harry Trüller. | Celle i. H. |
| 133 | 36828 | 12.12.98 | 29.3.99 | Hensel & Hänert Delica. | Kaffee. | Hensel & Hänert. | Halle a. S. |
| 134 | 36932 | 6.2.99 | 6.4.99 | Kanzler Biener. | Feigenkaffee. | Bruno Stäblein. | Pasing bei München. |
| 135 | 36937 | 4.2.99 | 6.4.99 | Kobold. | Kaffeeersatzst. und Cichorien. | F.Ad.Richter&Cie. | Nürnberg. |
| 136 | 37201 | 9.12.98 | 14.4.99 | Fu-K'ing. | Kaffee. | California Frucht- und Wein-Depot Hilmar Stephany | Berlin, Unter den Linden 59. |
| 137 | 37254 | 7 3.99 | 17.4.99 | Molinarikaffee. | Kaffee. | J. Molinari & Söhne. | Breslau. |
| 138 | 37255 | 16.3.99 | 17.4.99 | Ferron | Kaffeeersatzst. und Cichorien. | F.Ad.Richter&Cie. | Nürnberg. |
| 139 | 37256 | 16.3.99 | 17.4.99 | Terron. | Kaffeeersatzst. und Cichorien. | F.Ad.Richter&Cie. | Nürnberg. |
| 140 | 37613 | 8.2.99 | 6.5.99 | Ngranka. | Kaffee. | Ferd. Fuesers. | Dülken. |
| 141 | 38004 | 23.3.99 | 27.5.99 | König Ludwig. | Kaffee und Kaffeeersatzst. | Aug. Stürzer. | München. |
| 142 | 38002 | 7.3.99 | 27.5.99 | Webers Karlsbader Kaffee-Gewürz. | Kaffee-Zusatz. | Otto E. Weber G. m. b. H. | Radebeul-Dresden. |
| 143 | 38005 | 7.3.99 | 27 5.99 | Webers Feigenkaffee. | Feigenkaffee. | Otto E. Weber G. m. b. H. | Radebeul-Dresden. |
| 144 | 38061 | 8.4.99 | 29.5.99 | Mosella. | Kaffee. | J. Blumenau. | Trier |
| 145 | 38201 | 6.3.99 | 2 6 99 | Gustav-Adolf-Kaffee. | Kaffee und Kaffee-Mischg. | Ernst Murjahn & Sohn. | Bremen. |
| 146 | 38273 | 27.4.99 | 8 6 99 | Waterloo. | Kaffee und Kaffeeersatzst. | Louis Schröter & Co. | Hamburg. |
| 147 | 38276 | 14.4.99 | 8.6.99 | Excella. | Kaffee und Kaffeeersatzst. | Ch. Kuntze & Sohn. | Halle a. S. |
| 148 | 38277 | 10.4.99 | 8.6.99 | Dendron. | Kaffee und Kaffeeersatzst. | Wilh. Dender. | Elberfeld. |
| 149 | 38358 | 12.4.99 | 13.6.99 | Feiner gebrannter Bonner Münster-Kaffee Ludwig Middeldorf, Bonn a. Rh. | Gebrannter Bohnenkaffee. | Ludwig Middeldorf. | Bonn. |
| 150 | 38407 | 12.4.99 | 19.6.99 | Schusters Kaffee, Bonn. | Gebrannter Bohnenkaffee. | M. Schuster. | Bonn. |
| 151 | 38544 | 11.2.99 | 22.6.99 | Breidenbachs EB-Kaffee. | Kaffee. | E. Breidenbach. | Mülheim a. Rh. |
| 152 | 38575 | 12.4.99 | 27.6.99 | Hammonia. | Kaffee, Kaffeezusatz und Kaffeeersatzst. | M. J. Emden Söhne. | Hamburg. |
| 153 | 38629 | 22.8.98 11.4.92 | 28.6.99 | De Rijzende Hoop de Erven de Wed. J. van Nelle. Schiedamschen dijk, wijk 3 No. 46. Rotterdam. | Kaffee. | De Erven de Wed. J. van Nelle. | Rotterdam. |
| 154 | 38667 | 19.7.98 | 30.6.99 | Nectar. | Kaffee und Kaffeeersatzst. | Thee- u. Kakao-Gesellschaft „Nectar" Keferstein & Co. | Dresden-A. |
| 155 | 38704 | 5.6.99 | 3.7.99 | Just. | Kaffee und Kaffeeersatzst. | C. W. Just & Co. | Königsfeld i. Baden. |

| Lauf. No. | Eingetr. No. | Tag der An-meld. | Tag der Ein-trag. | Eingetragenes Wortzeichen. | Waren-verzeichnis. | Fabrikant | Wohnort des Fabrikanten. |
|---|---|---|---|---|---|---|---|
| 156 | 38705 | 17.4.99 | 3.7.99 | Herbst'-Kaffee. | Gerösteter Kaffee. | Aug. Herbst. | Elberfeld. |
| 157 | 38895 | 23.5.99 | 11.7.99 | Brema-Kaffee. | Gebrannter Kaffee. | Niemeyer & Jänecke. | Bremen. |
| 158 | 38991 | 8.5.99 | 21.7.99 | Dr. med. Carl Engelbert Sturms Naturel. | Kaffee und Kaffeeersatzst. | Dr. med. Carl Engelbert Sturm. | Berlin, Kleinbeerenst.26. |
| 159 | 39013 | 20.5.99 | 21.7.99 | Surtur. | Kaffee. | Ludw. Roselius. | Bremen. |
| 160 | 39119 | 12.6.99 | 27.7.99 | Reichardt. | Kaffee. | Kakao-Kompagnie Theod. Reichardt G. m. b. H. | Wandsbek bei Hamburg. |
| 161 | 39133 | 25.5.99 | 27.7.99 | Gloria-Kaffee. | Kaffee. | J. C. Clément. | Cöln a. Rh. |
| 162 | 39234 | 22.6.99 | 1.8.99 | Kolonial-Kaffee „Allen voran", feinster gebrannter Perl-Kaffee, Marke Westfalia, Wiener Brennart. | Kaffee. | Geschwister Hitzemann. | Altenessen (Rhld.). |
| 163 | 39273 | 20.5.99 | 2.8.99 | Feitlersche Trockene Kaffeeglasur. | Kaffee. | Aktiengesellschaft für Kaffee-Konservierung. | Ludwigshafen a. Rh. |
| 164 | 39315 | 19.4.99 | 7.8.99 | Andreas Hofer. | Kaffee und Kaffeeersatzst. | Andre Hofer. | Freilassing O.-Bayern. |
| 165 | 39337 | 1.5.99 | 9.8.99 | Herz-Kaffee. | Kaffee, roh und gebrannt. | Aug. Hackert. | Bochum i. W. |
| 166 | 39344 | 15.6.99 | 11.8.99 | Marke Industrie. | Kaffee. | Gebr. Missmahl. | Düsseldorf Thalstraße. |
| 167 | 39369 | 26.6.99 | 17.8.99 | Halensia-Kaffee. | Kaffee. | Düben & Herrmann. | Halle a. S. |
| 168 | 39375 | 17.4.99 | 18.8.99 | Aug. Herbst' Sirocco-Kaffee | Geröst. Kaffee. | Aug. Herbst. | Elberfeld. |
| 169 | 39415 | 27.1.99 | 24.8.99 | Ring. | Kaffee. | Andreas Schegger. | München. |
| 170 | 39418 | 17.5.99 | 24.8.99 | Feen. | Cichorien. | Bethge & Jordan. | Magdeburg. |
| 171 | 39549 | 3.7.99 | 4.9.99 | Wartburg-Kaffee. | Kaffee, roh und gebrannt. | Fritz Kallenbach. | Eisenach. |
| 172 | 39728 | 5.7.99 | 18.9.99 | Zur Dornkiste. | Kaffee. | Aug. Ferd. Sieler. | Bremerhaven. |
| 173 | 39953 | 17.4.99 | 30.9.99 | De Rijzende Hoop. | Kaffee. | De Erven de Wed. J. van Nelle. | Rotterdam. |
| 174 | 39954 | 17.4.99 | 30.9.99 | Die steigende Hoffnung. | Kaffee. | De Erven de Wed. J. van Nelle. | Rotterdam. |
| 175 | 39955 | 17.4.99 | 30.9.99 | The rising Hope. | Kaffee. | De Erven de Wed. J. van Nelle. | Rotterdam. |
| 176 | 40012 | 4.4.99 | 3.10.99 | Kaffee mit dem Hund. | Kaffee. | Gebrüder Saurenhaus. | Mülheim a. Rh. |
| 177 | 40360 | 29.6.99 | 19.10.99 | Andre Hofer. | Kaffee und Kaffeeersatzst. | Andre Hofer. | Freilassing |
| 178 | 40384 | 5.8.99 | 20.10.99 | Pompösia. | Kaffee und Kaffeeersatzst. | Harry Trüller. | Celle. |
| 179 | 40385 | 5.8.99 | 20.10.99 | Apropos. | Kaffee und Kaffeeersatzst. | Harry Trüller. | Celle. |
| 180 | 40449 | 12.7.99 | 23.10.99 | Juvana. | Kaffee, roh und gebrannt. | Paul Bähr. | Magdeburg. |
| 181 | 40586 | 9.8.99 | 1.11.99 | Saturn-Kaffee. | Kaffee. | Deutsche Kaffee-Import-Komp. | Hamburg, Bleichenbrücke 8. |

| Lauf. No. | Eingetr. No | Tag der An-meld. | Tag der Ein-trag. | Eingetragenes Wortzeichen | Waren-verzeichnis. | Fabrikant | Wohnort des Fabrikanten. |
|---|---|---|---|---|---|---|---|
| 182 | 40671 | 15.8.99 | 6.11.99 | Cafolin. | Kaffee-Extrakt. | Herm. Eschwege. | Mayow Road Forest Hill, Grafschaf Kent. |
| 183 | 40675 | 16.8.99 | 6.11.99 | Plasmon. | Kaffee und Kaffeeersatzst. | Plasmon-Ges. m. b. H. | Berlin. |
| 184 | 40676 | 16.8.99 | 6.11.99 | Siebolds. | Kaffee und Kaffeeersatzst. | Siebolds Nahrungsmittelges. m. b. H. | Berlin und Neu-Brandenburg. |
| 185 | 40736 | 29.6.99 | 11.11.99 | A. Hofer. | Kaffee und Kaffeeersatzst. | Andre Hofer. | Freilassing. |
| 186 | 40754 | 21.8.99 | 11.11.99 | Kontinental-Kaffee. | Gebr. Kaffee. | Alb. Jörgens. | Crefeld. |
| 187 | 40801 | 28.9.99 | 14.11.99 | Schneewittchen. | Kaffee. | Aurel von Jüchen. | Viersen. |
| 188 | 40838 | 28.3.99 | 15.11.99 | Holländische Melange mit der Hand. | Natur-Kaffee. | Deutsche Kaffee-Import-Gesellsch. WillySchwab &Co. | Cöln. |
| 189 | 40858 | 5.12.98 | 16.11.99 | Dampf-Kaffee-Brennerei Victoria P. H. Inhoffen. Hoflief. Ihrer Maj. der Kaiserin und Königin Friedrich Bonn — Berlin. | Kaffee. | P. H. Inhoffen. | Bonn und Berlin. Kreuzbergstraße 37/38. |
| 190 | 41001 | 3.8.99 | 27.11.99 | Glocke. | Kaffee, Cichorien u. Kaffeeersatzst. | Georg Ludw. Meyer. | Estorf bei Nienburg a. Weser. |
| 191 | 41058 | 26.6.99 | 30.11.99 | Delicador. | Kaffee. | Fr.Hensel&Hänert. | Halle a. S. |
| 192 | 41061 | 19.9.99 | 30.11.99 | Dr. Riegels Kraftmilchpulver. | Kaffee und Kaffeeersatzst. | Rheinische Nährmittelwerke A.-G. | Cöln a. Rh. |
| 193 | 41396 | 1.9.99 | 19.12.99 | Echter Brandt-Kaffee Bester Kaffeezusatz. | Kaffeezusatz. | Rob. Brandt. | Magdeburg. |
| 194 | 41444 | 19.9.99 | 21.12.99 | Neptun-Kaffee. | Gebr. Kaffee. | H. Beiderwellen. | Crefeld. |
| 195 | 41446 | 15.7.99 | 21.12.99 | Hallesche Dampf-Kaffee-Rösterei „Merkur“, Kakao-, Schokoladen- u. Thee-Niederlage, Dampf-Kaffeerösterei m. Maschinenbetrieb, Ernst Ochse, Halle a. S. | Kaffee. | Ernst Ochse. | Halle a. S. |
| 196 | 41479 | 6.11.99 | 23.12.99 | Aha. | Kaffee und Kaffeeersatzst. | Kaisers Kaffee-Geschäft G. m. b. H. | Viersen (Rheinpr.). |
| 197 | 41538 | 26.9.99 | 29.12.99 | Gebrannter Pyramiden-Kaffee. | Kaffee. | Theodor Schaaf. | Freiburg i. B. |
| 198 | 41554 | 1.11.99 | 30.12.99 | Chicorée Bleu Relief alarose Marque déposée. | Kaffeeersatzst. aller Art. | C. Trampler. | Lahr. |
| 199 | 41698 | 15.11.99 | 10.1.00 | Drei Gleichen. | Kaffeeersatzst. u. Cichorien. | F.Ad.Richter&Cie. | Nürnberg. |
| 200 | 41719 | 5.8.99 | 11.1.00 | Kaffee mit der deutschen Flagge. | Geröst. Kaffee. | J. Kaufmann. | Hilden (Rhld.). |
| 201 | 41728 | 18.11.99 | 12.1.00 | Echt. Alt-Sanitätsrat Dr. Lutzescher Gesundheits-Kaffee, gesündester Kaffeeersatz und -Zusatz. | Kaffeeersatz u. Zusatz. | Krause & Co. | Nordhausen a.H |
| 202 | 41730 | 18.10.99 | 12.1.00 | Echter Brandt-Kaffee Marke Pfeil, bester Kaffee-Zusatz. | Kaffeezusatz. | Robert Brandt. | Magdeburg. |
| 203 | 41783 | 19.7.99 | 16.1.00 | Brillant-Kaffee mit der Hand. | Kaffee. | Deutsche Kaffee-Import-Gesellsch. WillySchwab&Co. | Cöln a. Rh. |

| Lauf. No. | Eingetr. No. | Tag der Anmeld. | Tag der Eintrag. | Eingetragenes Wortzeichen. | Warenverzeichnis. | Fabrikant. | Wohnort des Fabrikanten. |
|---|---|---|---|---|---|---|---|
| 204 | 41805 | 8.11.99 | 17.1.00 | Zum Kaffeekaiser. | Kaffee und Kaffeeersatzst. | Kaisers Kaffee-Geschäft G. m. b. H. | Viersen (Rheinpr.). |
| 205 | 41806 | 8.11.99 | 17.1.00 | Zum Schokoladekaiser. | Kaffee und Kaffeeersatzst. | Kaisers Kaffee-Geschäft G. m. b.H. | Viersen (Rheinpr.). |
| 206 | 41807 | 8.11.99 | 17.1.00 | Zum Zuckerkaiser. | Kaffee und Kaffeeersatzst. | Kaisers Kaffee-Geschäft G. m. b. H. | Viersen (Rheinpr.). |
| 207 | 41808 | 16.8 99 | 17.1.00 | A. O. Webers Echter Feigenkaffee. | Kaffee und Kaffeeersatzst. | A. O. Weber. | Berlin, Gneisenaustraße 49. |
| 208 | 41823 | 1.12.99 | 18.1.00 | F. Ad. Richter & Cie. | Cichorien und Kaffeeersatzst. | F.Ad.Richter&Cie. | Nürnberg. |
| 209 | 41886 | 28.7.99 | 22.1.00 | Jürgens-Kaffee. | Kaffee. | Gebr. Jürgens. | Braunschweig. |
| 210 | 41988 | 3 8.99 | 30.1.00 | Siegfried-Kaffee. | Geröstete Kaffees. | Gebr. Hückel. | Wriezen a. O. |
| 211 | 42064 | 28.4.99 | 3.2.00 | Multiplex. | Gerösteter Kaffee und Kaffeeersatzst. | F. W. Moll Söhne. | Witten a. Ruhr. |
| 212 | 42065 | 10.10.99 | 3.2.00 | Kaffee-Extract „Nero". | Kaffee-Extrakt. | Hulda Eberhard. | Wiesbaden. |
| 213 | 42201 | 13.11.99 | 9.2.00 | Jäger-Kaffee im Sack. | Kaffee. | Jacob Draisbach. | Raunheim a. M. |
| 214 | 42253 | 30.10.99 | 12.2.00 | Linde. | Kaffeeersatzst. | Kathreiners Malz-Kaffeefab.G.m.b.H. | München. |
| 215 | 42254 | 30.10.99 | 12 2.00 | Gebrüder Linde. | Kaffeeersatzst. | Kathreiners Malz-Kaffeefab.G.m.b H. | München. |
| 216 | 42263 | 28.8.99 | 13.2.00 | Herrmanns Kaffee. | Kaffee. | C. A. Herrmann. | Quedlinburg. |
| 217 | 42493 | 25.8.99 | 27.2.00 | Gebrannter Kaffee „Marke Juwel". | Kaffee. | C. Hok. | Frankfurt a. M. |
| 218 | 42522 | 27.12.99 | 1.3.00 | HeinrichFranck Söhne Ludwigsburg. | Kaffeeersatzst. und Zusätze aller Art. | Heinr. Franck Söhne. | Ludwigsburg (Württbg.). |
| 219 | 42556 | 15.11.99 | 2.3.00 | Kaffee-Rösterei „Selecta". | Kaffee. | Aug. Feine. | Mainz. |
| 220 | 42568 | 18.1.00 | 3.3 00 | F. Ad. Richter & Cie., Rudolstadt. | Kaffeeersatzst. und Cichorien. | F.Ad.Richter&Cie. | Rudolstadt |
| 221 | 42619 | 3.1.00 | 6.3.00 | Zum deutschen Kaffee-Kaiser. | Kaffee und Kaffeeersatzst. | Kaisers Kaffeegeschäft G. m. b. H. | Viersen (Rheinpr.). |
| 222 | 42701 | 14.9.99 | 12.3 00 | Saxonia. | Cichorien. | Bethge & Jordan. | Magdeburg. |
| 223 | 42714 | 14.9.99 | 12.3 00 | Frauengunst. | Gebrannte Kaffees. | Wallenfels & Sauer. | Giessen. |
| 224 | 42810 | 10.8.99 | 19.3 00 | Patricier. | Kaffee und Kaffeeersatzst. | Harry Trüller. | Celle. |
| 225 | 42891 | 10.1.00 | 24 3 00 | Sandwirt. | Kaffee. Feigenkaffee, Malzkaffee und Kaffeeersatzst. | Andre Hofer. | Freilassing O.-Bayern. |
| 226 | 42949 | 13.12.99 | 28.3 00 | Fackel. | Cichorien und Kaffeeersatzst. | F.Ad.Richter&Cie. | Nürnberg. |
| 227 | 42987 | 11.1.00 | 30.3.00 | Kaisers Kaffeerösterei. | Kaffee und Kaffeeersatzst. | Kaisers Kaffeegeschäft G. m. b. H. | Viersen (Rheinpr.). |
| 228 | 42988 | 11.1 00 | 30 3 00 | Kaisers Kaffeebrennerei. | Kaffee und Kaffeeersatzst. | Kaisers Kaffeegeschäft G. m. b. H. | Viersen (Rheinpr.). |
| 229 | 43070 | 14.12.99 | 5.4.00 | Viereck-Franck-Gries-Schachtel. | Kaffeeersatzst. und Zusätze aller Art. | Heinr. Franck Söhne. | Ludwigsburg (Württbg.). |

| Lauf. No. | Eingetr. No. | Tag der Anmeld. | Tag der Eintrag. | Eingetragenes Wortzeichen. | Warenverzeichnis. | Fabrikant. | Wohnort des Fabrikanten. |
|---|---|---|---|---|---|---|---|
| 230 | 43071 | 14.12.99 | 5.4.00 | Quadrat-Franck-Gries-Schachtel. | Kaffeeersatzst. und Zusätze aller Art. | Heinr. Franck Söhne. | Ludwigsburg (Württbg.). |
| 231 | 43072 | 14.12.99 | 5.4.00 | Würfel-Franck-Gries-Schachtel. | Kaffeeersatzst. und Zusätze aller Art. | Heinr. Franck Söhne. | Ludwigsburg (Württbg.). |
| 232 | 43073 | 14.12.99 | 5.4.00 | Karro-Franck-Gries-Schachtel. | Kaffeeersatzst. und Zusätze aller Art. | Heinr. Franck Söhne. | Ludwigsburg (Württbg.). |
| 233 | 43186 | 30.10.99 | 12.4.00 | Porter. | Kaffee. | Rud. Gericke. | Potsdam. |
| 234 | 43213 | 20.11.99 | 14.4.00 | Mottas Brazilian Coffee Co. Ltd. | Kaffee. | Mottas Brazilian Coffee Co. Limited. | London. |
| 235 | 43282 | 18.8.99 | 19.4.00 | Plasmon. | Kaffee und Kaffeeersatzst. und Präparate. | Siebolds Nahrungsmittel-Ges. m. b. H. | Berlin und Neubrandenburg. |
| 236 | 43283 | 21.8.99 | 19.4.00 | Plasmon. | Kaffee und Kaffeeersatzst. und Präparate. | Siebolds Nahrungsmittel-Ges. m. b. H. | Berlin und Neubrandenburg. |
| 237 | 43350 | 1.3.00 | 21.4.00 | Tell. | Kaffee. | Haussen & Studt. | Hamburg. |
| 238 | 43427 | 5.2.00 | 25.4.00 | Cremelli. | Kaffee und Kaffeeersatzst. | Wilh. Garbers. | Wandsbek bei Hamburg. |
| 239 | 43437 | 9.1.00 | 26.4.00 | Hanning. | Kaffee. | Georg Hanning. | Hamburg. |
| 240 | 43461 | 1.11.99 | 27.4.00 | Kathreiner. | Malzkaffee. | Kathreiners Malz-Kaffeefab.G.m.b.H. | München. |
| 241 | 43462 | 6.3.00 | 27.4.00 | Botentasche. | Kaffeeersatzst. | Thilo & v. Döhren | Wandsbek. |
| 242 | 43579 | 12.1.00 | 2.5.00 | Schepeler. | Kaffee. | Georg Schepeler. | Frankfurt a. M. |
| 243 | 43612 | 10.2.00 | 4.5.00 | Dr. Riegels Milch-Eiweiß. | Kaffee und Kaffeeersatzst. | Rheinische Nährmittelwerke A.-G. | Cöln a. Rh. |
| 244 | 43719 | 20.3.00 | 11.5.00 | Echt Bayrische Doppel-Post. | Cichorien. | Julius Cohn. | Fürth i. Bayern. |
| 245 | 43720 | 20.3.00 | 11.5.00 | Echt Bayrische Extra-Post. | Cichorien. | Julius Cohn. | Fürth i. Bayern. |
| 246 | 43801 | 15.11.99 | 17.5.00 | Regenten. | Kaffeeersatzst. auch Cichor. | F.Ad.Richter&Cie. | Nürnberg. |
| 247 | 43828 | 20.3.00 | 18.5.00 | Mandolat. | Geröstete Kornfrüchte. | Rob. Jürges | Hamburg. |
| 248 | 43862 | 13.2.00 | 19.5.00 | Brunonia Kaffee. | Gerösteter Bohnenkaffee. | P.Wilh.Brennecke. | Braunschweig |
| 249 | 43966 | 24.11.99 | 23.5.00 | Frau Bredows Kaffeeersatz. | Kaffeeersatzst. | Frau Bredow. | Schiltigheim. |
| 250 | 44021 | 12.4.00 | 29.5.00 | Ich halte Wacht. | Kaffee und Kaffeeersatzst. | Louis Frantz. | Köslin. |
| 251 | 44414 | 12.3.00 | 20.6.00 | Magnet. | Kaffee und Kaffeeersatzst. | W. H. Köster. | Witten. |
| 252 | 44479 | 18.12.99 | 23.6.00 | Pionier. | Kaffee und Kaffeeersatzst. | Harry Trüller. | Celle. |
| 253 | 44556 | 9.5.00 | 29.6.00 | Wratislavia. | Kaffee. | Breslauer Kaffee-Rösterei, Otto Stiebler. | Breslau. |
| 254 | 44557 | 2.5.00 | 29.6.00 | Alemannia. | Kaffee. | Gebr. Effertz. | Frankfurt a. M. und München |
| 255 | 44585 | 4.4.00 | 2.7.00 | Fr. Hensel & Hänerts „Delecta"-Kaffee. | Kaffee. | Fr.Hensel&Hänert. | Halle a. S. |
| 256 | 44614 | 1.12.99 | 5.7.00 | Richters | Kaffeeersatzst. u. Cichorien. | F.Ad.Richter&Cie. | Nürnberg |

11*

| Lauf. No. | Eingetr. No. | Tag der An-meld. | Tag der Ein-trag. | Eingetragenes Wortzeichen. | Waren-verzeichnis. | Fabrikant. | Wohnort des Fabrikanten. |
|---|---|---|---|---|---|---|---|
| 257 | 44650 | 10.5.00 | 7.7.00 | Breslauer Kaffee-Rösterei Otto Stiebler. | Kaffee. | Breslauer Kaffee-Rösterei, O. Stiebler. | Breslau. |
| 258 | 44652 | 15.1.00 | 7.7.00 | Hausfrauenstolz. | Kaffee und Kaffeeersatzst. | Müller sen. | Braunschweig, Hagenmarkt 19. |
| 259 | 44764 | 11.4.00 | 13.7.00 | Dr. Riegels Nährsalz. | Kaffee und Kaffeeersatzst. | Rheinische Nährmittelwerke A.-G. | Cöln a. Rh. und Berlin. |
| 260 | 44823 | 19.5.00 | 19.7.00 | Goliath-Kaffee. | Kaffee. | Rob. Massow. | Dortmund. |
| 261 | 44824 | 9.5.00 | 19.7.00 | Stiebler. | Kaffee. | Breslauer Kaffee-Rösterei O. Stiebler. | Breslau. |
| 262 | 44938 | 29.3.00 | 23.7.00 | Senator. | Kaffee und Kaffeeersatzst. | Harry Trüller. | Celle. |
| 263 | 44973 | 11.9.99 | 24.7.00 | Strötmanns Sirocco-Kaffee. | Kaffee. | L. Strötmann. | Münster i. W. |
| 264 | 45020 | 26.5.00 | 30.7.00 | Kanonen-Kaffee. | Kaffee und Kaffeeersatzst. | Peter Braun. | Essen. |
| 265 | 45116 | 11.5.00 | 14.8.00 | Viadrina. | Kaffee. | Breslauer Kaffee-Rösterei Otto Stiebler. | Breslau. |
| 266 | 45157 | 4.4.00 | 21.8.00 | Kucki. | Kaffee und Kaffeeersatzst. | Harry Trüller. | Celle. |
| 267 | 45158 | 9.1.00 | 21.8.00 | Siebolds Milch-Eiweiß „Plasmon". | Kaffee und sämtl. Präparate u. Ersatzst. | Plasmon Gesellsch. m. b. H. | Berlin. |
| 268 | 45266 | 26.4.00 | 28.8.00 | Hoffmann & Schmidt. | Kaffeeersatzst. | Hoffmann & Schmidt. | Leipzig. |
| 269 | 45406 | 4.5.00 | 8.9.00 | Welfen. | Kaffee und Kaffeeersatzst. | Harry Trüller. | Celle. |
| 270 | 45359 | 15.1.00 | 5.9.00 | Pastor Felke. | Kaffeeersatzst. | Rhein. Malzkaffee-Industrie Burggräf & Co. | Mülheim a. Ruhr. |
| 271 | 45429 | 27.3.00 | 10.9.00 | Favorit. | Kaffee und Kaffeeersatzst. | Harry Trüller. | Celle. |
| 272 | 45514 | 8.6.00 | 15.9.00 | Kathreiners Kneipp-Malzkaffee. | Kaffeeersatzst. | Kathreiners Malz-Kaffeefab. G.m.b.H. | München. |
| 273 | 45515 | 8.6.00 | 15.9.00 | Kathreiners Kneipp-Malzkaffee. | Kaffeeersatzst. | Kathreiners Malz-Kaffeefab. G.m.b.H. | München. |
| 274 | 45619 | 1.3.00 | 21.9.00 | Anker. | Kaffee. | Hanssen & Studt. | Hamburg. |
| 275 | 45622 | 26.5.00 | 21.9.00 | Drachen-Kaffee. | Kaffee. | Ludw. Stock & Co. | Bremen. |
| 276 | 45625 | 15.5.00 | 21.9.00 | Vineta. | Kaffee und Kaffeeersatzst. | Harry Trüller. | Celle. |
| 277 | 45626 | 7.6.00 | 22.9.00 | Elly. | Kaffee und Kaffeeersatzst. | Harry Trüller. | Celle. |
| 278 | 45802 | 7.4.00 | 2.10.00 | Haus-Kaffee. | Kaffee. | Ulrich Haus. | Willich b. Krefeld. |
| 279 | 45875 | 20.6.00 | 6.10.00 | Weiners Kaffee-Geschäft. | Kaffee. | Franz Weiner & Co. Kaffee-Import und Rösterei G. m. b. H. | Mainz. |
| 280 | 45876 | 6.7.00 | 6.10.00 | Massows Kaffee. | Kaffee. | Rob. Massow. | Dortmund. |
| 281 | 45989 | 20.7.00 | 11.10.00 | Augen. | Kaffeeersatzst. | Thilow & v. Döhren. | Wandsbek. |
| 282 | 46036 | 8.8.00 | 13.10.00 | St. Hubertus. | Kaffee. | Carl Beuermann. | Hannover. |
| 283 | 46037 | 30.7.00 | 13.10.00 | Stipp Mich Ein. | Kaffee und Kaffeeersatzst. | Harry Trüller. | Celle. |
| 284 | 46038 | 2.7.00 | 13.10.00 | Karfunkel. | Kaffee und Kaffeeersatzst. | Harry Trüller. | Celle. |

| Lauf. No. | Eingetr. No. | Tag der An-meld. | Tag der Ein-trag. | Eingetragenes Wortzeichen. | Waren-verzeichnis. | Fabrikant. | Wohnort des Fabrikanten. |
|---|---|---|---|---|---|---|---|
| 285 | 46039 | 28.6.00 | 13.10.00 | Dornröschen. | Kaffee und Kaffeeersatzst. | Harry Trüller. | Celle. |
| 286 | 46065 | 13.7.00 | 16.10.00 | Risses Heißluft-Kaffee | Kaffee und Kaffeeersatzst. | Rud. Risse. | Elberfeld. |
| 287 | 46066 | 30.7.00 | 16.10.00 | Nimm Mich Hin. | Kaffee und Kaffeeersatzst. | Harry Trüller. | Celle. |
| 288 | 46102 | 6.9.00 | 17.10.00 | Feinster Kaiser Heinrich-Cichorien. | Kaffeeersatzst. und -Zusätze. | Ch. Kuntze & Sohn. | Halle a. S. |
| 289 | 46123 | 13.8.00 | 18.10.00 | Gofio. | Getreide-Röst-Prod. (Kaffee-ersatzstoffe). | Aug. Meyersiek. | Hannover, Wiesen-straße 31 a. |
| 290 | 46243 | 27.3.00 | 26.10.00 | Lorelei. | Kaffee und Kaffeeersatzst. | Harry Trüller. | Celle. |
| 291 | 46244 | 29.3.00 | 26.10.00 | Patrioten. | Kaffee und Kaffeeersatzst. | Harry Trüller. | Celle. |
| 292 | 46403 | 5.3.00 | 5.11.00 | Kaffee-Essenz, Herzog und Fuchs, Andernach. | Kaffee-Essenz und -Würze. | Kathreiners Malz-Kaffeefab.G.m.b.H. | München. |
| 293 | 46484 | 5.9.00 | 9.11.00 | Kattein. | Kaffeeersatzst. | Herkules, Back-Ges. Kattein & Co. | Berlin. |
| 294 | 46503 | 16.7.00 | 12.11.00 | Borussia. | Kaffee, geröst. | Rich. Poser. | Halle a. S. |
| 295 | 46526 | 30.10.99 | 13.11.00 | Linde. | Kaffeeessenz. | Kathreiners Malz-Kaffeefab.G.m b.H. | München. |
| 296 | 46597 | 29.9.00 | 16.11.00 | Kaiserin Editha. | Kaffeeersatzst. u. Cichorien. | J. G. Hauswaldt. | Magde-burg-Neu-stadt. |
| 297 | 46598 | 29.9.00 | 16.11.00 | Editha. | Cichorien und Kaffeeersatz. | J. G. Hauswaldt. | Magde-burg-Neu-stadt. |
| 298 | 46599 | 28.5.00 | 16.11.00 | Benefiz. | Kaffee u. Ersatzstoff. | Harry Trüller. | Celle. |
| 299 | 46600 | 7.6.00 | 16.11.00 | Primadonna. | Kaffee u. Ersatzstoff. | Harry Trüller. | Celle. |
| 300 | 46601 | 5.5.00 | 16.11.00 | Granaten. | Kaffee u. Ersatzstoff. | Harry Trüller. | Celle. |
| 301 | 46602 | 27.3.00 | 16.11.00 | Edelweiß. | Kaffee u. Ersatzstoff. | Harry Trüller. | Celle. |
| 302 | 46678 | 27.4.00 | 22.11.00 | Barbarossa. | Kaffee u. Ersatzstoff. | Harry Trüller. | Celle. |
| 303 | 46679 | 4.5.00 | 22.11.00 | Fortschritt. | Kaffee u. Ersatzstoff. | Harry Trüller. | Celle. |
| 304 | 46680 | 15.5.00 | 22.11.00 | Idealin. | Kaffee u. Ersatzstoff. | Harry Trüller. | Celle. |
| 305 | 46656 | 24.4.00 | 20.11.00 | Kronen-Malz-Kaffee. | Malzkaffee. | Paul Gustavus. | Altenburg S.-A. |
| 306 | 46778 | 14.2.00 | 30.11.00 | Feinste Essenz für Kaffee, Gebr. Linde. | Kaffee-Essenzen. | Gebr. Linde. | Dortmund. |
| 307 | 46799 | 10.10.00 | 3.12.00 | Prälaten. | Kaffee u. Ersatzstoff. | Fr. Hensel & Hänert. | Halle a. S. |
| 308 | 46816 | 28.5.00 | 4.12.00 | Elfen. | Kaffee u. Ersatzstoff. | Harry Trüller. | Celle. |
| 309 | 46831 | 1.11.00 | 5.12.00 | Holsatia. | Kaffeeersatzst. | Thilo & v. Döhren. | Wandsbek. |
| 310 | 46907 | 15.11.99 | 10.12.00 | Nordland. | Cichorien und Kaffeeersatzst. | F.Ad.Richter&Cie. | Nürnberg. |
| 311 | 46942 | 12.7.00 | 12.12.00 | Sweet Home. | Kaffee. | G. Hanning. | Hamburg, Posthof 209/10. |
| 312 | 46963 | 30.10.00 | 14.12.00 | F. F. Resags echter Feigen-Kaffee. | Feigenkaffee. | F. F. Resag. | Berlin, Dresdener-straße 50/51. |

| Lauf. No. | Eingetr. No. | Tag der An-meld. | Tag der Ein-trag. | Eingetragenes Wortzeichen. | Warenverzeichnis. | Fabrikant. | Wohnort des Fabrikanten. |
|---|---|---|---|---|---|---|---|
| 313 | 47090 | 18.7.00 | 27.12.00 | Vogel-Kaffee. | Kaffee. | O. Vogel. | Elberfeld. |
| 314 | 47119 | 14.9.00 | 28.12.00 | Tugend. | Kaffee und Kaffeeersatzst. | Harry Trüller. | Celle. |
| 315 | 47227 | 20.9.00 | 5.1.01 | Tresor. | Kaffee und Kaffeeersatzst. | Harry Trüller. | Celle. |
| 316 | 47228 | 4.5.00 | 5.1.01 | Wunder. | Kaffee und Kaffeeersatzst. | Harry Trüller. | Celle. |
| 317 | 47270 | 9 5.00 | 9.1.01 | Millionär. | Kaffee und Kaffeeersatzst. | Harry Trüller. | Celle. |
| 318 | 47385 | 12.1.00 | 15.1.01 | Kloster. | Kaffee und Kaffeeersatzst. | Harry Trüller. | Celle. |
| 319 | 47486 | 23.11.00 | 24.1.01 | Metropol. | Kaffee. | H. Ludw. Peters. | Cöln a. Rh. |
| 320 | 47694 | 3.7 00 | 5.2.01 | Planet. | Kaffee und Kaffeezusatz. | Bommers & Schuchart. | Iserlohn. |
| 321 | 47785 | 30 8.00 | 13.2.01 | Attila. | Kaffee und Kaffeeersatzst. | Harry Trüller. | Celle. |
| 322 | 47819 | 7.12 00 | 14.2.01 | Tiedcke & Schellers Sane. | Kaffee. | Tiedcke & Scheller. | Hamburg, Steinstraße 45/49. |
| 323 | 47853 | 7.3.00 | 16.2.01 | Aller. | Kaffee und Ersatzstoffe. | Harry Trüller. | Celle. |
| 324 | 47859 | 15.12.00 | 19.2.01 | Contra Temperenz et Abstinenz. | Kaffee. | Alex Flatow. | Braunschweig. |
| 325 | 47879 | 19.6.00 | 20.2.01 | Vigoral. | Kaffee und Ersatzstoffe. | Armour & Co. | London. |
| 326 | 48039 | 29.12.00 | 4 3.01 | Guttempler. | Kaffee. | Alex Flatow. | Braunschweig. |
| 327 | 48112 | 24.8.00 | 9.3.01 | Amba. | Kaffee und Kaffeeersatzst. | Arnold Kürten. | Solingen. |
| 328 | 48152 | 30 8.00 | 12.3.01 | Bürgermeister. | Kaffee und Ersatzstoffe. | Harry Trüller. | Celle. |
| 329 | 48354 | 20.8 00 | 26.3 01 | Odda. | Kaffee. | Deutsche Nährmittelwerke Berlin, G. m. b. H. | Berlin. |
| 330 | 48383 | 5.9.98 | 29.3.01 | Kneipp. | Kaffeeersatzst. | Kathreiners Malz-Kaffeefab.G.m.b.H. | München. |
| 331 | 48455 | 28 7.00 | 3.4.01 | Porzellan. | Kaffee, Kaffee-Essenz und Ersatzstoffe. | M. Schöndorff. | Mülheim (Ruhr). |
| 332 | 48653 | 15.1.00 | 18 4.01 | Fächer. | Kaffee und Ersatzstoffe. | H. Müller sen. | Braunschweig. |
| 333 | 48675 | 7.1.01 | 20.4.01 | Carolus. | Kaffee | Bertha Hennes. | Aachen, Jakobst. 78. |
| 334 | 48676 | 8.10.00 | 20.4.01 | Doktor. | Kaffee und Ersatzstoffe. | Harry Trüller. | Celle. |
| 335 | 48699 | 14.12 00 | 22 4.01 | Kathreiners Kneipp-Malz-Kaffee. | Kaffeeersatzst. | Kathreiners Malz-Kaffeefab.G.m.b H. | München. |
| 336 | 48726 | 22.1.01 | 24.4.01 | Tiedcke & Schellers „Sahna". | Kaffee. | Tiedcke & Scheller. | Hamburg. |
| 337 | 48756 | 18.2.01 | 25.4.01 | Niederaus Rheinischer Kaffee-Ersatz. | Kaffeeersatzst. | Heinr. Niederau. | Stolberg-Atsch(Rld.) |
| 338 | 48763 | 20 2 01 | 25.4.01 | Stocks pulverisierter Volks-Kaffee. | Kaffee mit Cichorien und Malz-Zusatz. | Ludw. Stock & Co. | Bremen. |
| 339 | 48814 | 5.2.01 | 29.4.01 | Kiss-Kiss. | Kaffeeersatzst. | Petzold & Aulhorn Akt.-Ges. | Dresden. |
| 340 | 48987 | 23.10.00 | 9.5.01 | Sempre avanti. | Kaffee und Ersatzstoffe. | Harry Trüller. | Celle. |
| 341 | 48999 | 23.3.01 | 10.5.01 | Talanda. | Kaffee. | F. A. Föllen. | Bremen. |

| Lauf. No. | Eingetr. No. | Tag der Anmeld. | Tag der Eintrag. | Eingetragenes Wortzeichen. | Warenverzeichnis. | Fabrikant. | Wohnort des Fabrikanten. |
|---|---|---|---|---|---|---|---|
| 342 | 49159 | 15.3.01 | 22.5.01 | Soll und Haben. | Kaffee. | Breslauer Kaffee-Rösterei Otto Stiebler. | Breslau. |
| 343 | 49194 | 28.1.01 | 24.5.01 | Carolus Magnus. | Kaffee. | Bertha Hennes. | Aachen, Jacobst. 78. |
| 344 | 49211 | 1.4.01 | 25.5.01 | Monarch. | Kaffee. | Kakao-Komp. Th. Reichardt G m b H. | Wandsbek-Hamburg. |
| 345 | 49195 | 14.1.01 | 24.5.01 | Chattia. | Gebr. Kaffee. | Moritz Landau. | Darmstadt. |
| 346 | 49260 | 25.3.01 | 30.5.01 | Kraftquell. | Kaffee und Ersatzstoffe. | Thee- und Kakao-Gesellsch. „Nectar". Keferstein & Co. | Dresden. |
| 347 | 49467 | 25.1.01 | 14.6.01 | Kaiser Friedrich Cichorie. | Cichorien. | Cäsar Teichmann. | Erfurt. |
| 348 | 49519 | 15.4.01 | 17.6.01 | Fürsten-Kaffee. | Kaffee. | Ed. Schlingschröder & Co. | Bonn. |
| 349 | 49478 | 24.4.01 | 14.6.01 | Enrobine. | Kaffeeglasur. | Louis Klein & S. Krämer. | Straßburg i. Els. |
| 350 | 49487 | 29.8.00 | 15.6.01 | Alpha. | Kaffee-Extr., Mischungen u. Ersatzstoffe. | Prof. Dr. Rich. Kell | Dresden-Plauen. |
| 351 | 49520 | 19.3.00 | 17.6.01 | Echter Alt-Sanitätsrat Dr. Lutzescher Gesundheits-Kaffee. | Kaffeeersatzst. und Zusätze aller Art. | Krause & Co., G. m. b. H. | Nordhausen. |
| 352 | 49572 | 3.5.01 | 18.6.01 | Ostwest. | Kaffee-Kakao-Konserven. | Hambg.-Altonaer Nährmitt.-G.m.b.H. | Altona. |
| 353 | 49679 | 6.5.01 | 25.6.01 | Zuntz-Kaffee. | Kaffee. | A. Zuntz sel. Wwe. | Berlin, Bonn und Hamburg. |
| 354 | 49831 | 26.3.01 | 3.7.01 | Rackwitzscher Thüringer Haushaltungs-Kaffee. | Kaffeeersatz. | Emil P. Rackwitz. | Weißenfels a. S. |
| 355 | 50013 | 4.5.01 | 11.7.01 | Fuesers-Kaffee. | Kaffee. | Ferd. Fuesers. | Dülken. |
| 356 | 50055 | 1.5.01 | 26.7.01 | Kannengißer. | Kaffee. | Emil Voss. | Uerdingen a. Rh. |
| 357 | 50154 | 27.4.01 | 23.8.01 | Volldampf Voraus! Bester Schiffs-Cichorien, Kaffee-Zusatz. | Cichorien und Kaffeeersatzst. | Dommerich & Co. | Magdeburg-Buckau. |
| 358 | 50225 | 17.6.01 | 26.8.01 | Wittelsbacher Kaffee. | Kaffee. | Deutsche Kaffee-Import Kompagn. G. m. b. H. | Hamburg und München. |
| 359 | 50227 | 11.6.01 | 26.8.01 | van Deldens Gesundheits-Kaffee. | Kaffee. | J. G. van Delden & Co. | Leer (Ostfriesland). |
| 360 | 50228 | 10.4.01 | 26.8.01 | Brüder Kunz Coffon. | Kaffee. | Brüder Kunz. | Wien. |
| 361 | 50327 | 29.4.01 | 31.8.01 | Kneipp Maláta-Kávé. | Malzkaffee. | Kathreiners Malz-Kaffeefabr. m. b. H. | München. |
| 362 | 50328 | 29.4.01 | 31.8.01 | Sladová Káva Kneippova. | Malzkaffee. | Kathreiners Malz-Kaffeefabr. m. b. H. | München. |
| 363 | 50390 | 29.3.01 | 4.9.01 | Jägermarke. | Kaffeeersatzst. | Wendt & Röttger. | Magdeburg. |
| 364 | 50434 | 4.5.01 | 7.9.01 | Ferd. Fuesers. | Kaffee, Kaffee-Essenz und Ersatzstoffe. | Ferd. Fuesers. | Dülken. |
| 365 | 50467 | 27.11.00 | 10.9.01 | Diamant Diamond. | Cichorien und Kaffeeersatzst. u. Extrakte aus Kaffee | Carl Locher. | Bern. |
| 366 | 50494 | 29.11.00 | 10.9.01 | Diplomat. | Cichorien und Kaffeeersatzst. | Carl Locher. | Bern. |
| 367 | 50537 | 10.4.01 | 12.9.01 | Lactovolin. | Kaffee-Essenz. | Verein. Sterilisatorwerke Kleemann & Co G m. b. H. | Berlin. |

| Lauf. No. | Eingetr. No. | Tag der An-meld. | Tag der Ein-trag. | Eingetragenes Wortzeichen. | Waren-verzeichnis. | Fabrikant. | Wohnort des Fabrikanten. |
|---|---|---|---|---|---|---|---|
| 368 | 50538 | 10.4.01 | 12.9.01 | Ovolin | Kaffee-Essenz. | Verein. Sterilisatorwerke Kleemann&Co.G.m.b.H. | Berlin. |
| 369 | 50795 | 31.12.00 | 25.9.01 | Kneipp. | Kaffee, Kaffee-Essenz und Zusätze. | Kathreiners Malz-Kaffeefabrik, G. m. b. H. | München. |
| 370 | 50853 | 10.5.01 | 28.9.01 | Sankt Walpurgis. | Kaffee. | Alex Flatow. | Braunschweig. |
| 371 | 50896 | 22.3.01 | 30.9.01 | Adalbert. | Kaffee und Kaffeeersatzst. | Internationale Schiffsbedarfges. Carl Bödiker & Co. | Bremerhaven. |
| 372 | 50910 | 20.7.01 | 1.10.01 | Iris. | Gebr. Kaffee. | Marx Mayer. | Speyer a. Rh. |
| 373 | 50912 | 29.4.01 | 2.10.01 | Kneippowska Kawa slodowa. | Malzkaffee. | Kathreiners Malz-Kaffeefab,G.m.b.H. | München. |
| 374 | 51052 | 25.6.01 | 10.10 01 | Vegeton. | Kaffeeersatzst. | E. T. Pearson. | Hamburg, N. Wall 93. |
| 375 | 51058 | 31.1.01 | 10.10.01 | Pomlil. | Kaffee. | Norddeut. Pomril-Kompag. G. m. b. H. | Hamburg, Frankenst. 30/32. |
| 376 | 51094 | 27.4.01 | 12.10.01 | Per mare, per terram. | Kaffee. | E.F.Daniels&Wise. | London. |
| 377 | 51210 | 13.8.01 | 19.10.01 | Zähringer Kaffee. | Kaffee. | Dtsch.Kaffee-Imp.-Kompagn. G.m.b.H. | München. |
| 378 | 51312 | 8.7.01 | 25.10.01 | Kneipp plébános. | Kaffee, und Kaffeeersatzst. | Kathreiners Malz-Kaffeefab G.m.b.H. | München. |
| 379 | 51313 | 8.7.01 | 25.10.01 | Kneipp Sebestyén plébános. | Kaffee und Kaffeeersatzst. | Kathreiners Malz-Kaffeefab.G.m.b.H. | München. |
| 380 | 51314 | 8.7.01 | 25.10 01 | Proboszcz Kneipp. | Kaffee und Kaffeeersatzst. | Kathreiners Malz-Kaffeefab.G.m.b.H. | München. |
| 381 | 51315 | 8.7.01 | 25.10.01 | Proboszcz Sebastjan Kneipp. | Kaffee und Kaffeeersatzst. | Kathreiners Malz-Kaffeefab G.m.b.H. | München. |
| 382 | 51316 | 8.7.01 | 25.10.01 | Farář Kneipp. | Kaffee und Kaffeeersatzst. | Kathreiners Malz-Kaffeefab.G.m.b.H. | München. |
| 383 | 51317 | 8.7.01 | 25.10.01 | Farář Šebastián Kneipp. | Kaffee und Kaffeeersatzst. | Kathreiners Malz-Kaffeefab.G.m.b.H. | München. |
| 384 | 51477 | 24.4.01 | 6.11.01 | Büchelen. | Kaffee und Kaffeeersatzst. | Schaaf & Büchelen. | Berlin, Schlesischest. 31. |
| 385 | 51489 | 9.9.01 | 7.11.01 | Ulrich von Hutten. | Kaffee. | Kakao-Kompagnie Theod. Reichardt, G. m. b. H. | Wandsbek bei Hamburg. |
| 386 | 51519 | 1.12.00 | 9.11.01 | Kaisers Schokoladefabrik. | Kaffee und Kaffeeersatzst. | Kaisers Kaffeegeschäft, G. m. b. H. | Viersen, Rheinprov. |
| 387 | 51567 | 21.9.01 | 13.11 01 | Schwenckerts Kaffee. | Kaffee. | Wilh. Schwenckert Kaffeebr. „Stern". | Magdeburg. |
| 388 | 51571 | 30.8 01 | 13 11.01 | Echt Closs Nachfolger. Käthchen von Heilbronn. | Kaffeezusatz. | A. Fr. Closs Nachflg. Herrmann Kern. | Heilbronn. |
| 389 | 51592 | 17.9.01 | 14.11.01 | „Le Caïd." | Kaffee, gebr. | Aug. Amann & Co. | Straßburg i. Els. |
| 390 | 51594 | 20.9.01 | 15.11.01 | Chattia. | Malzkaffee. | Moritz Landau. | Darmstadt. |
| 391 | 51867 | 4.2 01 | 3.12.01 | Egga. | Kaffee. | Deutsche Nährmittelwerke Berlin, G. m. b. H. | Berlin u Sägen b. Strehlen i. Schl. |
| 392 | 51971 | 17.6.01 | 10.12.01 | „Coc-All." | Kaffeeersatzst. | DeutscheKaffee- u. Kakaosurrogatfab. Rahmstorf. Laub & Co., G. m. b. H. | Ottensen. |
| 393 | 51973 | 31.8 01 | 10.12.01 | Antial. | Kaffee, Kaffee-Konserven und Kaffeeersatzst. | Radlauers Kronenapotheke Dr. Homeyer. | Berlin. |

| Lauf. No. | Eingetr. No. | Tag der An-meld. | Tag der Ein-trag. | Eingetragenes Wortzeichen. | Waren-verzeichnis. | Fabrikant. | Wohnort des Fabrikanten. |
|---|---|---|---|---|---|---|---|
| 394 | 51989 | 8.7.01 | 11.12.01 | Kathreiner-féle maláta•kávé. | Getreide- und Malzkaffee. | Kathreiners Malz-Kaffeefabr. m. b. H. | München. |
| 395 | 51990 | 8.7.01 | 11.12.01 | Kathreinera kawa slodowa. | Getreide- und Malzkaffee. | Kathreiners Malz-Kaffeefabr. m. b. H. | München. |
| 396 | 51991 | 8.7.01 | 11.12.01 | Kathreinerova sladová káva Kneippova. | Getreide- und Malzkaffee. | Kathreiners Malz-Kaffeefabr. m. b. H. | München. |
| 397 | 52051 | 17.8.01 | 14.12.01 | Energin. | Kaffee. | C. Pecher. | Detmold. |
| 398 | 52109 | 23.10.01 | 19.12.01 | Extrakt für Kaffee von Louis Eller in Worms. | Kaffee-Extrakt. | Louis Eller. | Worms. |
| 399 | 52276 | 28.5.01 | 3.1.02 | Rübezahl. | Kaffee. | Georg Schepeler. | Frankfurt a. M. |
| 400 | 52435 | 1.8.01 | 14.1.02 | Nibelungen. | Kaffee und Kaffeeersatzst. | C. Pecher. | Detmold. |
| 401 | 52570 | 3.10.01 | 24.1.02 | Splendin. | Kaffeeglasur. | Berthold Menge, Apotheker. | Breslau, Gabitzst.56. |
| 402 | 52572 | 18.11.01 | 24.1.02 | Saniteur. | Kaffee-Ersatz u.-Zusatzmittel | Krause & Co. G. m. b. H. | Nordhausen. |
| 403 | 52573 | 18.11.01 | 24.1.02 | Milita. | Kaffee-Ersatz u.-Zusatzmittel | Krause & Co. G. m. b. H. | Nordhausen. |
| 404 | 52588 | 28.10.01 | 25.1.02 | Jenny Lind. | Kaffee- und Kaffeezusätze. | Max Grossmann. | Berlin, Stadtbhn. 2. |
| 405 | 52649 | 27.6.01 | 1.2.02 | Vigon-Vegon-Vegetin-Vegetal. | Kaffeeersatzst. | E. T. Pearson. | Hamburg. |
| 406 | 52662 | 28.5.01 | 3.2.02 | Wilder Jäger. | Kaffee. | Georg Schepeler. | Frankfurt a. M. |
| 407 | 52726 | 27.3.01 | 12.2.02 | Teichels Karlsbader Kaffee-Zusatz. | Cichorien und andere Kaffee-ersatzstoffe. | Braunschweiger Akt. Cichorienfab. | Braunschweig. |
| 408 | 52812 | 5.12.01 | 15.2.02 | Rubin. | Kaffee. | Paul Behrends. | Neuhaldensleben. |
| 409 | 52840 | 10.9.01 | 18.2.02 | Juvana. | Kaffeeersatz-u.-Zusatzmittel | Paul Bähr. | Magdeburg. |
| 410 | 52895 | 31.10.01 | 21.2.02 | Hildebrand. | Kaffee, Kaffee-Ersatzstoffe und -Zusätze | Theod. Hildebrand & Sohn. | Berlin. |
| 411 | 52929 | 11.11.01 | 25.2.02 | Aschingers Bier-Quelle Akt.-Ges. | Kaffee und Kaffeeextrakt. | Aschingers Bierquelle, Akt.-Ges. | Berlin. |
| 412 | 53086 | 28.12.00 | 5.3.02 | Ariosa. | Kaffee. | Arbuckle Brothers | New-York. |
| 413 | 53077 | 6.1.02 | 7.3.02 | Wilhelmsburg-Kaffee. | Kaffee. | Oskar Merkel. | Schmalkalden. |
| 414 | 53089 | 27.6.01 | 8.3.02 | Kathreiner. | Kaffeeersatzst. -Essenz., -Extr. u. Konserven. | Franz Kathreiners Nachflg. G. m. b. H. | München. |
| 415 | 53136 | 20.10.00 | 12.3.02 | Kathreiners Kneipp-Malz-Kaffee. | Kaffeeersatzst. | Kathreiners Malz-Kaffeefab.G.m.b.H. | München. |
| 416 | 53173 | 2.8.01 | 15.3.02 | Cherusker. | Kaffee und -Ersatzstoffe. | C. Pecher. | Detmold. |
| 417 | 53198 | 29.7.01 | 18.3.02 | Pomer. | Kaffee. | Nordd. Pomril-Kompagn. G.m.b.H. | Hamburg. |
| 418 | 53228 | 25.11.01 | 19.3.02 | Kathreinerova Sladová Káva. | Kaffee und Kaffeeersatzst. | Kathreiners Malz-Kaffeefab.G.m.b.H. | München. |
| 419 | 53299 | 2.5.01 | 25.3.02 | Marke Atlas. | Kaffeeextrakt. und -Essenzen. | Franz Kathreiners Nachflg., G. m. b. H. | München. |
| 420 | 53332 | 9.1.02 | 26.3.02 | Feitlersche trockene Kaffeeglasur. | Kaffee-Konservierungs-mittel. | Akt.-Gesellschaft für Kaffee-Konservierung. | Mannheim. |
| 421 | 53440 | 2.1.02 | 3.4.02 | N.J. O. NE. | Kaffee und Kaffeeersatzst. | Hannoversche Cakesfabrik. | H. Bahlsen in Hannover. |

# Sachregister.

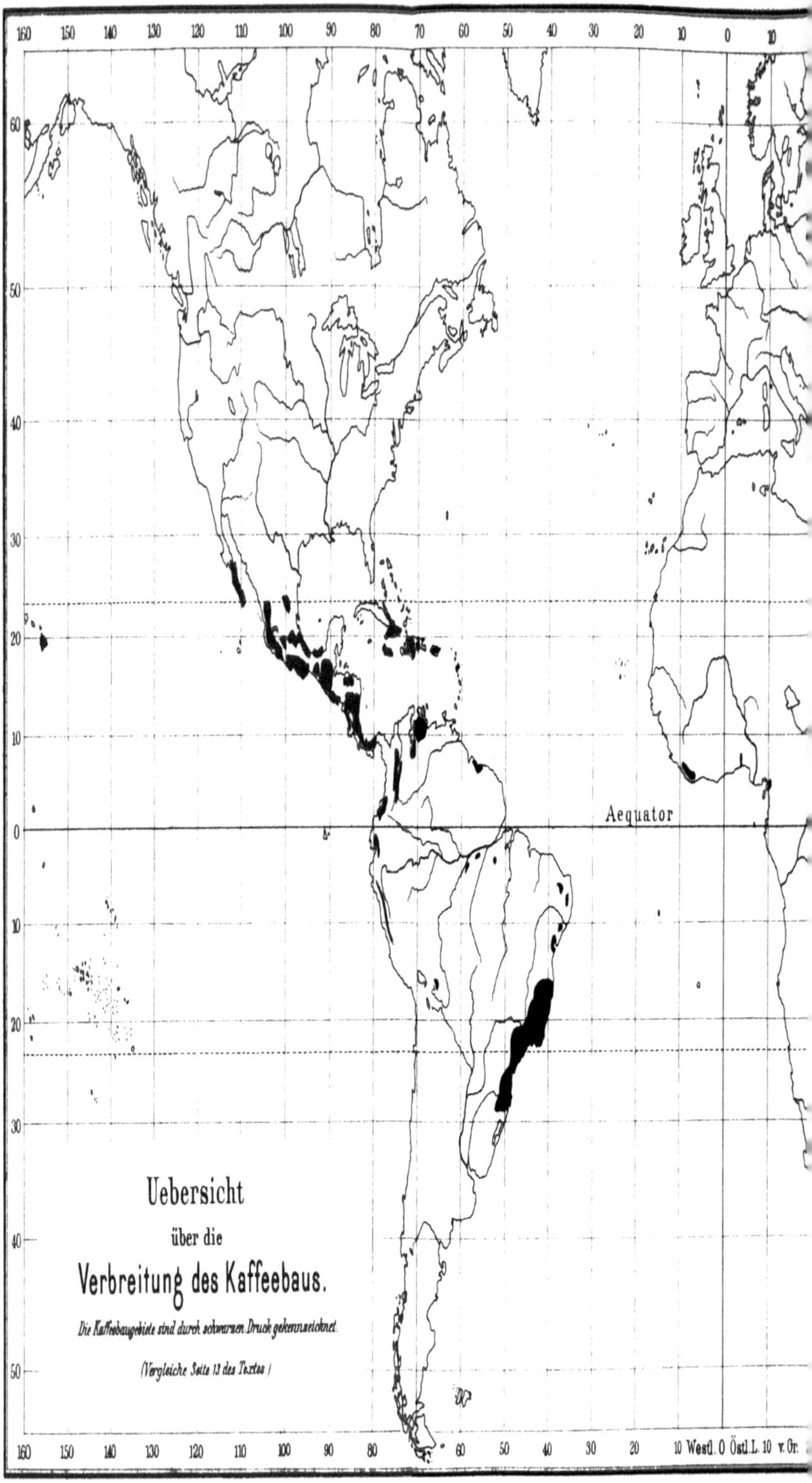

Aequator
Uebersicht
über die
Verbreitung des Kaffeebaus.
Die Kaffeebaugebiete sind durch schwarzen Druck gekennzeichnet.
(Vergleiche Seite 13 des Textes.)
10 Westl. 0 Östl.L. 10 v.Gr.

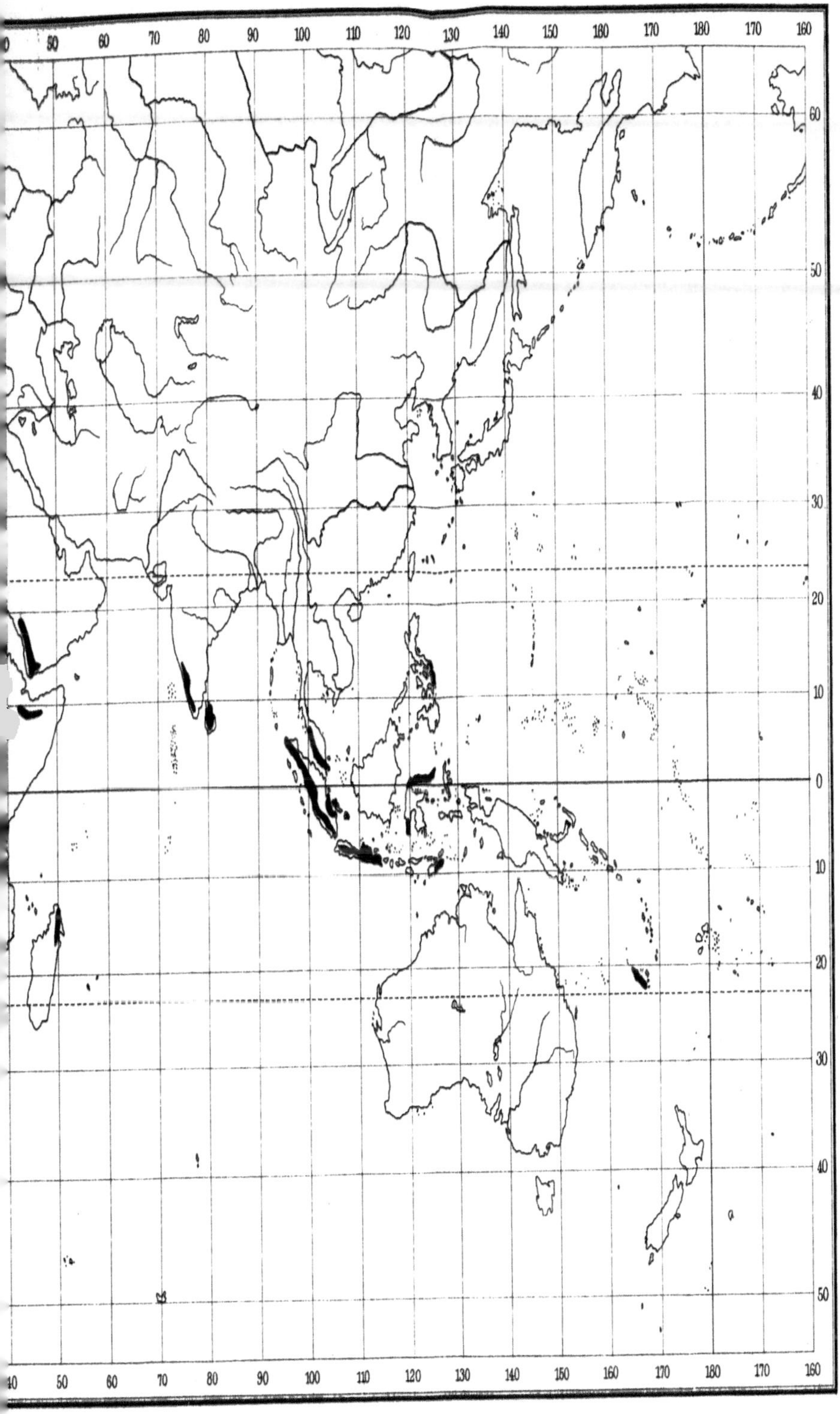

50 60 70 80 90 100 110 120 130 140 150 160 170 180 170 160
60
50
40
30
20
10
0
10
20
30
40
50
40 50 60 70 80 90 100 110 120 130 140 150 160 170 180 170 160

GPSR Compliance

*The European Union's (EU) General Product Safety Regulation (GPSR) is a set of rules that requires consumer products to be safe and our obligations to ensure this.*

*If you have any concerns about our products, you can contact us on ProductSafety@springernature.com*

In case Publisher is established outside the EU, the EU authorized representative is:

Springer Nature Customer Service Center GmbH
Europaplatz 3
69115 Heidelberg, Germany

**Batch number: 10682427**

Printed by Printforce, the Netherlands